分子动力学模拟的理论与实践

严六明　朱素华　编著

科学出版社

北　京

内 容 简 介

分子动力学模拟是近年来飞速发展的一种分子模拟方法,它以经典力学、量子力学、统计力学为基础,利用计算机数值求解分子体系运动方程的方法,模拟研究分子体系的结构与性质。作为继实验和理论两种研究方法之后,研究分子体系结构与性质的第三种科学研究方法,分子动力学模拟已经被广泛应用于化学化工、材料科学与工程、物理、生物医药等科学和技术领域,起到越来越重要的作用。

全书共 11 章:第 1 章为绪言;第 2~4 章为分子的经典力学模型,包括分子的物理模型、分子间相互作用以及常用分子力场;第 5~8 章为经典分子动力学模拟与第一性原理分子动力学模拟的基本原理与方法,包括分子体系的运动方程及其数值解、分子动力学模拟的技巧、MD 模拟的统计力学基础、第一性原理分子动力学模拟;第 9 章和第 10 章分别为分子动力学模拟的应用、分子力场的构建与 MD 模拟的应用实例;第 11 章为与 MD 模拟有关的其他分子模拟方法。

本书可作为化学化工、材料科学与工程、物理、生物医药等有关专业领域的高校教师、科研人员的参考书和研究生教材。

图书在版编目(CIP)数据

分子动力学模拟的理论与实践/严六明,朱素华编著. —北京:科学出版社,2013
ISBN 978-7-03-037359-5

Ⅰ.①分… Ⅱ.①严…②朱… Ⅲ.①分子-动力学 Ⅳ.①O313

中国版本图书馆 CIP 数据核字(2013)第 083194 号

责任编辑:王艳丽 / 责任校对:宣 慧
责任印制:刘 学 / 封面设计:殷 靓

科 学 出 版 社 出版
北京东黄城根北街 16 号
邮政编码:100717
http://www.sciencep.com

广东虎彩云印刷有限公司印刷
科学出版社发行 各地新华书店经销

*

2013 年 5 月第 一 版   开本:B5(720×1000)
2025 年 3 月第三百二十一次印刷   印张:16
字数:312 000

定价:85.00 元
(如有印装质量问题,我社负责调换)

序

　　试错法是研制新材料的重要方法之一。但是,利用试错法研制新材料需要进行大量的重复性实验,不但耗时长、人力和物力消耗大,而且失败的风险也较大,因而该方法已经无法满足人类社会对新材料开发时效性、低成本的迫切需求。利用现代科学知识,结合高性能计算机的强大计算能力,是加快新材料的研制过程,实现新材料研制模式根本转变的有效途径。与试错法相比,将集成计算和材料设计方法用于新材料的研制过程具有巨大的价值。通过集成计算和材料设计方法初选和优化实验方案,可以减少实验尝试次数,缩短研制周期,降低研制消耗。并且,集成计算是高度自动化的过程,只需要提高计算机系统的运算速度,不但可以缩短单个计算作业的运算时间,还可以在不增加或少量增加人员的基础上同时运行更多的计算作业,大大提高新材料的研制效率。

　　为此,美国在 2011 年 6 月底发布了《"材料基因组计划"白皮书》(Materials Genome Initiative, MGI),目标是把新材料的研制周期从目前的 10～20 年缩短至 5～10 年,并把研制成本降低一半。我国的有关部门也高度重视新材料研制模式的转变,专门组织香山科学会议进行研讨和部署。2012 年,上海大学"085"工程内涵建设项目"集成计算与材料设计创新平台"正式立项,标志着上海大学新材料研制模式正经历根本性的转变。

　　利用集成计算与材料设计方法加速新材料的研制过程的核心是建立材料的组成、结构、性能之间的关系。根据材料的组成预报材料的结构和性能,或根据人们对材料性能的要求,设计符合性能要求的新材料,可以缩短新材料的研制周期,控制研制风险,降低研制成本。目前,有三类方法可用于建立材料的组成、结构、性能之间的关系:根据量子力学或密度泛函理论,利用第一性原理计算的方法研究材料的结构与性能之间的关系;根据组成材料的原子、分子的物理模型,利用计算机模拟的方法研究原子、分子的行为与材料的结构和性质之间的关系;根据以往实验所积累的数据,利用统计学方法总结材料的组成、结构、性能之间关系的统计模型。

　　上述三类方法各有特点,互相补充,互不替代。利用第一性原理计算,虽可以得到材料的许多基本性质,但与材料的服役行为有关的大多数性质,往往不与任何量子力学算符对应,不能利用第一性原理计算直接得到。利用统计学方法,虽可以建立材料结构与任何性质之间的统计关系,但无法揭示它们之间的本质联系。分子动力学模拟利用组成材料的原子、分子的物理模型及其运动方程,模拟组成材料的原子、分子的运动行为,不但可以揭示原子、分子的运动行为与材料结构和性质之间的关系,还可以揭示材料的制备过程中材料结构的形成过程,对优化材料的制备工艺具有重要意义。

　　该书内容涵盖了分子动力学模拟的多个方面,包括分子体系的常用经典力学模型,分子动力学模拟的基本原理、方法、及其统计力学基础,分子动力学模拟的应用与结果分析。此外,该书还介绍了第一性原理分子动力学模拟,及其他有关分子模拟方法。

　　该书在着力进行材料研制模式转变之际付梓出版,相信对从事相关领域的研究人员和工程技术人员有所帮助。

2013 年 5 月 2 日于上海大学

前　　言

分子动力学模拟是一种以分子的经典力学模型,即分子力场为基础,通过数值求解分子体系的运动方程,研究分子体系的结构与性质的计算机模拟方法。得益于现代计算机软硬件技术的发展和普及,分子动力学模拟已经被广泛应用于化学化工、材料科学与工程、物理、生物医药等领域,在建立研究对象和过程的微观机理和分子模型方面发挥越来越重要的作用。

特别是近年来研究生招生规模的不断扩大和毕业要求的提高,学习和应用分子动力学模拟的研究生日益增多。但是,研究生的专业水准、数理基础和外语水平等参差不齐,他们中的许多人难以利用原始文献学习分子动力学模拟,也难以理解分子动力学模拟的理论基础。因此,本书拟从以下几个方面帮助学习和应用分子动力学模拟的读者:第一,以通俗易懂的语言介绍分子动力学模拟的基本概念和常用算法,使读者迅速掌握分子动力学模拟。第二,通过整理大量的有关分子力场的原始文献,向读者系统介绍各种分子力场的特点,以及建立和完善分子力场的方法,提高读者把实际问题转化为合适的分子力场的能力。第三,介绍分子动力学模拟的应用方法,提高读者从模拟结果获取有用信息和知识的能力。第四,全面、系统地介绍分子动力学模拟的理论基础及最新进展,引导有志于研究分子动力学模拟方法、原理、算法的读者,迅速进入分子动力学模拟研究的前沿领域。

本书努力追求通俗易懂与数理推导的严谨之间的平衡。一方面,用通俗易懂的语言全面介绍分子动力学模拟方法,并将需要的数学基础限制在生化类微积分水平,物理基础限制在经典力学和简单的统计物理学水平。另一方面,深入浅出地介绍分子动力学模拟的严谨理论,特别是分子动力学模拟的经典力学、统计力学、量子力学、数值运算基础,并将需要的数学基础扩展到线性代数和微分方程的水平,物理基础扩展到经典力学、统计力学和量子力学水平(第 7 章的最后两节、第 8 章和第 11 章)。

本书的第 10 章由朱素华同志完成,其他章节均由严六明同志完成。

本书作者感谢课题组的研究生,如纪晓波、邵长乐、张冬芳、冯庆霞、陈晋、邸素青、谢丽青、孙超、韩帅元、苏俊铭、刘慧婷、张叶沛等同学。特别感谢陈小红女士对作者生活上的帮助和照顾,精神上的鼓励,没有她的帮助,作者难以完成本书的写作工作。作者衷心感谢科学出版社的王艳丽老师和其他同志为本书的编辑付出的辛勤劳动。

感谢国家自然科学基金(项目编号:21073118),上海市教育委员会科研创新项目(项目编号:13ZZ078)和上海市教委"085工程"项目的资助。

由于编写时间和水平所限,书中难免存在瑕疵,恳请各位专家学者和读者批评指正。

严六明

2013 年 1 月

于上海大学

目　　录

第 1 章 绪 言

1.1 分子动力学模拟的发展历史

1.1.1 分子动力学模拟的概念

分子模拟（molecular modeling 或 molecular simulation）是一类通过计算机模拟来研究分子或分子体系结构与性质的重要研究方法，包括分子力学（molecular mechanics，MM）、Monte Carlo（MC）模拟、分子动力学（molecular dynamics，MD）模拟等。这些方法均以分子或分子体系的经典力学模型为基础，或通过优化单个分子总能量的方法得到分子的稳定构型（MM）；或通过反复采样分子体系位形空间并计算其总能量的方法，得到体系的最可几构型与热力学平衡性质（MC）；或通过数值求解分子体系经典力学运动方程的方法得到体系的相轨迹，并统计体系的结构特征与性质（MD）。目前，得益于分子模拟理论、方法及计算机技术的发展，分子模拟已经成为继实验与理论手段之后，从分子水平了解和认识世界的第三种手段。

1.1.2 MD 模拟的早期历史

最早的 MD 模拟在 1957 年就已实现。当时，Alder 和 Wainwright 通过计算机模拟的方法，研究了从 32 个到 500 个刚性小球分子系统的运动。模拟开始时，这些小球分子被置于有序分布的格点上，具有大小相同的速度，但速度方向随机分布。除相互间的完全弹性碰撞外，刚性小球分子之间没有任何相互作用，小球分子在碰撞间隙做匀速直线运动。在经过一段时间的模拟，系统中的刚性小球分子速度达到 Maxwell-Boltzmann 分布后，他们分别根据维力定理和径向分布函数计算了系统的压力，发现两种方法得到的结果一致[1]。1959 年，他们提出可以把 MD 模拟方法推广到更复杂的具有方阱势的分子体系，模拟研究分子体系的结构和性质[2]。

1964 年，Rahman 模拟研究了具有 Lennard-Jones 势函数的 864 个 Ar 原子体系，得到了与状态方程有关的性质、径向分布函数、速度自相关函数、均方位移等[3]。此后，分子模拟工作者广泛模拟研究了具有不同势函数参数的 Lennard-Jones 模型分子体系，得到了体系的结构及其各种热力学性质，探讨了 Lennard-Jones 势函数参数对体系结构与性质的影响，建立了 Lennard-Jones 势函数参数与模型分子体系结构及性质之间的关系。

1.1.3　分子体系运动方程的数值解

在刚性小球分子体系中，除碰撞瞬间外分子间没有任何相互作用，分子的运动轨迹由一系列的折线组成。因此，对刚性小球分子体系的 MD 模拟，算法的核心是计算刚性小球分子间的碰撞时间及其碰撞前后的运动方向和速度的变化，而不是直接数值求解刚性小球分子体系的运动方程。相反，对于 Lennard-Jones 分子，分子间一直存在相互作用，分子的运动轨迹复杂，必须通过求解体系的运动方程来确定，这就促进了运动方程数值方法的发展。

单原子分子没有内部结构，计算量小，容易实现 MD 模拟。相反，多原子分子具有复杂的内部结构，运动方程更加复杂，计算量大，难以实现 MD 模拟。因此，直到 20 世纪 70 年代，才实现水分子体系[4,5]、正烷烃分子体系[6]等多原子分子体系的 MD 模拟。

对于多原子分子体系，如果包括化学键伸缩势、键角弯曲势等所有分子内的相互作用势都由势函数描述，不存在所谓的约束，则体系运动方程的数值解与单原子分子相同，没有本质区别。常用的 MD 数值积分方法包括 Verlet 算法[7,8]、预测-校正法及其由 Verlet 算法衍生的蛙跳法[9]、速度 Verlet 法[10]等。但是，如果分子中的化学键等被约束在固定长度或整个分子被约束成刚体，则体系的运动方程将完全不同。根据经典力学，没有内部自由度的多原子分子可以被近似为刚体，运动状态可以分解为质心的平动和刚体的转动两种独立运动模式。其中，质心的平动与质点力学没有任何区别，不需要另外讨论。刚体的转动通常由 Euler 角随时间的演化描述，可以通过数值求解相应的运动方程得到。但是，以 Euler 角为变量描述刚体运动时，牵涉奇点问题，算法不稳定。为此，Evans 提出了以四元数描述刚体运动状态的方法，很好地克服了奇点问题，成为常用的 MD 模拟算法[11,12]。

在室温附近，大多数原子、分子处于基态，分子中的化学键长和键角均在平衡位置附近以很小的幅度振动。因此，假设化学键长和键角在 MD 模拟过程中固定不变，不会对 MD 模拟结果产生显著影响。但是，除键长和键角以外的其他内部运动自由度，如二面角的旋转，仍被允许，分子不能被近似为质点或刚体。为了利用 MD 模拟研究具有固定键长的约束体系，可以采用 SHAKE 算法[6]、RATTLE 算法[13]等。约束体系的 MD 模拟，是 MD 模拟不可缺少的重要方法，至今仍是非常热门的研究课题[14-16]。

目前，MD 模拟技术已经成熟，不但可以模拟简单的不具内部自由度的单原子分子和刚性多原子分子，也可以模拟具有内部自由度的多原子分子。即使对于蛋白质、DNA 这样复杂的生物大分子的模拟，也已经没有任何算法上的限制，只有计算机计算能力的限制。

1.1.4 温度与压力的调控与统计系综的实现

早期 MD 模拟体系被限制在一定的空间之内，具有固定的体积。此外，根据能量守恒定律，模拟体系的总能量也被固定，不允许任何波动。从统计力学角度分析，这样的 MD 模拟体系是微正则系综或 NVE 系综。但许多实际的化学、生物等体系，常与一恒温热源热接触，具有固定温度，但不具有固定的总能量，这就是正则系综或 NVT 系综。此外，大多数实际或人工体系，除具有固定温度外，也具有固定的压力，但具有可变的总能量和体积，这是 NPT 系综。

最简单的调控体系温度的方法是变标度（scaling）恒温法。当体系的温度，即总动能偏离设定值时，体系中所有原子或分子的速度被乘以称为标度因子的系数，使体系的总动能回归设定动能[17]。之后，Berendsen 改进了变标度恒温法，使温度逐渐被调节到设定温度，减小了温度的波动幅度[18]。此外，Andersen 还提出了热浴法，在模拟过程中让体系中的一个或若干个原子或分子与恒温热源中的分子发生随机碰撞，达到调整体系总体温度并使之保持恒定的目的[19]。但是，由这样的方法模拟得到的相轨迹不连续，不符合实际情况。

上述温度调控算法粗糙，没有严格的理论基础。具有严格理论基础的温度调控算法是恒温扩展法（extended system），通过在模拟体系广义坐标和广义动量外引入额外的自由度与热浴耦合的方法，达到调控温度的目的。理论上，恒温扩展法可以通过改变或扩展实际模拟体系的哈密顿函数或拉格朗日函数实现，如 Nosé 恒温扩展法[20,21]及其经 Hoover 修正的 Nosé-Hoover 恒温算法等[22]。

除了调控温度技术外，压力的调控也是 MD 模拟的基本方法。与变标度恒温法相似，最直接的压力调控算法是通过调整模拟体系的体积，达到间接调控体系压力的目的。但是，如果在各原子的位置坐标直接乘以同一系数，将改变体系中分子内原子间距或键长，得到错误的结果。因此，调控压力的算法与变标度恒温法的实现方法不同，需通过复杂的坐标变换，在不改变分子内原子间相对距离的条件下改变分子的相对位置，实现改变模拟体系体积的目的，这就是标度变换恒压法。同样，压力的调控也可通过扩展系统自由度，采用恒压扩展法实现，如 Andersen 恒压恒焓系综[19]等。

扩展法的提出是 MD 理论和方法研究的一个里程碑。目前，通过扩展模拟体系自由度，在体系的哈密顿函数或拉格朗日函数上添加额外的项，达到调控体系的温度与压力的方法，仍然是一活跃的研究领域。

1.1.5　MD 模拟的理论发展与稳定算法

在 MD 模拟发展早期，研究重点是 MD 模拟算法与应用，但对 MD 模拟的理论基础重视不够[23]。

早期的 MD 数值积分算法，重点是计算效率和精度，忽略了差分过程中误差的积累及其对模拟结果的影响。由于在 MD 模拟过程中误差的积累，可能导致差分算法的失稳，甚至严重影响模拟结果的可靠性。在各种差分算法中，辛算法的差分方法被认为是目前最稳定、高效的计算方法，适用于哈密顿体系。哈密顿体系的辛算法及其完整的理论框架由我国数学家冯康提出，是对世界科学的不朽贡献[24]。

基于严格的经典力学 Liouville 方程和扩展哈密顿函数或拉格朗日函数的 MD 模拟理论，把温度和压力调控方法、差分算法等纳入统一的理论框架，为现代 MD 模拟的发展奠定了严格的理论基础[25-27]。目前，满足辛对称性和时间反演可逆性的差分算法的设计，仍是 MD 模拟领域的重要研究内容。

1.1.6　分子力场的发展

最早的 MD 模拟对象是刚性小球分子体系。刚性小球分子体系具有非常特殊的势函数形式，当两个小球间的距离小于它们的半径和时，它们之间的相互作用势为无穷大；相反，当两个小球之间的距离大于它们的半径和时，它们之间没有任何相互作用，相互作用势为零；当两个小球之间的距离等于它们的半径和时，它们之间的相互作用势不连续。这样的相互作用势虽然代表了物质具有一定的体积、不能无限压缩这一最显著的性质；但是，由于刚性小球分子间没有任何吸引作用，刚性小球分子不能凝结为液体，也不存在气-液相变。对刚性小球模型的改进包括方阱势等，方阱势具有吸引力，分子可以凝结为液体。但是，方阱势函数不连续，与实际分子仍有较大的差异。

用于 MD 模拟的第一个连续势函数是 Lennard-Jones 势函数。在 MD 模拟发展的早期，曾广泛研究了 Lennard-Jones 分子体系的结构、状态方程、相变、热力学性质等。这些 MD 模拟结果与统计热力学理论计算结果的对比，对促进统计热力学的发展，具有重要的意义。同时，通过 MD 模拟研究 Lennard-Jones 分子，优化了稀有气体的 Lennard-Jones 势参数，加深了对稀有气体分子间相互作用势的认识。

分子间相互作用势函数的发展经历了从刚性小球模型、方阱势模型等不连续势函数模型，到 Lennard-Jones 相互作用势函数的过程。考虑到分子间相互作用的本质，分子间相互作用还应包括库仑相互作用、偶极或多极矩相互作用等。由于水是地球生态系统最重要的物质之一，对水的模拟一直吸引着研究者广泛的兴趣。在模拟研究水分子的过程中提出了大量不同种类的势函数，不但加深了对水分子间相互作用的认识，也丰富了分子间相互作用与物质性质之间的关系的认识[28,29]。

除分子间相互作用外，多原子分子体系的分子力场还包括分子内相互作用。一般地，分子内相互作用包括键伸缩势、键角弯曲势、绕单键旋转势（或二面角扭曲势）、四点离面势等成键相互作用和分子内非键相互作用。分子内非键相互作用与分子间相互作用相同，但由于成键相互作用势远大于非键相互作用势，一般不计算具有成键相互作用的原子对间的非键相互作用，称为排除非键相互作用。而 1-4 原子的成键相互作用较弱，与非键相互作用处在同一数量级，有时只排除部分非键相互作用。早期的分子力场，得益于分子力学的发展，如 MMn 系列分子力场等[30-32]。在 MD 模拟发展中起重要作用的分子力场，包括 AMBER 力场[33]、CHARMM 力场[34]、OPLS 力场[35]等。

除无机或有机分子外，熔融盐、金属和合金、半导体、硅酸盐等也是 MD 模拟的重点研究对象，有关势函数有 Tosi-Fumi 势[36-38]、金属势[39-42]、半导体势[43,44]、硅酸盐势[45-49]等。所有这些完善了不同类型分子体系的分子力场模型，丰富了对分子内和分子间相互作用的了解，成为认识物质世界的一种新方法。

1.1.7 AIMD 模拟

虽然经典 MD 模拟已经被广泛应用于化学、生物、材料、物理等领域，但经典 MD 模拟以分子力场模型为基础，在模拟中必须输入力场模型是其不足之处。同时，大多数经典力场模型只能描述基态分子，无法描述远离平衡状态的化学反应过程等。基于量子力学理论的第一性原理分子动力学（*ab initio* molecular dynamics，AIMD）模拟，通过量子化学方法直接计算所有的分子内和分子间相互作用，不需要输入经验的力场模型，对于研究化学反应等具有重要的价值。目前，AIMD 模拟常被用于研究催化[50]、质子传递[51]、燃烧等过程。

AIMD 可分为 BOMD 和 CPMD 两种类型。其中，在 BOMD 模拟过程中，模拟的每步都需要利用 Schrödinger 方程或密度泛函理论计算体系的基态波函数，然后计算各原子的受力，并根据经典力学原理实现原子核位置的演化。相反，在 CPMD 模拟过程中，不需要每步都计算体系的基态波函数，而是令波函数与原子核坐标一样，按一定的规律演化，得到的不是体系的基态波函数[52]。

但是，BOMD 和 CPMD 两种方法得到的原子轨迹没有显著区别[53]。

除 BOMD 和 CPMD 外，AIMD 的第三种形式是 PIMD 模拟。与前两种 AIMD 不同，PIMD 不但利用量子化学方法计算原子间的相互作用，还利用量子力学方法计算原子位置的演化，可以计算 H 原子等的量子效应，对研究质子在化学反应中的隧道效应等具有重要意义[54]。

1.1.8　力的计算与节省时间算法

分子间和分子内相互作用力的计算，是 MD 模拟中最耗时的部分，也是最难并行化运算的部分。在 MD 模拟的发展过程中，发展了 Lennard-Jones 势函数的截断与修正算法、库仑相互作用算法、Verlet 近邻列表算法、格子索引算法（cell index method）等，对 MD 模拟的发展具有重要意义。

1.2　MD 模拟的应用与意义

MD 模拟是一种研究分子体系结构与性质的重要方法，已被广泛用于化学化工、生物医药、材料科学与工程、物理等学科领域。MD 模拟最直接的研究结果是分子体系的结构特征，包括溶液中的配位结构，生物和合成高分子的构型与形貌，生物和合成高分子与溶剂分子或其他小分子配体之间的相互作用，分子在固体表面的吸附与分布，分子在重力场、电磁场等外场中的取向与分布等。

除了分子体系的结构特征，MD 模拟方法还可以研究分子体系的各种热力学性质，包括体系的动能、势能、焓、吉布斯自由能和亥姆霍兹自由能、热容等。通过 MD 模拟，还可以得到与体系的状态方程有关的密度、压强、体积、温度等之间的关系。根据体系的能量和自由能，还可以直接或间接地研究体系的相变与相平衡性质等。

此外，利用 MD 模拟可以研究分子体系的速度自相关函数、速度互相关函数、均方位移等性质，并由此计算体系的自扩散系数、互扩散系数、黏度系数等各种迁移性质。利用非平衡 MD 模拟，还可以研究各种热力学流与热力学力之间的关系，得到 Onsager 意义上的唯象系数。

最后，利用反应性分子力场 MD 模拟或 AIMD 模拟，还能得到化学键的断裂和生成等与化学反应有关的性质。

1.3　MD 模拟的发展趋势

总的来说，MD 模拟的发展趋势是以更高的效率、模拟更大的体系、实现更长的演化时间、取得更精确的模拟结果为目的。为了实现这些目标，必须从计算技术、MD 模拟算法、分子模型等多方面进行广泛而深入的研究。

1.3.1　计算技术的发展方向

在经历了约半个世纪的指数式提高，计算机核心部件 CPU 的主频在 21 世纪初超过 3GHz 后，出现了停滞现象，失去了过去那种按 Moore 定律快速提高的趋势。但是，CPU 的制造技术并没有达到发展极限，出现了双核、四核、八核甚至十六核等多核 CPU。因此，Moore 定律继续有效，只是发展模式从不断提高 CPU 的主频，转化为提高单片 CPU 上集成的核芯数量。与 CPU 主频被不断提高的时代相比，这种新趋势对算法的开发和软件设计提出了新的挑战。

在 CPU 主频被不断提高的时代，一个因速度缓慢而性能不佳的计算程序，只要等待新一代具有更高主频的 CPU 的出现，就会有更出色的表现。现在，同样因速度缓慢而表现不佳的计算程序，在新一代主频几乎不变、但具有更多核芯的 CPU 上，其表现不一定会得到改善。事实上，为了改进计算程序的运算速度，必须改进程序的算法，提高其并行运算速度。不过，提高计算程序的并行运算速度，不是简单的工作，而是复杂的工程，必须发展适合并行运算的算法[55]。

衡量一个算法并行运算效果的指标是加速比（speedup）。当利用多个核芯进行并行运算时，一般只有算法的一部分能被并行加速，其他部分则不能被并行加速。因此，当用 N_p 个核芯进行并行运算时，运算时间一般不会缩短到单个核芯串行运算时间的 $1/N_p$。因此，并行运算的加速比，就是利用单个核芯进行串行运算所消耗的计算时间与利用多个核芯进行并行计算所消耗的计算时间之比。也就是说，如果一算法在单个核芯上的运算时间为 T_1，在 N_p 个核芯上的运算时间为 T_{N_p}，则算法的加速比为 $S_{N_p} = T_1/T_{N_p}$。根据 Amdahl 定律，如果一个算法中能够被任意并行加速部分所占计算量为 α，不能被并行加速部分所占计算量为 $1-\alpha$，则利用 N_p 个核芯进行并行计算时的加速比为 $S_{N_p} = (1-\alpha+\alpha/N_p)^{-1}$。当利用任意多个核芯进行并行计算时，得到算法的最大加速比 $S_{max} = (1-\alpha)^{-1}$。如果算法可以被并行加速部分的比例 α 未知，可以利用 N_p 个核芯并行运算时的实测加速比 S_{N_p} 估计，$\alpha = (S_{N_p}^{-1}-1)/(N_p^{-1}-1)$。与加速比相关的另一指标是并行计算的效率，定义为加速比与核芯数之比 $E_{N_p} = S_{N_p}/N_p$。此外，在进行并行运算时，各个进程的调度、进程之间的通信等，都需要消耗额外的时间，更降低了算法的加速比。

例如，某一作业，当用 1 个核芯进行计算时所消耗的计算时间为 100，用 2个核芯进行计算时所消耗的计算时间为 60，则并行计算的加速比为 1.667，算法中可以被并行加速部分所占比例 $\alpha = 0.8$。当用 5 个核芯进行计算时，并行计算加速比为 2.778，此时的并行效率为 55.6%。事实上，这个作业的最大理论加速比为 5，并行效果并不理想。

　　并行计算与三个和尚从山下往位于山顶的寺庙运水的故事相似。当方丈觉得一个僧人运水的速度太慢时，他有两种选择：增加人力，多派一些僧人运水；或训练运水的僧人，提高僧人的运水效率。前者相当于并行计算，通过利用更多的计算核芯，提高作业效率；后者相当于提高计算核芯的主频，通过提高单个计算核芯的运算速度来提高作业效率。方丈可以通过计算加速比，即在没有采取任何措施以前往山上运一桶水需要消耗的时间，与采取改进措施后运一桶水需要消耗的时间之比，来评估两种方案的实际效果。方丈肯定认为，由于受生理条件的限制，提高一个僧人运水的加速比肯定有限，更好的方案还是多派僧人运水。并且，如果派出 N_p 个僧人运水，可以将加速比提高到 N_p。但是，故事的结局已经熟知，当方丈派出两个僧人运水时，运水作业的加速比没有增加；当方丈派出三个僧人运水后，加速比甚至降低为 0。

　　如果方丈了解并行计算技术，他在派出更多的运水僧人前会考察从山下往山上运水的环境是否适合并行作业，或者说他的算法是否具有可扩展性（scalability）。曾经参观故事中寺庙的游客就会发现，僧人从山下往山上运水的山道，只能容纳一个人上下山，不适合并行作业，不具有可扩展性。因此，当方丈派出三个僧人一起进行运水作业时，山道阻塞，加速比降为 0。懂得并行计算技术的济公，考察了从山下往山上运水的山道，发现山道环境条件不适合并行作业，作业不具有可扩展性。如果不顾作业环境而进行并行作业，还会影响上山敬佛的香客，不利于吸引游客上山，发展旅游经济。因此，济公改变了算法，让僧人从井里往上提水。从井里往上提水的作业环境具有更大的空间，可以容纳多人并行作业，具有可扩展性。

　　虽然现代超级计算机可以模拟多达上千亿个原子，实现纳秒级的演化时间。例如，浮点运算峰值速度达 1×10^{15} 次/s 的超级计算机运行一天，可以实现的模拟量达到 $NT = 2.14$ 原子·秒（$N = 2.14 \times 10^6$ 个原子，实现演化时间 $T = 1 \times 10^{-6}$ s）[56]。但是，大多数 MD 模拟工作者，难以得到这样的超级计算机的计算服务，只能使用约每秒万亿次的中小型集群式计算系统。目前，除传统的 CPU 计算系统外，MD 模拟工作者的另一选项是 GPU（graphical processing units）计算系统。GPU 计算系统的主要特点是并行性能优越，性能价格比远高于 CPU 计算系统。利用 GPU 计算系统，可以以小型集群式计算系统的成本，得到大型计算系统的浮点运算速度。例如，NVIDIA 的 M2090 GPU 运算卡包含 16 个多处理器，每个多处理器又包含 32 个计算核芯，总共多达 512 个计算核芯。该 GPU 运算卡的单精度浮点峰值运算速度达到每秒 1.331 万亿次以上，价格约 2 万元。因此，GPU 计算系统正吸引越来越多的 MD 模拟工作者的使用[57-59]。

GPU 并不是一项新的发明，它早已被广泛应用于传统的 CPU 计算机中，作为图形处理器用于提高图形处理速度。因此，GPU 计算系统是 MD 模拟者容易得到或可以以低廉的价格得到的一种计算资源。GPU 计算系统的缺点是难以与传统 CPU 计算相互兼容，不能直接移植面向 CPU 设计的 MD 模拟程序。GPU 计算系统的更大缺点是不能直接使用 MD 模拟软件编写者熟悉的 FORTRAN 等程序设计语言。GPU 计算系统通常使用一种与简化版 C 语言相似的编程语言，称为 CUDA（compute unified device architecture）。因此，即使使用 C 语言编写的 MD 程序，移植到 GPU 计算系统上运行时仍需要大量的改写和调试工作[57]。与 CPU 计算不同，GPU 计算擅长浮点运算，但不擅长逻辑运算密集的算法。因此，为了得到更好的效果，必须把 CPU 计算和 GPU 计算结合起来，利用 CPU 进行作业调度等逻辑运算，利用 GPU 进行浮点运算。

1.3.2 MD 模拟算法和分子模型的发展方向

虽然提高计算设备的运算速度及其并行程度是提高 MD 模拟效率的基础，但是，通过改进 MD 模拟算法、简化分子模型，也可以达到任何计算设备的改进均无法实现的作用。

MD 模拟中消耗计算时间最多、最难并行处理的部分是分子间相互作用力的计算，包括 van der Waals 相互作用、静电相互作用、多体相互作用等。对一个包含 N 个原子的分子体系，每一个原子均与其他原子发生相互作用，需要计算约 $0.5N^2$ 对两体势，计算量为 $O(N^2)$。通过引入截断近似，并结合 Verlet 近邻列表算法或格子索引算法等，两体相互作用的计算量可以降低到约 $O(N^2)$[60]。另外，在计算长程静电相互作用时，截断近似无效，但通过 Ewald 求和算法或快速多极矩算法等，也可将计算量降为 $O(N^2)$[56]，详见 6.3.3 节。特别是，在计算金属势等多体相互作用时，由于一个原子所受作用与其他多个原子的位置相关，计算量将大于 $O(N^2)$。虽然通过引入截断近似和适当的列表算法可以降低原子间相互作用力的计算量、提高计算效率，但是，当模拟体系包含的原子数进一步增大，达到百万数量级甚至更多时，任何列表算法的额外消耗均迅速增大，必须根据模拟体系所包含的原子数进行优化[56]。

除了改进算法外，提高 MD 模拟效率的更有效途径是降低模拟体系的自由度，简化对模拟体系的描述[61]。在全原子力场模型下，如果利用完整约束方法限制化学键的振动、限制分子内运动的自由度，可以在保证相同计算精度的前提下延长 MD 模拟积分步长，提高模拟效率。如果引入联合原子模型，隐含与碳原子成键的氢原子，不但可以简化分子模型，还可以提高积分步长，大大提高模拟效率。目前，具有最高简化程度、最少自由度的分子模型是粗粒度模型（coarse-grained model）。

但是，即使采取上述种种措施，并利用最先进的超级计算系统后，仍然只能模拟体积不超过 $1\mu m^3$、约 10^9 个原子，实现约 1ms 演化时间[62]。在可以预见的将来，仍然无法利用 MD 方法模拟生物、材料等领域的许多物理、化学、生物过程。例如，在材料科学与技术领域，从最小的原子一直到各种交通工具和建筑设施等宏观物体，纵跨 12 个数量级的空间尺度。在生物医药领域，与蛋白质折叠有关的时间跨度达 10 个数量级[63]。

为了模拟分子体系在如此大的时空跨度内的结构与性质，目前广泛采用在不同的空间和时间尺度用不同的模型模拟的方法。在原子尺度，一般采用量子力学模型，利用量子化学计算或 AIMD 模拟方法研究能级、能带、化学键的生成与断裂等性质。在分子尺度，广泛采用 MD 模拟方法，研究分子构型与排列顺序、体系的热力学与动力学性质等。在更大的宏观尺度，普遍采用连续介质模型结合有限元方法，研究应力、温度、浓度、速度等物理场与形变、热流、扩散流、动量流等的关系（表 1-1）[64]。

表 1-1　各种物理体系的特征时空尺度与模拟方法

物理模型	量子力学模型	经典力学模型	粗粒度模型	耗散粒子模型	连续介质模型
空间尺度/m	10^{-10}	10^{-9}	10^{-8}	10^{-7}	10^{-6}
时间尺度/s	10^{-15}	10^{-9}	10^{-7}	10^{-5}	10^{-3}
研究对象	原子、分子	分子体系	分散体系	纳米体系	宏观物质
理论方法	量子力学	牛顿力学	牛顿力学	随机力学	连续介质力学
状态变量	波函数	位置和动量	位置和动量	位置和动量	物理场和响应
数学方法	量子化学	MD 模拟	CGMD 模拟	DPD 模拟	有限元方法

1.3.3　多尺度与介观体系的 MD 模拟

在不同尺度分别采用不同模型的模拟方法，并不适用所有的研究体系及其物理化学过程。例如涡流现象，分别从连续流体力学或分子模拟角度都难以解决问题，必须采用多尺度模拟方法[58]。在生物医药领域，药物分子发生药效的过程，涉及药物分子的溶解与运输、药物分子与蛋白质受体的相互作用、蛋白质分子的构型变化等多个时间尺度，必须利用量子化学计算、AIMD 模拟、MD 模拟、粗粒度 MD 模拟等方法研究。

特别是在模拟生物大分子的行为与性质时，模拟体系经常包含远超过生物分子的溶剂水分子，模拟过程中大部分计算时间消耗在对溶剂水分子的模拟上，严重制约了模拟效率的提高[65,66]。但实际上，只有与生物分子直接接触的水分子，才对生物分子的结构与性质产生直接的影响，而没有与生物分子直接接触的水分子，对生物分子的结构与性质没有直接的影响。一方面，通过引入粗粒度模型，对溶剂水分子进行粗粒度化处理，可以降低模拟计算量、提高模拟效率[67]。另一方面，如果把与生物分子没有直接接触的溶剂水分子以连续介质模型替代，实现多尺度 MD 模拟，可以进一步节省计算时间，提高模拟效率。事实上，与生物分子有关的物理、化学、生物过程速度缓慢，必须演化很长时间才能达到模拟的目标，没有功能强大的计算系统和优秀的模拟算法无法实现 MD 模拟的目标。因此，多尺度 MD 模拟是现代分子模拟方法的重要发展方向。

在材料科学领域，虽然 MD 模拟是研究原子、分子在近距离运动中形成微晶等结构的有效手段，但是利用 MD 模拟方法难以研究微晶排列等介观结构及其变化[63]。全原子 MD 模拟是研究单个原子运动和行为的有力手段，但材料的制备过程和服役行为与大量原子的集体运动密切相关，这是 MD 模拟难以实现的目标。材料的断裂过程，涉及化学键的断裂、原子和晶界的移动、裂纹的生成和扩散等过程，不但需要利用量子化学计算、MD 模拟、连续介质力学模拟等在多个不同尺度进行模拟，还需要研究不同尺度之间的相互耦合[68-70]。事实上，与材料性质密切相关的是其介观结构，而介观结构的形成时间短者在毫秒以上，长者可达数小时甚至数天，特别是与材料的服役行为有关的过程更可长达数年到数十年。利用模拟方法研究如此长的时空跨度内原子的运动及其对晶界结构的影响，晶粒的生成、生长、消失，晶界的形成，不但需要功能更强大的计算系统，更需要模拟方法、算法、理论的发展，才能适应材料科学与工程的需要。因此，必须在需要时保持原子尺度的模拟精度，在不需要原子尺度的精度时以更宏观的介观或连续介质模型近似模拟对象。利用 MD 模拟研究发生在原子层面的现象，用连续介质模型研究宏观层面的现象，并用粗粒度模型把分子力场模型和连续介质模型有机地结合起来。这样的模拟，不但是对体系模型和模拟算法的考验，也是对模拟理论的考验，是 MD 模拟发展的重要研究方向。

1.3.4 AIMD 模拟与反应性分子力场

虽然 AIMD 模拟不需要预先输入分子力场模型，但 AIMD 模拟的计算量巨大，严重限制了其应用范围。因此，发展具有更高效率的 AIMD 模拟算法，以及在模拟中更好地利用现代计算机技术，是 AIMD 模拟的主要研究方向。在

AIMD 的发展过程中，CPMD 方法的提出和实现具有重要的意义。但是，CPMD 模拟仍然是计算量巨大的算法，只能模拟很小的系统，难以满足应用需求。因此，只有在 AIMD 模拟效率和计算系统计算速度上均取得突破，AIMD 模拟方法才能实现更广泛的应用[71]。

在模拟过程中现场计算原子间相互作用、允许化学键的断裂和生成是 AIMD 模拟的两大特点。反应性分子动力学模拟（reactive molecular dynamics，RMD）虽然不具有现场计算原子间相互作用的特点，但允许化学键的断裂和生成，成为 MD 和 AIMD 的重要补充。其中，反应性分子力场 ReaxFF 具有几乎与经典 MD 相同的模拟效率，可以模拟多达百万数量级的原子体系，但对化学键生成与断裂的处理比较粗糙[72]。相反，多状态经验价键模型 MS-EVB（multi-states empirical valence bond）可以模拟各种化学环境下的化学反应、质子转移等，是目前最具发展前途的 RMD 方法之一[73-75]。这种方法，可以认为是一种半经验 MD 模拟，兼具 MD 模拟速度快和 AIMD 允许化学键的断裂和生成的双重特点，是 MD 模拟发展的重要方向。

第 2 章　分子的物理模型

模型（model）是人类对客观事物和过程的简化和抽象，是对复杂多样的客观事物和过程的近似。广义上说，模型就是用于表示客观事物或过程的概念、公式、方程等。一般地，模型可分为物理模型（physical model）和概念模型（conceptual model）两种类型。

2.1　分子的物理模型在化学中的作用

与数学、物理学等学科广泛使用概念模型不同，化学学科广泛使用物理模型，较少使用概念模型。为了说明物理模型在化学中的作用，首先检查如何用物理模型描述氢气与氧气作用生成水的反应

$$2H_2 + O_2 \longrightarrow 2H_2O \tag{2-1}$$

在原子、分子模型（atomic models and molecular models）被广泛认可、采纳以前，化学家会根据上述反应中所消耗的氢气和氧气的质量以及生成的水的质量，得出 1 份氢气与 8 份氧气反应生成 9 份水；或者，水由 1 份氢气和 8 份氧气组成。类似地，双氧水这种也是仅由氢、氧两种元素组成的分子，由 1 份氢气和 16 份氧气组成。在原子、分子模型被广泛采纳后，化学家得出 1 个水分子由 1 个氧原子和 2 个氢原子组成，而 1 个双氧水分子则由 2 个氧原子和 2 个氢原子组成。另外，化学反应中反应物和生成物之间的质量关系，可用简单的算术运算得到，无需精确的实验测定。事实上，由于反应（2-1）的反应物都是气体，产物水在沸点温度 100℃ 以上也是气体，用体积表示反应物和产物的定量关系更接近现代原子论、分子论的描述。在反应（2-1）中，2 体积氢气与 1 体积氧气反应生成 2 体积水（在相同温度和压力下）。

从这个简单的化学反应可以发现，如果刻意回避原子、分子模型，即使描述水的化学组成以及氢气与氧气反应生成水这样的简单化学反应也非常复杂。对蛋白质、核酸这样复杂的生物分子及其发生的化学反应，刻意回避原子、分子模型的描述显然是无法实现的。事实上，正是由于多种分子模型的建立和广泛采纳，为人们认识分子的性质及其分子间的化学反应提供了巨大的便利，促进了化学学科的迅速发展。

物理模型是人类对自然界客观事物或过程的简化、抽象和近似，是对客观

事物或过程的某个、某些侧面的反映。模型可以是不全面的、不完善的甚至是不完全正确的。但是，任何模型只要能反映事物的某些属性，有助于人们认识事物，就是有用的模型。因此，模型的价值不仅在于其正确性、完善性，更在于其实用性。相反，目前看来正确的、完善的模型，随着人们对事物认识的不断深入，也可能被发现是不完善的甚至是错误的，但这并不影响人们对该模型的继续使用。

物理模型并不深奥，在人们日常生活中随处可见。例如，儿时玩过的洋娃娃、玩具汽车，多是物理模型的实例。通过洋娃娃这个最简单的人体模型，幼小的我们更加深入地认识了人体的基本结构与功能。中学生理课上，通过更复杂的人体模型认识了人体的器官与功能等。类似地，通过玩具汽车这个简单的汽车模型，人们认识了汽车的基本结构与功能。市场上更复杂、高档的电动玩具汽车等，可以帮助人们更加深入地了解汽车的内部结构与功能，是更复杂的物理模型。

化学研究的是微小的分子，不但肉眼无法观察，即使电子显微镜也难以直接观察。只有借助最先进的扫描隧道显微镜，才能直接观察最简单的分子。因此，分子的物理模型，更是学习和研究化学不可缺少的工具。

在化学教学和研究中，最常用的是球棍模型（ball and stick models）。球棍模型反映了分子最基本的属性：原子大体上球形对称，化学键把成键原子连接起来形成分子，原子在分子中的排列次序及其相对位置固定。为了从不同侧面了解分子的性质或强调分子的不同特性，化学中还常常用到其他类型的分子模型。例如，比例模型（space-filling models 或 CPK molecular models）可以比较精确地反映分子内不同原子及原子间距离的相对尺寸。近年来，随着个人计算机图形功能的增强和化学图形软件的日益普及，像带状模型（ribbon models）、管状模型（tube models）、荆棘条模型（licorice models）、线状模型（wireframe models）等分子模型得到了广泛的应用，增进了人们对分子结构的认识，促进了化学、生物化学、材料科学等的发展。

随着化学研究的进一步深入，上述各种由不同形状的几何体表示的分子的几何模型（geometrical models），已经越来越难满足实际工作的需要。因此，出现了比几何模型更深入的物理模型。例如，为了理解或解释分子的红外光谱，必须在分子几何模型的基础上，引入化学键伸缩和键角弯曲的谐振子模型或其他振动模型。为了理解或预测大分子的构型与性质，特别是复杂的生物分子的构型与功能，必须在化学键伸缩和键角弯曲振动模型的基础上进一步引入化学键的转动、分子内和分子间的非键或弱键相互作用等模型。在分子几何模型的基础上，引入分子内和分子间相互作用及其能量的概念后，就得到了分子的力学模型或分子力场模型（molecular force field models）。

分子力场模型，仍然不能解释分子的许多性质，需要发展。例如，分子力场模型虽可以解释分子的振动光谱，但无法解释分子的可见-紫外光谱、X 射线光电子能谱（X-ray photoelectron spectroscopy）等。这时，就需要引入比分子力场模型更进一步的量子力学模型（quantum mechanical models）。分子的量子力学模型，是建立在 Schrödinger 方程或密度泛函理论基础上的一个电子模型，研究电子在组成分子全部原子核所形成的电场中的运动及其规律，是目前人们所知的最深入的分子模型。但是，求解分子的量子力学模型非常困难，目前只有在处理孤立的不太大的分子或者具有周期性边界条件的晶体等体系时才能得到比较精确的结果，在处理大分子或处在溶液中的分子等时，难以得到理想的结果。

从上述分析可以知道，虽然化学与数学和物理学相比较少使用概念模型和数学公式，但在化学中广泛应用各种类型的分子模型。这些分子模型是典型的物理模型，它们的建立和应用在化学研究中起着极其重要的作用。对于化学或相关专业人员，除了需要学习并掌握各种实验方法和技能外，不可忽视对分子模型的学习，尝试用分子模型解释观察到的实验现象。此外，还要善于总结实验现象，从实验现象中抽提规律，建立合理的分子模型。

2.2　原子、分子的几何模型

2.2.1　原子、分子的几何模型的发展历史

不管是在日常生活中，还是在生产活动和科学实践过程中，人们接触、感受和认识最深的是有形物质。在这过程中，人们逐渐认识到物质的各种性质，如物质可以不断地被机械分割而不改变性质；物质总是处于气、液、固三种状态之一，并在一定温度和压力下可以在三态之间相互转化；物质均有质量并占有一定的空间，固体和液体物质还有固定的密度，有的物质还有铁磁性；物质之间还可以发生化学反应等。那么，物质究竟是什么？不同物质为什么表现出不同的性质？不同性质的物质之间有何联系？物质是否无限可分？如果物质不能无限可分，能够保持物质性质的最小单元是什么？如果沿着物质不能无限可分这一思辨追问下去，必定得出任何物质均由原子、分子组成的概念。

事实上，古典时代的思想家已经提出了原子的概念。例如，我国古代思想家墨子提出物质不能无限可分的观点，并假设组成物质的最小单元是一种称为"端"的微粒。与墨子处在同一时代的古希腊哲学家 Democritus，也持物质不能无限可分的观点，认为构成物质的最小单元是原子。稍后的惠施也提出了类似的观点，认为物质是由被称为"小一"的微粒组成。古罗马诗人 Lucretius 还提出

了气味的分子模型：人们的味觉器官上分布着许多不同形状的小孔，一种形状的小孔可以感知一种气味，不同形状的小孔可以感知不同的气味；同时，气味由气味粒子组成，相同气味的粒子形状相同，不同气味的粒子形状不同；当气味粒子刚好与某种味觉小孔匹配时，就感知了相应的气味。

近代化学建立后，化学家对物质的性质有了更加深入的认识，为今天的科学原子论和分子论的建立奠定了坚实的基础。在科学原子论、分子论的建立过程中，最重要的科学家包括以下几位。

1. John Dalton（1766~1844）

1800 年前后，英国化学家 Dalton 开始从证实科学的角度思考原子的概念，提出原子是具有固定体积和质量的球体，同种原子具有完全相同的体积和质量，不同原子具有不同的体积和质量。这个假设无疑是正确的，抓住了原子的两个最本质的属性。他在 1803 年皇家学会的讲座中提出了如下基本思想：

（1）All matter is composed of atoms（这个假论已经存在了 2000 多年）。

（2）Atoms are indestructible and unchangeable（这个假设建立在质量守恒定律之上）。

（3）Elements are characterized by the mass of their atoms（现代物理学中该假设被修正为"Elements are characterized by the nuclear charge of their atoms"）。

（4）When elements react，their atoms combine in simple，whole-number ratios（这与化学定比定律一致）。

（5）When elements react，their atoms sometimes combine in more than one simple whole-number ratio（这条假设说明水和双氧水等由相同元素组成不同分子的现象）。

Dalton 的原子假设可以说明许多实验现象，特别是化学定比定律。但是，他错误地假设两种元素间最简单的分子必须是按 1:1 配比的双原子分子，这引起了许多错误的推论。按照这样的假设，水的分子式应为 HO 而不是 H_2O，氨的分子式应为 NH 而不是 NH_3，由此得到氧和氮的相对原子质量分别为 8 和 5，而不是 16 和 14，无法解释许多实验数据。Dalton 模型的另一个缺陷是给出的相对原子质量的数值不够精确。例如，他给出的氧元素相对原子质量为 7，而不是更精确的 8。尽管 Dalton 的原子模型存在缺陷，但该模型无疑是在正确的方向迈出重要的第一步。所以，Dalton 被公认为科学原子论的创始人。

2. Amedeo Avogadro (1776~1856)

Avogadro 是著名的意大利科学家，从中学时代起就已经熟知的 Avogadro 常量就是以他的名字命名，以表彰他在化学、物理学中的杰出贡献。

Avogadro 在研究气体时提出了著名的 Avogadro 定律：在相同温度和压力下，相同体积的不同气体的质量与该种气体的相对分子质量成正比。根据 Avogadro 定律，可以通过测定一定体积的气体质量，确定该种气体的相对分子质量。

Avogadro 的最大贡献是明确地提出气体由分子构成，而分子又由原子构成的观念，是正确区分原子与分子的基础。Avogadro 当时虽然并未像今天那样使用原子和分子这两个词，但他认为存在三种不同类型的分子，其中的基本分子（elementary molecule）就是今天所说的原子（atom）。

虽然 Avogadro 的假设在今天看来完全正确，但在当时并没有引起科学界的广泛注意和立即接受。即使科学原子论的创立者 Dalton 也不认为 Avogadro 有关原子和分子的假设是正确的。直到后来，Charles F. Gerhardt 和 Auguste Laurent 在有机化学领域的研究才证明 Avogadro 关于相同体积的气体中包含相同数量的气体分子这一假设的正确性。不幸的是，无机化学领域的研究似乎表明 Avogadro 定律不适用于无机化学。直到 1860 年前后，Stanislo Cannizzaro 才发现由于有的气体分子在一定温度下的分解才造成了与 Avogadro 定律的偏离，证明 Avogadro 定律也适用于无机化学。但是，这已经是 Avogadro 去世四年以后的事了。

3. Josef Loschmidt (1821~1895)

1861 年，奥地利科学家 Loschmidt 在维也纳的一所中学教书时，设想了 300 多种分子的结构模型。Loschmidt 的分子结构模型建立在几何推理之上，虽然可以解释这些物质的许多化学性质，但不被当时的著名化学家认可。例如 August Kekule 认为，由于原则上无法推测分子的实际形状，Loschmidt 的分子结构模型只是一种想象，不是科学假设。但是，后来的科学发展证明 Loschmidt 的分子结构模型是正确的，是现代分子模型的先驱。

由于没有得到化学界的认可，失望的 Loschmidt 后来转向物理学研究。例如，他根据气体动力学理论推算出 N_2 分子的直径约为 10Å，与现代公认的实验值处于同一数量级。他还计算了每立方毫米空气中的分子数，该数值被 Boltz-mann 称为 Loschmidt 常量。今天，虽然不再使用 Loschmidt 常量，但却将

22.4dm³ 气体中所包含的分子数称为 Avogadro 常量。

4. Jacobus Hendricus van't Hoff(1852~1911)

Loschmidt 将分子模型画在纸上，代表实际分子在平面上的投影。1874 年，van't Hoff 利用纸张制作了许多分子的三维模型，并把这些分子模型寄送给当时的几位著名化学家，得到了他们中的大多数人的认可。在 van't Hoff 制作的分子模型中，碳原子的 4 个化学键被安排成正四面体构型，被现代科学实验和量子化学理论计算所证实。van't Hoff 的分子模型可以解释许多有机分子的化学性质，已经被广泛应用于现代化学教学和研究，成为现代化学不可缺少的一部分。

此外，van't Hoff 还在有机化学的许多领域作出重要贡献，因此获得 1905 年的首届诺贝尔化学奖。

2.2.2　分子的几何模型的实验验证

在 von Laue 发明单晶 X 射线衍射技术和 Bragg 父子发明粉末 X 射线衍射技术以前，分子几何模型完全是一种实验推论和假设。只有在发明 X 射线衍射技术以后，才能通过实验测量未知分子的结构，并证明分子几何模型的正确性。目前，X 射线衍射方法仍然是测定从简单的无机物晶体结构到复杂的蛋白质晶体结构的最重要方法之一。正因为 X 射线衍射技术在晶体结构测定中的重要价值，Laue 和 Bragg 父子分别获得 1914 年和 1915 年的诺贝尔物理学奖。

除 X 射线衍射方法外，NMR 方法也是测定分子结构的重要手段，在有机化学、生物化学等领域有着广泛的应用。例如，利用¹H NMR 方法可以测定有机分子中各个氢原子所处的化学环境，推断有机分子的结构。利用 2D NMR 方法可以测定分子中原子核之间耦合的强弱，确定原子核之间的距离或相对位置。因此，NMR 方法已经成为有机分子结构解析最重要的工具，是现代有机化学最重要的结构分析方法。

此外，利用 3D NMR 方法提供的大量实验数据，以及现代计算机的强大数据处理能力，可以直接测定蛋白质、核酸等复杂生物分子在溶液状态的结构。由于 3D NMR 方法不需要制备蛋白质、核酸等复杂生物分子的晶体就能测定结构，比单晶 X 射线衍射方法具有巨大的优越性。另外，利用 3D NMR 方法可以直接测定蛋白质、核酸等生物分子处在具有生物活性的溶液状态结构，而不是处在不具有生物活性的结晶状态结构，是单晶 X 射线衍射所无法实现的。目前，3D NMR方法和单晶 X 射线衍射方法已经成为测定蛋白质、核酸等生物分子结构的两种最重要方法。

综上所述，分子几何模型虽是对实验现象的总结、近似和抽象，但已经被现代科学实验所证实，是正确的物理模型。

2.3　分子的经典力学模型

利用已知的事物、现象、观念、学说、理论等解释和说明未知的事物和现象，是一种重要的思维方法。人们在利用直观的几何模型解释和说明分子的结构与性质方面取得的巨大成功，正说明了这种科学思维方法的巨大价值。分子的几何模型，不但可以帮助人们了解分子的总体形状、分子中各原子的相对位置，还可以定性地解释分子的性质及其变化规律。但是，仅利用分子的几何模型，仍然无法帮助人们定量地预测分子的结构和性质。因此，必须发展新的分子模型。

在新的分子模型中，人们在分子几何模型的基础上引入了分子内和分子间相互作用的概念，使分子模型与分子的能量联系起来，可以比较分子处在不同构型时的相对稳定性，通过优化分子的能量预报分子的结构与性质。这种引入了分子内和分子间相互作用等内容的分子模型，就是分子的经典力学模型。本节的其余部分，将简要介绍分子经典力学模型的发展思路、特点及其限制。

2.3.1　共价键的伸缩运动

用红外光谱研究分子时，发现相同结构的分子具有相同的光谱，相似结构的分子具有相似的光谱，不同结构的分子具有不同的光谱。例如，具有相同 C—H 共价键的不同烷烃分子，在 $2800\mathrm{cm}^{-1}$ 附近，均具有强烈的吸收。利用具有固定共价键长度的分子几何模型，无法说明分子的红外光谱。因此，引入具有可伸缩键长（bond stretching）的谐振子模型，把共价键近似成连接两个原子（小球）的弹簧。下面以 HCl 分子为例，说明共价键的谐振子模型。

设 H 原子和 Cl 原子的相对原子质量分别为 m_{H} 和 m_{Cl}，两个原子通过力常数为 k_{s} 的无质量弹簧相连，则 H 原子和 Cl 原子可以在平衡距离（平衡键长）附近发生振动，对应的振动频率为

$$\nu = \frac{1}{2\pi} \sqrt{k_{\mathrm{s}}/\mu_{\mathrm{HCl}}} \qquad (2\text{-}2)$$

式中，μ_{HCl} 为 HCl 分子的折合质量（reduced mass），即

$$\mu_{\mathrm{HCl}} = \frac{m_{\mathrm{H}} m_{\mathrm{Cl}}}{m_{\mathrm{H}} + m_{\mathrm{Cl}}} \qquad (2\text{-}3)$$

代入 HCl 分子的振动频率 $8.66 \times 10^{13}\,\mathrm{Hz}$ 及 H 原子和 Cl 原子的相对原子质量，可以得到连接 H 原子和 Cl 原子的弹簧的力常数 k_{s} 为 $480\mathrm{N/m}$。

根据谐振子模型，连接 H 原子和 Cl 原子的弹簧的弹性势能为

$$u_{s}(l) = \frac{1}{2}k_{s}(l - l_{0})^{2} \tag{2-4}$$

式中，l_{0} 为 H 原子和 Cl 原子间的参考键长；l 为 H 原子和 Cl 原子之间的瞬间实际键长。但是，完全符合 Hooke 定律的理想弹簧并不存在，理想的谐振子也不存在。同样，HCl 分子中 H 原子和 Cl 原子之间的共价键的伸缩振动，也不是理想的谐振子。如果用理想的谐振子模型作为 H 原子和 Cl 原子之间的共价键伸缩振动的一级近似，用三次及以上次幂的 Taylor 展开式近似表示共价键伸缩振动所具有的非谐性，则 H 原子和 Cl 原子之间共价键的伸缩势函数可以近似为

$$u_{s}(l) = \frac{1}{2}k_{s}(l - l_{0})^{2}(1 + k'_{s}(l - l_{0}) + k''_{s}(l - l_{0})^{2} + k'''_{s}(l - l_{0})^{3} + \cdots)$$

$$\tag{2-5}$$

式中，所有的非平方高次方项被统称为非谐项。

在物理化学中学到，当原子间距离偏离参考键长 l_{0} 时，共价键势函数具有 Morse 势函数的形式，即

$$u_{Morse}(l) = D_{e}((1 - \exp(-\beta(l - l_{0})))^{2} - 1) \tag{2-6}$$

式中，D_{e} 为键的离解能；β 为一个表示势阱在参考位置平坦程度的参数，可由光谱数据得到，通常取 $\beta = 2\pi\nu\sqrt{\mu_{HCl}/2D_{e}}$；$\nu$ 为键的伸缩振动频率。利用谐振子模型，键的伸缩振动的频率与力常数 k_{s} 相关联，$2\pi\nu = \sqrt{k_{s}/\mu_{HCl}}$ 或 $\beta = \sqrt{k_{s}/2D_{e}}$。虽然参考键长 l_{0} 也常被误称为平衡键长，但两者并不完全一致。参考键长（reference bond length）是指其他化学键的力常数均为零时，该化学键处在最低势能位置的键长。相反，平衡键长（equilibrium bond length）是分子总势能处于最低值时的化学键长度。

虽然 Morse 势函数比较精确地反映了键的离解、振动频率等重要特征，但是 Morse 势函数是一个指数函数，计算量远大于幂函数。同时，一般分子在常温下都比较稳定，不存在键的断裂情况。特别地，在温度不太高的条件下，成键原子只在平衡位置附近振动，原子间距离变化不大，不需要考虑键的断裂问题。在平衡位置附近，Morse 势函数可以比较精确地用谐振子势函数近似。

为了便于这两种势函数的对比，令它们具有共同的参考键长 $l_{0} = 1.5$，相等的势阱深度 $D_{e} = 1$，力常数 $k_{s} = 1$，并在参考键长附近具有相等的平坦程度 $\beta = \sqrt{0.5}$。图 2-1 描绘了这样的 Morse 势函数和谐振子势函数，从中可以发现，这两种势函数在参考点附近非常相似。但总的来说，谐振子势函数不允许键的断

裂，只有当键长在参考键长附近位置振动时才符合实际情况。相反，Morse 势函数允许键的断裂，在很广的范围内都能较好地描述共价键的伸缩势能。

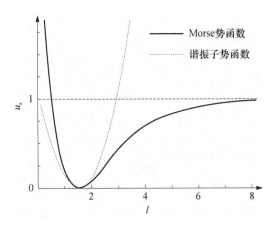

图 2-1　Morse 势函数与谐振子势函数的比较（Morse 势函数已向上平移了 D_e）

复杂的多原子分子，特别是复杂的有机分子，拥有大量的不同种类的化学键，要精确地确定每个化学键的力常数，是一项艰巨而繁杂的工作。大量研究发现，同一种类型的化学键，在不同的分子中的参考键长和力常数的变化并不明显。因此，可以给某一种类型的化学键赋予统一的参考键长和力常数，大大减少建立分子力学模型所需的势函数参数，降低工作量。

参考键长和力常数除与成键原子的种类有关外，还与成键原子的电子结构有关。例如，sp^3 杂化的 C 原子与 sp^2 杂化的 C 原子间的共价键与两个都是 sp^3 杂化的 C 原子之间的共价键的参考键长和力常数不同。目前，在几乎所有分子力场中，都根据成键原子的电子结构及其与成键原子直接相键连的原子种类，确定参考键长和力常数。

2.3.2　键角的弯曲运动

HCl 是一个简单的双原子分子，只有 H 原子和 Cl 原子之间共价键伸缩振动这样一种分子内振动模式。复杂的多原子分子，将有更多的分子内振动模式。例如，由一个 O 原子和两个 H 原子组成的 H_2O 分子，有三种分子内振动模式，分别对应 H—O 键的对称伸缩振动、H—O 键的不对称伸缩振动、H—O—H 键角的弯曲振动（bond angle bending）。一般地，一个由 N 个原子组成的复杂分子，共有 $3N-6$ 个内部振动模式（如果是线形分子，则有 $3N-5$ 个内部振动模式）。

由 N 个原子组成的分子，最少只有 $N-1$ 个化学键，远少于分子内部振动模式的数量。因此,除共价键的伸缩振动外,分子中必定还有其他振动模式。

当键角偏离参考值时,分子能量发生变化。这种运动引起的分子势能的变化,常用二次函数表示,

$$u_{\mathrm{b}}(\theta) = \frac{1}{2}k_{\mathrm{b}}(\theta - \theta_0)^2 \tag{2-7}$$

这是一个与谐振子势函数相似的简单势函数,只有两个参数,θ_0 是参考键角,k_{b} 是力常数。参考键角与平衡键角的关系,同参考键长与平衡键长的关系类似。谐振子形式的势函数虽不能描述键角变化的全部特征,但可以比较精确地描述参考位置附近能量的变化。更精确的势函数,可以在此基础上增加立方项等高次幂项,

$$u_{\mathrm{b}}(\theta) = \frac{1}{2}k_{\mathrm{b}}(\theta - \theta_0)^2(1 + k_{\mathrm{b}}'(\theta + \theta_0) + k_{\mathrm{b}}''(\theta - \theta_0)^2 + k_{\mathrm{b}}'''(\theta - \theta_0)^3 + \cdots) \tag{2-8}$$

与键伸缩的情况类似,为了确定复杂分子的键角弯曲势函数,必须对各种不同的键角进行分类并参数化。与键伸缩势函数不同的是,键角的种类比键长更多,参数化过程更复杂、更困难。

2.3.3　二面角扭曲运动

对大多数分子,键的伸缩运动和键角的弯曲运动,是两种具有很高频率的运动模式;因此,键长和键角达到平衡状态的速度很快,时间很短,对分子构型变化的影响较小。相反,二面角的扭曲运动(dihedral torsion)是具有很低频率的运动;因此,二面角达到平衡状态的速度很慢,时间很长,对分子构型具有决定作用。蛋白质和 DNA 等复杂的生物分子,二面角的扭曲决定了分子构型,也决定了分子的生物活性。

与键的伸缩势能和键角的弯曲势能相比,二面角的扭曲势能相对较弱,能量范围在 1~10kcal/mol(1kcal=4.1868kJ),与分子的热运动能处在相同范围。因此,二面角的扭曲运动,是受分子的热运动严重影响的一种运动模式。同时,二面角扭曲引起的分子运动范围巨大,容易受周围分子和原子的位阻限制,需要很长时间才能达到平衡。有时,在模拟时间内分子根本无法达到平衡。所以,与键伸缩势能和键角弯曲势能相比,二面角扭曲势能对体系总能量的贡献虽然最小,但重要性却最大。

如果说键的伸缩势能是一种两个直接相键连的原子间的相互作用,即 1—2 相互作用,则键角的弯曲势能是两个不直接键连的原子间的相互作用,即 1—3 相互作用。1—3 相互作用的特点是相互作用的两个原子之间隔着一个原

子，是一种没有直接相互键连的原子之间的相互作用。相应地，二面角的扭曲相互作用，中间隔着两个原子，是一种 1—4 相互作用。1—2 和 1—3 相互作用比分子内非键相互作用强达百倍，掩盖了 1—2 和 1—3 原子间的非键相互作用。相反，1—4 相互作用与非键相互作用处在相同强度范围，计算时必须异常小心。有的 MD 模拟程序完全排除 1—4 非键相互作用；有的程序完全不排除 1—4 非键相互作用；有的程序部分排除 1—4 非键相互作用；还有的程序用一个开关参数控制是否排除 1—4 非键相互作用，或控制所排除的 1—4 非键相互作用的比例。

二面角扭曲势能常用下列公式近似

$$u_t(\omega) = \frac{1}{2}V_{t,n}(1 + \cos(n\omega - \delta_n)) \tag{2-9}$$

式中，ω 为 1—2—3—4 四个原子间的二面角；$V_{t,n}$ 为扭曲势能的位垒高度；δ_n 为相因子，n 是与二面角的旋转对称性相关的旋转多重度。

1—2—3—4 四个原子间的二面角是指 1—2—3 三个原子形成的平面与 2—3—4 三个原子形成的平面间形成的二面角。二面角 1—2—3—4 的确定（图 2-2）：用球棍模型表示 1—2—3—4 四个原子，先把原子 1 放在纸平面的上面，对应时钟读数 12 时的位置；再把原子 2 放在原子 1 的下方，对应时钟的中心位置；然后，旋转分子使原子 3 处在原子 2 的前面，相互重叠，或 2—3 之间的连线在纸平面上的投影与 1—2 之间的连线成 0°或 180°角；这时，原子 4 将位于时钟的 0～12 时的某个位置，用角度表示的这个位置就是对应的二面角 1—2—3—4。由二面角的定义可以知道，只要在 1—2—3—4 四个原子中有任意三个原子共线，二面角 1—2—3—4 没有定义，不能构成二面角，这在模拟时必须注意。

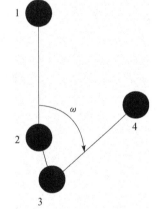

图 2-2　二面角 1—2—3—4 的定义

与键伸缩和键角弯曲势函数相比，二面角扭曲势函数更加复杂，具有更多的待定参数。以六氟乙烷分子为例，从任意一个氟原子开始，经过两个碳原子，再到另一个碳原子上的任意一个氟原子，都构成一个二面角。因此，六氟乙烷分子共有 9 个能量相同的二面角。由于六氟乙烷分子具有旋转对称性，其二面角扭曲势只需一个余弦函数项就能很好地近似（图 2-3）。但是，不具有旋转对称性的二面角，不能用一个余弦函数项恰当近似。例如，十氟丁烷分子中 C_1—C_2—C_3—C_4 二面角没有旋转对称性，只用一个余弦函数项拟合其扭曲运动势函数，将严重偏离实际情况。这时，常用包含多个余弦函数项的 Fourier 展开式近似二面角扭曲势函数，

$$u_{\mathrm{t}}(\omega) = \frac{1}{2}V_{\mathrm{t},1}(1+\cos\omega) + \frac{1}{2}V_{\mathrm{t},2}(1+\cos2\omega) + \frac{1}{2}V_{\mathrm{t},3}(1+\cos3\omega) + \cdots \quad (2\text{-}10)$$

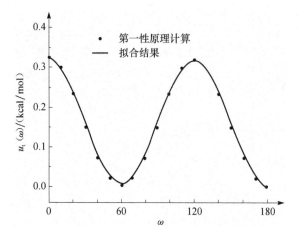

图 2-3　六氟乙烷中二面角 F—C—C—F 的扭曲势函数 $u_{\mathrm{t}}(\omega) = \dfrac{1}{2}\times0.3245(1+\cos3\omega)$

除用 Fourier 展开式表示二面角扭曲势函数外，还常用余弦函数的多项式展开二面角扭曲势函数，

$$u_{\mathrm{t}}(\omega) = C_{\mathrm{t},0} + C_{\mathrm{t},1}\cos\omega + C_{\mathrm{t},2}\cos^{2}\omega + C_{\mathrm{t},3}\cos^{3}\omega + \cdots \quad (2\text{-}11)$$

在研究氟代化合物时，发现利用 Gaussian 函数展开二面角扭曲势函数，物理意义明确，效果良好（图 2-4）[76]。

$$u_{\mathrm{t}}(\omega) = 4.2031\exp\left(-\frac{\omega^{2}}{811}\right) + 1.4141\exp\left(-\frac{(\omega-62)^{2}}{811}\right) \quad (2\text{-}12)$$

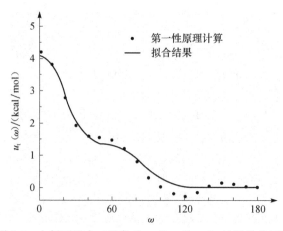

图 2-4　十氟丁烷中二面角 C_1—C_2—C_3—C_4 的扭曲势函数

要计算一个分子中二面角的数量，可采用如下方法：第一，找出可以旋转的化学键（即绕该化学键旋转时分子构型发生变化），记录成键的两个原子 2 和 3。第二，分别记录与原子 2 和 3 成键的所有其他原子。如果有 n_2 个不包括原子 3 的原子与原子 2 成键，有 n_3 个不包括原子 2 的原子与原子 3 成键，通过简单的排列组合，就可计算出原子 2 和 3 间共形成 $n_2 \times n_3$ 个二面角。第三，把所有化学键形成的二面角相加，就可得到分子所包含的二面角的总数。例如，乙烷分子中只有一个可以旋转的键 C—C 键（旋转 C—H 并不改变分子的构型），每个 C 原子各与 3 个氢原子成键。因此，乙烷分子共形成 $3 \times 3 = 9$ 个完全相同的 H—C—C—H 二面角。又如，苯分子中共有 6 个 C—C 键可以形成二面角，其中每个碳原子上分别键连一个 C 原子和一个 H 原子。通过简单的排列组合，可以计算得到苯分子中共形成 6 个 C—C—C—C 二面角，12 个 H—C—C—C 二面角，6 个 H—C—C—H 二面角。

2.3.4　离面弯曲运动

对于像苯环、羰基、酰胺等具有 sp^2 杂化碳原子的分子，必须保持其平面构型。目前，常用离面弯曲运动（out-of-plane bending）、赝扭曲运动和翻转运动等方法描述这样的结构对平面构型的偏离。同时，利用离面弯曲势能、赝扭曲势能、翻转势能描述离面运动引起的能量变化。如图 2-5 所示，1—2—3—4 四个原子形成以原子 2 为中心的平面结构，当原子 1 离开 2—3—4 三个原子形成的平面，使得 2—1 键与 2—3—4 平面形成一个离面弯曲角 χ_{2-1} 时引起分子能量的升高，这就是 2—1 键的离面弯曲势能。这样的离面弯曲势能总共有三项，分别与离开平面的一个键对应，

$$u_{\mathrm{o}} = \frac{1}{2}(k_{\mathrm{o},2-1}\,\chi_{2-1}^2 + k_{\mathrm{o},2-3}\,\chi_{2-3}^2 + k_{\mathrm{o},2-4}\,\chi_{2-4}^2) \tag{2-13}$$

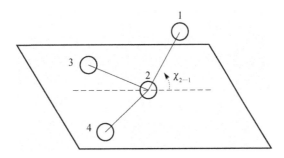

图 2-5　离面弯曲运动与离面弯曲角

2.3.5 赝扭曲运动

赝扭角（improper torsion）也是一种描述离面运动的常用方法（图 2-6）。按正常的思路 1—2—3—4 之间形成一个二面角，但由于 2—4 之间存在化学键，3—4 之间却没有化学键，这样的结构不构成一个一般意义上的二面角。也就是说，1—2—3—4 之间形成一个假的二面角，即赝扭角。赝扭曲势能也包括三项，分别对应三个赝扭角 2—4—3—1、2—1—4—3 和 2—3—1—4，

$$u_i = k_{i,2431}(1-\cos 2\xi_{2431}) + k_{i,2143}(1-\cos 2\xi_{2143}) + k_{i,2314}(1-\cos 2\xi_{2314})$$

$$(2-14)$$

在联合原子模型中，为了确保一个拥有隐含氢原子的 sp^3 杂化 C 原子的构型在模拟中不发生消旋变化，常引入一个以 sp^3 杂化 C 原子为中心的赝扭角。这时，赝扭角的作用不是确保中心原子的平面构型，而是确保 sp^3 杂化 C 原子的正确构型。

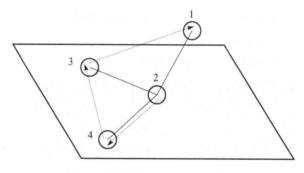

图 2-6 赝扭角 2—4—3—1 的定义

2.3.6 翻转运动

sp^2 杂化平面结构的离面运动，也可以用翻转运动描述。如果以 1—3—4 三个原子形成的平面作为参考，这种结构偏离平面时，可以表达成原子 2 在平面附近的上下运动，即翻转运动（inversion）。翻转运动可以这样理解：把原子 2 看成是一把雨伞的伞顶，1—3—4 三个原子为伞角，在大风中 1—3—4 三个原子组成的伞角不断地被吹动翻转的过程就是翻转运动（图 2-7）。翻转运动的势能可以表示为

$$u_{inv} = k_{inv}h^2$$

$$(2-15)$$

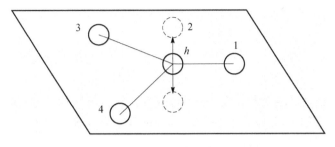

图 2-7　翻转运动

2.3.7　交叉项

在前面讨论的成键相互作用势函数中，不同种类的运动之间，不存在相互耦合。事实上，这只是粗略的近似。例如，如果键伸缩与键角弯曲运动之间没有耦合，则键角被压缩减小时的能量变化与相邻的两个化学键的键长无关。但实际上，这两个化学键的适当伸展，将增大原子 1 和原子 3 间的距离，有利于分子能量的降低（图 2-8）。

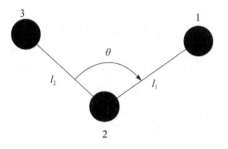

图 2-8　键伸缩与键角弯曲之间的耦合

键角 θ 与形成键角的两个化学键 l_1 和 l_2 之间的耦合势能可以写成

$$u_{s-b-s}(l_1,l_2,\theta) = \frac{1}{2}k_{s-b-s}((l_1-l_{1,0})+(l_2-l_{2,0}))(\theta-\theta_0) \qquad (2\text{-}16)$$

除键伸缩-键角弯曲耦合外，常见的耦合还有伸缩-伸缩耦合、伸缩-扭曲耦合、弯曲-弯曲耦合和弯曲-扭曲耦合等，相应的势函数可以写成

$$u_{s-s}(l_1,l_2) = \frac{1}{2}k_{s-s}(l_1-l_{1,0})(l_2-l_{2,0}) \qquad (2\text{-}17)$$

$$u_{s-t}(l,\omega) = k_{s-t}(l-l_0)\cos n\omega \qquad (2\text{-}18)$$

$$u_{b-b}(\theta_1,\theta_2) = \frac{1}{2}k_{b-b}(\theta_1-\theta_{1,0})(\theta_2-\theta_{2,0}) \qquad (2\text{-}19)$$

$$u_{b-t}(\theta,\omega) = \frac{1}{2}k_{b-t}(\theta-\theta_0)\cos n\omega \qquad (2\text{-}20)$$

虽然交叉项的引入改进了分子模型，提高了模型的精确度，但同时也大大增加了需要确定的参数数目，加大了分子模型的复杂性。因此，在分子模拟中，应该谨慎对待交叉项。

2.3.8 分子内的非键相互作用

复杂分子，特别是长链分子，不但存在成键作用，还存在分子内非键相互作用。相距超过三个化学键的两个原子间，如 1—5 原子间，分子内非键作用不可缺少。在聚合物等大分子中，由于二面角的旋转，相距许多个化学键的两个原子，有时在空间上非常靠近。如果这两个原子间没有分子内非键排斥作用，就有相互重叠的可能，引起分子模拟过程的失败。

分子内非键相互作用主要包括库仑相互作用和 van der Waals 相互作用两种类型。有时，也把分子内氢键作为分子内非键相互作用。分子内非键作用与分子间非键作用没有本质区别，详细将在第 3 章讨论。

2.3.9 分子总势能的经典力场展开

复杂分子，分子内相互作用不但包括成键相互作用，也包括分子内非键相互作用。在经典力学中，一个由 n 个质点组成的力学体系，可以通过一种被称为简正分析的数学方法，将各质点的振动运动投影到简正坐标上，确定体系的简正振动模式。但是，化学家偏好简单的物理模型，排斥复杂的数学推导。因此，化学家把分子内部振动简单地划分为化学键的伸缩振动、键角的弯曲振动、二面角扭曲运动等少数几种运动模式。相应地，分子内的成键相互作用势能，也被简单地分解为与分子内部振动对应的各种不同形式的势能。其中包括键的伸缩势能、键角的弯曲势能、二面角扭曲势能、离面弯曲势能、赝扭曲势能、翻转势能以及交叉耦合势能等。非键相互作用则被分解为 van der Waals 相互作用势能和静电相互作用势能两个部分。

$$u = \sum_{\text{bonds}} u_{\text{s}} + \sum_{\text{angles}} u_{\text{b}} + \sum_{\text{torsions}} u_{\text{t}} + \sum_{\text{oops}} u_{\text{o}} + \sum_{\text{impropers}} u_{\text{i}} + \sum_{\text{inv}} u_{\text{inv}} + \sum_{\text{cross}} u_{\text{cross}} + \sum_{\text{vdW}} u_{\text{vdW}} + \sum_{\text{el}} u_{\text{el}}$$

$$(2\text{-}21)$$

在量子力学中，化学键的键能不与任何一个算符对应，不可能通过求解 Schrödinger 方程直接得到。要把分子的总能量分解为化学键的伸缩能、键角弯曲能、二面角扭曲能以及 van der Waals 相互作用能、静电相互作用能等，具有很大的随意性。例如，1—4 原子间的二面角扭曲能与 1—4 原子间的 van der Waals 相互作用能和静电相互作用势能具有很大的互补性，任何形式的势能分解都具有很大的随意性。同时，van der Waals 相互作用和静电相互作用也具有互补性。

目前广泛使用的力场，不管势函数的形式还是势函数参数的数值，各不相同。但用这些不同的力场模拟分子体系，模拟结果往往是出奇的一致。这并不是模拟结果与势函数形式及其参数之间的相关性不显著的结果，而是不同种类的势函数之间的互补性所致。

2.4 分子的量子力学模型

电子等微观粒子的运动规律不遵循经典力学，但遵循量子力学。与经典力学不同，量子力学的基本方程是 Schrödinger 方程，即

$$i\hbar \frac{\partial \varphi}{\partial t} = \hat{\mathbf{H}}\varphi \tag{2-22}$$

$$\hat{\mathbf{H}}\varphi = E\varphi \tag{2-23}$$

式中，方程（2-22）和方程（2-23）分别为含时和不含时（即定态）Schrödinger 方程；$\hat{\mathbf{H}}$ 为体系的 Hamilton 算符，与经典力学的 Hamilton 函数对应；E 为体系的能量本征值；φ 为描述体系状态的波函数。任何量子力学体系的 Hamilton 算符，包括体系中各个粒子的动能算符，以及粒子与粒子、粒子与外场之间的相互作用势能算符两个部分。确定体系的 Hamilton 算符后，就可以通过求解 Schrödinger 方程得到体系的波函数 φ 和能量本征值 E。在经典力学中，体系的状态及其随时间的演化由 Hamilton 方程与体系的初始状态唯一确定。量子力学体系分为定态和非定态两种。前者的波函数不显含时间，状态不随时间变化；后者的波函数显含时间，可以在不同状态之间跃迁。目前，大多数量子化学应用，只对定态感兴趣，通过求解定态 Schrödinger 方程（2-23）得到定态波函数及其能量本征值。由于篇幅限制，这里不对分子的量子力学模型作深入展开。

第 3 章　分子间相互作用

3.1　分子间相互作用与势函数

在周围的环境中，存在各种固体物质。固体物质具有一定的体积和形状，又难以压缩。加热固体物质，它们的体积常因热膨胀效应而有所增大。继续加热至固体物质熔点温度，就会熔化成为液体物质。如果继续加热液体物质，最后就会气化成气体。液体物质气化时，物质的体积将发生上百倍的膨胀。

物质由分子组成。如果把物质的上述性质与经典力学联系起来，就会得出分子间相互作用的概念。一方面，分子必须具有一个难以压缩的实心体，分子的实心体间具有强烈的排斥作用。所以，固体具有一定体积，又难以压缩。另一方面，由于分子的热运动，只有排斥作用的分子不可能凝结成液体或固体。因此，分子间必须存在相互吸引作用。He、Ne、H_2 等难以液化的气体，分子间的相互吸引作用微弱，只有在极低温度下才能超过热运动能，液化温度很低。相反，W、Fe、Cr、C、Si 等单质，以及 SiO_2、BN、Al_2O_3 等巨分子物质，分子或原子间的相互吸引作用强烈，只有在很高温度下才被热运动能所克服，液化和气化温度很高。

不失一般性，这里以单原子分子为例说明分子间相互作用及其性质。球形对称的单原子分子间的相互作用力，只与原子核间的距离 r 相关，可以以函数 $f(r)$ 表示（图 3-1）。

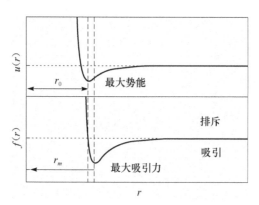

图 3-1　分子间相互作用力函数 $f(r)$ 和势能函数 $u(r)$

在图 3-1 中，当两个分子间相距无穷远时，分子间没有相互作用，作用力为零。当它们相互靠近时，分子间产生相互吸引作用，作用力为负值。随着两个分子的不断靠近，分子间相互吸引作用不断增大。当两个分子间的距离达到 $r = r_m$ 时，吸引力达到最大值（负值）。两个分子继续靠近，分子间的相互吸引力开始迅速减小。最后，在 $r = r_0$ 这个距离，吸引力消失。这时，如果两个分子继续靠近，它们之间将相互排斥，作用力转化为正值。分子间的排斥力随分子间距离的减小而迅速增大。

换一个角度，也可以用分子间相互作用势函数表示分子间相互作用（图 3-1）。势函数 $u(r)$ 与分子间相互作用力函数 $f(r)$ 间的关系是

$$\mathbf{f}_1(r_{12}) = -\nabla u(r_{12}) = -\frac{\mathrm{d}u(r_{12})}{\mathrm{d}r_{12}} \frac{\mathbf{r}_{12}}{r_{12}} = f(r) \frac{\mathbf{r}_{12}}{r_{12}} \qquad (3\text{-}1)$$

$$f(r) = -\frac{\mathrm{d}u(r)}{\mathrm{d}r} \qquad (3\text{-}2)$$

两个分子间的位置关系及其作用力正负的定义如图 3-2 所示。分子间的相互作用力函数 $f(r)$ 和势函数 $u(r)$ 一一对应，有关的特征参数密切相关。例如，分子间相互作用力为零的距离对应势函数最小的距离，分子间吸引力最大的位置对应于势函数梯度最大的位置等。

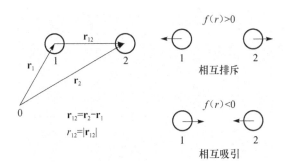

图 3-2　两个分子间的位置关系及其作用力正负的定义

势函数决定了物质的性质，是物质世界多样性的根源。相对于小分子体系的势函数，大分子体系的势函数更加复杂多样。可以认为，正是由于复杂多样的分子间的相互作用势函数，决定了胶体、高分子、生物分子以及超分子体系等复杂多样的性质。如果把这些复杂分子体系的结构单元作为整体，研究它们间的势函数，可以加深对这些复杂分子体系性质的认识。当前，超分子体系已成为现代化学研究的重要领域，通过设计超分子单元，可以控制超分子单元间的势函数，制造具有神奇性质的超分子体系。

3.2 分子间特殊势函数

3.2.1 硬球势函数

实际分子间的势函数非常复杂，必须通过精确测量或理论计算才能确定。同时，势函数与物质性质之间的关系也非常复杂，难以根据势函数用理论方法计算分子体系的性质。只有具有最简单势函数的分子体系，才能用统计力学方法精确计算体系的性质。因此，人们设计了包括硬球势（hard sphere potential functions）在内的多种具有最简单势函数的假想分子体系，以研究势函数与分子体系性质之间的关系。具有硬球势的分子体系，可以由统计力学方法精确求得一系列 virial 系数 B_n，以及其他许多热力学性质的解析解[77,78]。如果把 MD 模拟得到的具有硬球势的假想分子体系的性质，与统计力学方法计算得到的相应的精确理论结果对比，可以验证 MD 模拟方法的可靠性，为改进 MD 模拟方法提供依据。事实上，MD 模拟得到的实际分子体系的性质，受分子模型可靠性和 MD 模拟方法可靠性的双重影响。只有通过可精确求解的简单模型分子体系，才能区分这两种不同的影响，验证 MD 模拟方法的可靠性。有关 MD 模拟方法、统计力学理论方法、实验方法之间的关系，可以参考 Allen 和 Tildesley 的专著[79]。

硬球势是一种最简单的势函数，它把分子近似成直径为 σ，相互间没有吸引力的刚性硬球（图 3-3）。

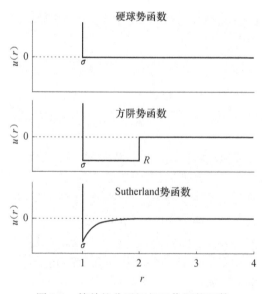

图 3-3 简单的分子间相互作用势函数

$$u(r) = \begin{cases} 0, & r > \sigma \\ \infty, & r \leqslant \sigma \end{cases} \tag{3-3}$$

当两个分子质心间距离大于 σ 时，分子间相互作用力为零。当两个分子相互靠近至质心间距离等于 σ 时，分子间发生完全弹性碰撞而相互远离，不能继续靠近。硬球势虽然简单，却抓住了分子具有一个不可压缩的核心这一本质特征。因此，硬球势可以很好地反映 van der Waals 气体的主要特征。

3.2.2　方阱势函数

硬球势完全没有吸引作用，硬球体系不可能相互吸引而凝结成液体或固体。为了正确反映分子的可凝结性，必须引入吸引作用。最简单的具有吸引作用的势函数是方阱势（图 3-3）。

$$u(r) = \begin{cases} 0, & r > R \\ -E_0, & \sigma < r \leqslant R \\ \infty, & r \leqslant \sigma \end{cases} \tag{3-4}$$

方阱势与硬球势的不同之处在于方阱势在不可压缩的刚性硬球外面，增加了一个势阱，势阱的厚度为 $R-\sigma$，深度为 E_0。

方阱势是不连续的，两个分子质心间的距离大于 R 时，没有相互作用。当它们相互靠近到达距离 R 时，相互间突然受到一个巨大的吸引力，使体系的势能降低到 $-E_0$。当两个分子继续靠近，质心距离小于 R 但仍大于 σ 时，吸引力又突然消失，势能不随 r 的变化而变化。最后，当质心间距离减小到 σ 时，两个分子发生弹性碰撞，不能继续靠近。

3.2.3　Sutherland 势函数

由于方阱势的吸引力不连续，分子体系的速度等性质存在不连续的跳动，可能引起虚假的物理现象。为了避免分子体系性质的这种假象，Sutherland 引入了具有连续吸引力的势函数（图 3-3）。

$$u(r) = \begin{cases} -E_0\,(\sigma/r)^6, & r > \sigma \\ \infty, & r \leqslant \sigma \end{cases} \tag{3-5}$$

虽然 Sutherland 势函数的吸引力是连续的，但其排斥力仍然不连续。在 MD 模拟中，需要计算势函数的一阶导数（即分子间的相互作用力）；在分子结构优化中，需要计算势函数的二阶导数。如果分子体系的势函数具有不连续的一阶或二阶导数，将造成 MD 模拟过程和结构优化过程的不稳定。因此，虽然硬球势、方阱势和 Sutherland 势等非常简单，但只用在方法的验证和理论计算等特殊场合，很少用于实际体系的 MD 模拟。

3.3　分子间相互作用的起源

由现代物理学可知，宇宙中存在四种相互作用：万有引力、电磁相互作用、弱相互作用和强相互作用。其中，万有引力极弱，对物质的性质没有可观察的影响，可以忽略不计。弱相互作用和强相互作用的作用距离很小，只存在于原子核尺度之内，研究分子间相互作用时也可以忽略不计。因此，分子间的相互作用必须是某种形式的电磁相互作用。

在本节中，将介绍各种静电相互作用，以及由直接的静电相互作用引起的诱导作用和色散作用等。由于这些作用不存在分子间电子转移，被总称为物理相互作用。分子间除物理相互作用外，有时还存在电子转移引起的弱化学作用。弱化学作用主要有氢键作用和缔合作用两类。分子间氢键相互作用将在 3.4 节讨论。

3.3.1　库仑势

即使中性分子，其组成原子也不会总呈电中性，经常存在一定的残余电荷。由于原子残余电荷的普遍存在，分子间才存在普遍的库仑相互作用（Coulombic potential）。同时，离子溶液、离子液体、熔融盐等体系，库仑相互作用更是体系中离子间相互作用的基本要素，不可缺少。真空中，两个分别带有残余电荷 q_i 和 q_j 的原子间的库仑势和库仑力分别为

$$u_{\mathrm{Coul}}(r_{ij}) = \frac{1}{4\pi\varepsilon_0} \frac{q_i q_j}{r_{ij}} \tag{3-6}$$

$$f(r_{ij}) = \frac{1}{4\pi\varepsilon_0} \frac{q_i q_j}{r_{ij}^2} \tag{3-7}$$

库仑势与距离的一次方成反比，是一种长程相互作用，不能使用计算近程相互作用时常用的截断近似。在 MD 模拟具有周期性边界条件的体系时，不但需要计算模拟元胞内的任意两个带残余电荷的原子间的相互作用，还必须计算跨越模拟元胞的两个带残余电荷的原子间的相互作用。常用计算方法有 Ewald 求和算法和反应场（reaction field）算法等。

3.3.2　点电荷与偶极子的相互作用势

极性分子的正电荷中心与负电荷中心不相重合，形成一个偶极子（electric

dipole)。度量偶极子的物理量是偶极矩，用 **μ** 表示。两个分别位于 **r**₁ 和 **r**₂，**r**₁₂ ＝**r**₂ － **r**₁，带相反电荷 －q 和 q 的点电荷形成的偶极子的偶极矩为

$$\boldsymbol{\mu} = q\mathbf{r}_2 - q\mathbf{r}_1 = q\mathbf{r}_{12} \tag{3-8}$$

式中，偶极矩 **μ** 是一个由负电荷中心指向正电荷中心的矢量。值得注意的是，化学中常用一个带正号的箭头表示偶极矩，正号表示正电荷端，箭头指向负电荷端，与矢量 **μ** 的方向刚好相反（图 3-4）。偶极矩的绝对值表示其大小 $\mu = |\boldsymbol{\mu}| = qr_{12}$。偶极矩的单位为 Debye，简称 D。1Debye 表示两个相距 1Å，分别带 1 e. s. u. 和 －1 e. s. u. 的点电荷形成的偶极子的偶极矩。Debye 不是一个 SI 单位，偶极矩的 SI 单位是 C·m，$1D = 3.33564 \times 10^{-30}$ C·m。对多原子分子，如果各原子的残余电荷为 q_i，坐标位置矢量为 $\mathbf{r}_i$，偶极矩的定义为

$$\boldsymbol{\mu} = \sum_{i=1}^{N} q_i \mathbf{r}_i \tag{3-9}$$

求和遍及所有原子。一个点电荷 q 与偶极矩 **μ** 之间的相互作用势能为

$$u(r) = \frac{1}{4\pi\varepsilon_0} \frac{q\boldsymbol{\mu} \cdot \mathbf{r}}{r^3} = \frac{1}{4\pi\varepsilon_0} \frac{q\mu\cos\theta}{r^2} \tag{3-10}$$

式中，θ 为偶极矩矢量与偶极矩的电荷中心到点电荷之间连线的夹角；**r** 为偶极矩的电荷中心到点电荷的距离矢量。同时，上述公式的适用条件是点电荷与偶极子中心的距离远大于偶极子的尺寸。由此可知，点电荷与偶极矩之间的相互作用能，不仅取决于两者之间的距离和偶极矩的大小，还与偶极矩的空间取向有关。当对不同的空间取向取热力学平均后得到

$$\langle u(r) \rangle = -\frac{1}{3k_{\mathrm{B}}T} \frac{1}{(4\pi\varepsilon_0)^2} \frac{q^2\mu^2}{r^4} \tag{3-11}$$

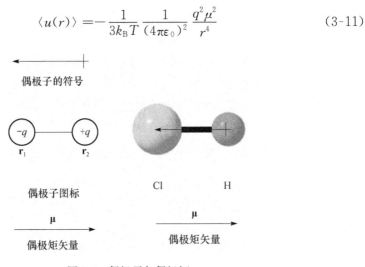

图 3-4　偶极子与偶极矩

3.3.3　偶极子与偶极子间的相互作用势能

两个相距很远，分别位于 $\mathbf{r}_1$ 和 $\mathbf{r}_2$ 的偶极子 $\boldsymbol{\mu}_1$ 与 $\boldsymbol{\mu}_2$ 之间的相互作用势能可以用下式表示[80]，

$$u(\mathbf{r}_1,\mathbf{r}_2) = \frac{1}{4\pi\varepsilon_0}\frac{\boldsymbol{\mu}_1\cdot\boldsymbol{\mu}_2 - 3(\mathbf{n}\cdot\boldsymbol{\mu}_1)(\mathbf{n}\cdot\boldsymbol{\mu}_2)}{|\mathbf{r}_2 - \mathbf{r}_1|^3} \tag{3-12}$$

式中，$\mathbf{n}$ 为 $\mathbf{r}_{12} = (\mathbf{r}_2 - \mathbf{r}_1)$ 方向上的单位矢量，且假定 $\mathbf{r}_1 \neq \mathbf{r}_2$。用标量表示，上式可以写成

$$u(r_{12}) = -\frac{\mu_1\mu_2}{4\pi\varepsilon_0}\frac{2\cos\theta_1\cos\theta_2 - \sin\theta_1\sin\theta_2\cos(\phi_1 - \phi_2)}{r_{12}^3} \tag{3-13}$$

式中，$r_{12} = |\mathbf{r}_2 - \mathbf{r}_1|$，$\mu_1 = |\boldsymbol{\mu}_1|$，$\mu_2 = |\boldsymbol{\mu}_2|$；$\theta_1$ 和 θ_2 分别为偶极子 $\boldsymbol{\mu}_1$ 和 $\boldsymbol{\mu}_2$ 与 $\mathbf{r}_{12}$ 的夹角或倾角（inclination angle）；ϕ_1 和 ϕ_2 分别为偶极子 $\boldsymbol{\mu}_1$ 和 $\boldsymbol{\mu}_2$ 在 X-Y 平面上投影的方位角（azimuth angle）。同样，对偶极子与偶极子之间的相互作用势的不同空间取向也取热力学平均，得到

$$\langle u(r_{12})\rangle = -\frac{2}{3k_{\mathrm{B}}T}\frac{1}{(4\pi\varepsilon_0)^2}\frac{\mu_1^2\mu_2^2}{r_{12}^6} \tag{3-14}$$

3.3.4　四极子

作为整体，有的分子的正电荷中心和负电荷中心相互重合，没有极性，偶极矩为零。但从局部来看，分子仍带有极性，分子间仍存在静电相互作用。例如，CO_2 的 C 原子和 O 原子电负性不同，C 原子和 O 原子间生成极性化学键 C═O。但是，CO_2 为线形分子，两个 C═O 键形成的两个偶极子大小相同，方向相反，正好相互抵消。因此，作为整体 CO_2 分子没有极性，偶极矩为零。为了表示像 CO_2 那样偶极矩为零的分子间的相互作用，在电磁学中定义了四极子（quadruple）、八极子（octupole）、十六极子（hexadecapole）等概念。其中，衡量四极子的物理量四极矩张量被定义为

$$Q_{\alpha\beta} = \sum_{i=1}^{N}q_i(3x_{i,\alpha}x_{i,\beta} - r_i^2\delta_{\alpha\beta}) \tag{3-15}$$

式中，q_i 为各原子的残余电荷；$\mathbf{r}_i = (x_{i,1}, x_{i,2}, x_{i,3})$ 为各原子的位置坐标，$r_i = |\mathbf{r}_i|$，求和遍及所有原子。

四极矩张量的单位为 $C\cdot m^2$。值得注意的是，就任何电荷分布的最低价非零多极矩来说，其值与坐标原点的选取无关，但所有更高价的多极矩通常都依赖

于原点的位置。例如，中性分子的偶极矩与坐标原点的选取无关，但离子的偶极矩与坐标原点的选取有关。同样，非极性中性分子的四极矩与坐标原点的选取无关，但极性中性分子的四极矩与坐标原点的选取有关。对不同空间取向取热力学平均后，点电荷与四极子、偶极子与四极子、四极子与四极子的相互作用势分别为

$$\langle u(r_{ij}) \rangle = -\frac{1}{20k_{\mathrm{B}}T} \frac{1}{(4\pi\varepsilon_0)^2} \frac{q_i^2 Q_j^2}{r_{ij}^6} \tag{3-16}$$

$$\langle u(r_{ij}) \rangle = -\frac{1}{k_{\mathrm{B}}T} \frac{1}{(4\pi\varepsilon_0)^2} \frac{\mu_i^2 Q_j^2}{r_{ij}^8} \tag{3-17}$$

$$\langle u(r_{ij}) \rangle = -\frac{7}{40k_{\mathrm{B}}T} \frac{1}{(4\pi\varepsilon_0)^2} \frac{Q_i^2 Q_j^2}{r_{ij}^{10}} \tag{3-18}$$

3.3.5　诱导作用

虽然非极性分子的正负电荷中心相互重合，但在外电场的作用下，负电荷（电子云）会沿电场方向重新排布，引起负电荷中心与正电荷中心的相互分离，这就是诱导作用（induced interactions）。诱导产生的偶极矩被称为诱导偶极矩。当外电场被移去时，诱导作用消失，诱导偶极矩恢复为零。诱导偶极矩 $\boldsymbol{\mu}_{\mathrm{ind}}$ 与外电场 $\mathbf{E}$ 成正比，即

$$\boldsymbol{\mu}_{\mathrm{ind}} = \alpha \mathbf{E} \tag{3-19}$$

式中，极化率 α 表示电子云在外电场作用下被重排的容易程度，单位为 $\mathrm{C}^2 \cdot \mathrm{m}^2 \cdot \mathrm{J}^{-1}$。由于极化率 α 的单位复杂，不够方便，常用另一个物理量极化体积（polarizability volume）表示极化率 $\alpha' = \alpha/4\pi\varepsilon_0$，单位为 m^3。分子极化体积的大小与分子的实际体积相当，其原因是分子体积越大，拥有的电子越多，越容易被极化，极化体积也越大。

大多数分子，不同方向的电子云对外场的响应不同，电场对分子在各个不同方向的极化作用效果不同。因此，分子的极化体积，无法用简单的标量表示，必须用一个 3×3 的极化体积张量才能正确表达。

一个带电量为 q 的离子与另一个非极性分子间的诱导能由两部分组成，一部分是诱导作用引起非极性分子正负电荷分离产生诱导偶极矩 $\boldsymbol{\mu}_{\mathrm{ind}}$ 所消耗的能量 $\frac{1}{4\pi\varepsilon_0} \frac{\alpha' q^2}{2r^4}$，另一部分是该离子与诱导偶极矩 $\boldsymbol{\mu}_{\mathrm{ind}}$ 相互作用而产生的静电能 $-\frac{1}{4\pi\varepsilon_0} \times \frac{\alpha' q^2}{r^4}$。因此，体系总的诱导能为

$$u(r) = -\frac{1}{4\pi\varepsilon_0} \frac{\alpha' q^2}{2r^4} \tag{3-20}$$

式中，r 为离子和中性分子间的距离；α' 为中性分子的极化体积。

同样，一个极性分子的偶极矩产生的电场，也可以诱导一个非极性分子的电子云发生重排，产生诱导偶极矩。假设极性分子位于 $\mathbf{r}_0$，偶极矩为 $\boldsymbol{\mu}$；非极性分子位于 $\mathbf{r}$，极化率为 α，极化体积 $\alpha' = \alpha/4\pi\varepsilon_0$。非极性分子被诱导而产生的诱导偶极矩为 $\boldsymbol{\mu}'_{\text{ind}} = \alpha\mathbf{E} = 4\pi\varepsilon_0\alpha'\mathbf{E}$。其中，$\mathbf{E}$ 为极性分子的偶极矩在非极性分子处的电场强度。

$$\mathbf{E} = \frac{3\mathbf{n}(\boldsymbol{\mu} \cdot \mathbf{n}) - \boldsymbol{\mu}}{4\pi\varepsilon_0 \mid \mathbf{r} - \mathbf{r}_0 \mid^3} \tag{3-21}$$

式中，$\mathbf{n}$ 为两个分子间连线的单位矢量，$\mathbf{n} = (\mathbf{r} - \mathbf{r}_0)/\mid \mathbf{r} - \mathbf{r}_0 \mid$。因此，诱导偶极矩为

$$\boldsymbol{\mu}'_{\text{ind}} = \alpha' \frac{3\mathbf{n}(\boldsymbol{\mu} \cdot \mathbf{n}) - \boldsymbol{\mu}}{\mid \mathbf{r} - \mathbf{r}_0 \mid^3} \tag{3-22}$$

极性分子的偶极矩与非极性分子的诱导偶极矩之间相互作用能为

$$u(r) = -\frac{\alpha' \mu^2}{\pi\varepsilon_0} \frac{1}{r^6} \tag{3-23}$$

由于偶极矩 $\boldsymbol{\mu}$ 与诱导偶极矩 $\boldsymbol{\mu}'_{\text{ind}}$ 总在同一个方向，即使是整个分子开始旋转，电子云的运动总能对极性分子的偶极矩变化作出及时的响应。因此，不需要对极性分子的取向进行热力学平均。

除此之外，相距为 r 的两个偶极矩 $\boldsymbol{\mu}_1$ 与 $\boldsymbol{\mu}_2$ 之间也发生诱导作用，其诱导能为

$$u(r) = -\frac{1}{4\pi\varepsilon_0} \frac{\alpha'_1 \mu_2^2 + \alpha'_2 \mu_1^2}{r^6} \tag{3-24}$$

此外，四极矩 Q_1 与 Q_2 之间的诱导能为

$$u(r) = -\frac{1}{4\pi\varepsilon_0} \frac{3(\alpha'_1 Q_2^2 + \alpha'_2 Q_1^2)}{2r^8} \tag{3-25}$$

一般来说，偶极矩、四极矩或更高价的矩，其诱导作用的贡献相对较小。因此，在实际应用时往往把各种高价矩间的诱导能，作为有效能包括到 r^{-6} 作用项中。

3.3.6 色散作用

根据 Pauli 不相容原理，电子已全部充满壳层的 He、Ne、Ar 等稀有气体分

子，由于电子云呈球形对称，分子间只存在排斥作用，没有任何吸引作用。因此，这些分子不可能凝结为液体。但实际上，即使 He、Ne、Ar 等电子云呈球形分布的稀有气体分子之间，也存在吸引作用，可以凝结为液体。这种存在于电子云呈球形对称分布的中性稀有气体分子之间的吸引作用，是一种色散作用。事实上，色散作用存在于包括离子-离子、离子-分子、分子-分子等一切分子或离子之间，与电荷、极性等无关。

一般认为，即使是非极性中性分子，在任一瞬间，分子中电子云的分布是不对称的，不与原子核的正电荷中心重合，形成瞬间偶极矩。瞬间偶极矩随时间不断变化，统计平均为零。因此，实验测量得到的分子的偶极矩仍然为零。但当该瞬间偶极矩靠近其他原子或分子时，仍可以诱导邻近原子或分子产生诱导偶极矩。反过来，诱导产生的偶极矩又可以诱导原来的原子或分子产生新的诱导偶极矩，形成色散作用。色散作用是一种相互吸引作用，可以使体系能量降低。一般地，极化体积分别为 α_1' 和 α_2' 的两个分子或离子间色散能可以写成

$$u(r_{12}) = -A\frac{\alpha_1'\alpha_2'}{r_{12}^6} \tag{3-26}$$

3.3.7 分子间排斥作用

上面讨论的分子间相互作用均为吸引作用，并且势能随分子间距离的减小而降低。但是，这些关系并不适合分子相互靠得特别近的情况。当两个分子相互靠近，达到或接近电子云相互重叠的距离时，分子间的排斥作用将显著增加，引起体系势能的迅速升高。此外，原子核间的静电排斥作用，也引起体系的势能升高。完整的分子间相互作用函数必须同时考虑排斥作用的贡献。理论分析表明，排斥作用对体系势函数的贡献与分子间的距离呈指数关系

$$u(r) = A\exp(-\beta r) \tag{3-27}$$

为了计算方便和效率，常把排斥能表示为幂函数的形式

$$u(r) = A/r^n \tag{3-28}$$

式中，A 为常数；n 则在 $8\sim16$ 变化。同时，排斥作用是一种近程力相互作用，随分子间距离的增大而迅速衰减。

3.4 氢键相互作用

氢键（hydrogen bonding）是一种典型的分子间弱键相互作用，一般发生在

形式为 D—H···A 的结构之中。其中，D 为氢键的给体（donor），A 为氢键的受体（acceptor），氢键给体 D 和受体 A 均为 N、O、F 等体积小、电负性高的原子。有时，Cl^- 等负离子也可作为氢键受体参加氢键作用。氢键受体 A 必须具有孤对电子，可以向 H 原子转移电子。描述氢键作用的最简单的势函数是 Lennard-Jones 12-10 势函数，

$$u(r) = \frac{A}{r^{12}} - \frac{B}{r^{10}} \tag{3-29}$$

更复杂的势函数中常引入对氢键的键角 D—H···A 依赖关系，可以描述氢键给体、受体、氢原子等偏离参考位置时，体系能量的变化。例如 YETI 势函数，

$$u(r) = \left(\frac{A}{r_{\mathrm{H-A}}^{12}} - \frac{C}{r_{\mathrm{H-A}}^{10}}\right)\cos^2\theta_{\mathrm{D-H\cdots A}}\cos^4\theta_{\mathrm{H-D-LP}} \tag{3-30}$$

式中，$\theta_{\mathrm{H-D-LP}}$ 为 H 原子、氢键给体 D、氢键受体 A 的孤对电子 LP 间的夹角。

3.5　常用分子间相互作用势函数

3.5.1　Lennard-Jones 势函数

Lennard-Jones 势函数（Lennard-Jones potential）常被写成两种不同形式，第一种形式是

$$u_{\mathrm{LJ}}(r_{ij}) = \frac{A_{ij}}{r_{ij}^{12}} - \frac{B_{ij}}{r_{ij}^{6}} \tag{3-31}$$

相应的作用力函数是

$$\mathbf{F}_i(r_{ij}) = \left(12\frac{A_{ij}}{r_{ij}^{13}} - 6\frac{B_{ij}}{r_{ij}^{7}}\right)\frac{\mathbf{r}_{ij}}{r_{ij}} \tag{3-32}$$

第二种形式是

$$u_{\mathrm{LJ}}(r_{ij}) = 4\varepsilon_{ij}((\sigma_{ij}/r_{ij})^{12} - (\sigma_{ij}/r_{ij})^6) \tag{3-33}$$

$$\mathbf{F}_i(r_{ij}) = 24\varepsilon_{ij}(2(\sigma_{ij}/r_{ij})^{12} - (\sigma_{ij}/r_{ij})^6)\frac{\mathbf{r}_{ij}}{r_{ij}^2} \tag{3-34}$$

这两种形式的 Lennard-Jones 势函数参数之间的关系为 $A = 4\varepsilon\sigma^{12}, B = 4\varepsilon\sigma^6, \sigma = (A/B)^{1/6}, \varepsilon = B^2/4A$。

如果知道同种原子间的 Lennard-Jones 势函数的参数，就可以利用混合规则（mixing rule）估算两种不同原子之间的势函数参数。常用几何平均混合规则估算 A_{ij} 和 B_{ij}

$$A_{ij} = \sqrt{A_{ii}A_{jj}} \tag{3-35}$$

$$B_{ij} = \sqrt{B_{ii}B_{jj}} \tag{3-36}$$

第二种形式的 Lennard-Jones 势函数的参数，常用 Lorentz-Berthelot 混合规则估算混合参数。即用算术平均计算 σ_{ij}、几何平均计算 ε_{ij}，

$$\sigma_{ij} = \frac{1}{2}(\sigma_{ii} + \sigma_{jj}) \tag{3-37}$$

$$\varepsilon_{ij} = \sqrt{\varepsilon_{ii}\varepsilon_{jj}} \tag{3-38}$$

3.5.2　Lennard-Jones *n-m* 势函数

在 Lennard-Jones 势函数中，指数 12 和 6 分别与排斥力的硬度和吸引力的作用范围有关。对大多数有机分子来说，用 r^{-6} 近似吸引势函数，效果良好。但是，用 r^{-12} 近似排斥势部分，则排斥势太陡，不如 r^{-9} 或 r^{-10} 更适合实际分子。这时，如果只调整参数 A 和 B（或 σ 和 ε），就无法达到更好的近似效果。相反，如果调整排斥力的硬度和吸引力的作用范围，往往可以达到更好的效果。因此，可以用通式表示势函数

$$u_{n-m}(r_{ij}) = \frac{\varepsilon_{ij}}{n-m}(n^n/m^m)^{1/(n-m)}((\sigma/r_{ij})^n - (\sigma/r_{ij})^m) \tag{3-39}$$

式中，第一项为原子实的排斥力，n 越大原子实越硬；第二项为吸引力的作用范围，m 越小吸引力的作用范围越大。势阱的深度是 ε_{ij}，平衡位置为 $r_0 = (n/m)^{1/(n-m)}\sigma$。相应的分子间作用力为

$$f_{n-m}(r_{ij}) = -\frac{\mathrm{d}u_{n-m}(r_{ij})}{\mathrm{d}r_{ij}} = \frac{\varepsilon_{ij}}{n-m}(n^n/m^m)^{1/(n-m)}(n(\sigma/r_{ij})^n - m(\sigma/r_{ij})^m)\frac{1}{r_{ij}} \tag{3-40}$$

实际应用时，常用 LJ 12-10 势函数近似氢键，LJ 12-3 势函数近似金属原子间的相互作用，效果较好。

3.5.3　Morse 势函数

Morse 势函数具有三个势参数，其中 D_e 和 r_0 分别对应 Lennard-Jones 势函数的两个参数，β 不与任何 Lennard-Jones 参数对应，

$$u_{\mathrm{Morse}}(r) = D_e((1 - \exp(-\beta(r-r_0)))^2 - 1) \tag{3-41}$$

$$\frac{\mathrm{d}u_{\mathrm{Morse}}(r)}{\mathrm{d}r} = 2\beta D_e(1 - \exp(-\beta(r-r_0)))\exp(-\beta(r-r_0)) \tag{3-42}$$

　　事实上，β 参数的作用是控制势函数的平坦程度，与 Lennard-Jones n-m 势函数的 n 和 m 参数对应，调整 β 参数，可以得到与不同 n 和 m 对应的势函数。例如，与 Lennard-Jones 12-6 势函数对应的平衡距离为 1.1225σ，$\beta/r_0 = 6.00$；相应的势函数和力函数的对比如图 3-5 所示。从图中可以看出，在势阱附近，两类不同的势函数几乎重合。这两类势函数最大的差别在最大作用附近，Morse 势函数比较陡，其最大吸引力比对应的 Lennard-Jones 势函数大。与常见 Lennard-Jones n-m 势函数对应的 Morse 势参数列于表 3-1。

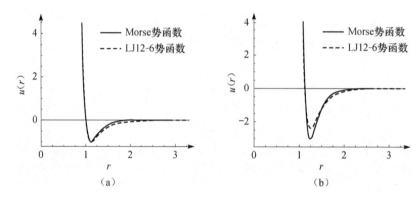

图 3-5　Morse 势函数（a）和对应的力（b）与 Lennard-Jones 12-6 势函数及力的对比

表 3-1　Morse 势函数与 Lennard-Jones n-m 势函数的对比参数

n	m	σ	r_0	β/r_0
12	3	1	1.1665	3.15
12	6	1	1.1225	6.00
12	10	1	1.0954	8.79

3.5.4　Buckingham 势函数

　　Lennard-Jones 势函数的排斥项比较硬，有时与实际情况偏离比较远。为此，Buckingham 引入了更软的具有指数函数形式的排斥项，

$$u_{\mathrm{BK}}(r_{ij}) = A_{ij}\,\mathrm{e}^{-B_{ij}r_{ij}} - \frac{C_{ij}}{r_{ij}^{6}} \qquad (3\text{-}43)$$

相应的相互作用力函数为

$$f_i(r_{ij}) = \left(A_{ij}B_{ij}\,\mathrm{e}^{-B_{ij}r_{ij}} - 6\,\frac{C_{ij}}{r_{ij}^{7}} \right) \qquad (3\text{-}44)$$

计算交叉相互作用的混合规则为

$$A_{ij} = \sqrt{A_{ii}A_{jj}} \tag{3-45}$$

$$B_{ij} = \frac{1}{2}(B_{ii} + B_{jj}) \tag{3-46}$$

$$C_{ij} = \sqrt{C_{ii}C_{jj}} \tag{3-47}$$

调整 Buckingham 的指数项系数，可以调整排斥力的硬度。但指数函数的计算量比幂函数大许多倍，实际分子模拟中较少使用 Buckingham 势函数。

3.5.5　Born-Huggins-Meyer 势函数

Born，Huggins 和 Meyer 提出的势函数，排斥力部分利用指数函数，吸引力部分在 r^{-6} 上再增加一项 r^{-8}，效果较 Buckingham 势函数好。利用 Born-Huggins-Meyer 势函数的缺点是增加了一个待定参数。Born-Huggins-Meyer 势函数的具体形式如下

$$u_{\mathrm{BHM}}(r_{ij}) = Ae^{-Br_{ij}} - \frac{C}{r_{ij}^{6}} - \frac{D}{r_{ij}^{8}} \tag{3-48}$$

3.5.6　多体势

三体势和四体势等多体势是更复杂的势函数，不可以分解成两体势相加的形式。由于多体势的计算量巨大，常用有效两体势的形式近似多体势。但必须注意的是，有效两体势不能完全表示多体势的全部特征。

3.6　无机巨分子物质的势函数

在无机小分子和有机化合物分子中，化学键存在于特定的原子之间，相同的分子具有完全相同的化学键结构，不能随意变化。除立体异构体外，不同的化合物具有不同的化学键结构。但是，各种离子化合物、氧化物、硅酸盐、硼酸盐、铝硅酸盐等无机巨分子物质，同一种物质具有不同的化学键结构，与无机小分子和有机分子存在巨大的区别。因此，建立在无机小分子和有机化合物分子基础之上的分子势函数，并不适用于无机巨分子物质。

3.6.1　共价巨分子固体、玻璃体、熔融体的势函数

在水泥、玻璃、陶瓷、耐火材料等产业部门，以及地球物理化学等科学领

域，硅酸盐、硼酸盐、铝硅酸盐等物质起着极其重要的作用。但除了所包含的少部分结晶体外，这类物质主要由具有近程有序、长程无序的复杂结构的物质组成。这类物质的相互作用模型，与小分子物质有很大的区别。首先，构建小分子物质时所广泛使用的定域化学键分子模型不再适用。以硅酸盐为例，硅氧四面体结构虽然广泛存在，但硅氧四面体周围的化学环境却可以在很大的范围内发生变化。因此，硅酸盐的力场模型中，不能完全使用定域键模型。同时，用有效的两体势的近似效果也不佳。目前，常用的方法是利用 O—Si—O 三体势。三体势可以有许多形式，

$$u_{jik} = \frac{k}{2} \left(\theta_{jik} - \theta_0 \right)^2 \exp(- \left(r_{ij}^8 + r_{ik}^8 \right)/\rho^8) \tag{3-49}$$

$$u_{jik} = \frac{k}{2} \left(\theta_{jik} - \theta_0 \right)^2 \exp((- r_{ij} - r_{ik})/\rho) \tag{3-50}$$

等。

在构建硼酸盐玻璃模型时，常用四体势模型有

$$u(\phi_{ijkn}) = \frac{1}{2} k \left(\phi_{ijkn} - \phi_0 \right)^2 \tag{3-51}$$

四体势是近程力，作用范围在 3Å 左右。同时，四体势的计算量与 N^4 成正比，必须利用特殊的算法，否则会因计算量太大而无法实现。即使这样，多体势函数模型仍只应用于特定的场合。

与定域化学键模型不同，三体势、四体势等多体势，相互作用的原子间并没有固定的化学键，因此，允许相互作用的三个或多个原子与周围原子发生交换反应，这与硅酸盐熔体中发生的过程类似。这些特点使多体势可以较好地近似硅酸盐等近程有序、长程无序的结构特点。

3.6.2　离子化合物固体和熔融体的势函数

与硅酸盐等类似，离子化合物固体和熔融体允许原子间存在有缺陷的化学键，不能利用与小分子物质类似的势函数。因此，常把各种卤化物、复卤化物、氧化物、复氧化物等近似成由卤素离子、氧离子、金属离子等基本结构单元组成的物质。这些基本结构单元之间没有固定的化学键存在，但却存在类似分子间的相互作用。这些基本单元间的势函数常被表示成两体势、三体势、四体势等各种势能之和。

描写离子化合物的最古老的势函数是 Born 势函数。Born 把势函数严格限制为两体势函数，每一对离子间的相互作用又被分解为长程的库仑势和近程的排斥势，

$$u_{\text{Born}}(r_{ij}) = \frac{1}{4\pi\varepsilon_0} \frac{q_i q_j}{r_{ij}} + \frac{A}{r_{ij}^n} \qquad (3\text{-}52)$$

在最简单的模型中，用离子的氧化数近似离子的电荷，势函数只有两个参数 A 和 n 需要确定。在实际构建势函数时，不但要调整排斥项的势函数，同时也需要调整库仑项中的离子电荷数，以取得更好的近似效果。除了 Born 势函数外，Fumi-Tosi 势函数也很常用[36,37]，

$$u_{\text{FT}}(r_{ij}) = \frac{q_i q_j}{4\pi\varepsilon_0 r_{ij}} + b\exp(B(\alpha_{ij} - r_{ij})) - \frac{C_{ij}}{r_{ij}^6} - \frac{D_{ij}}{r_{ij}^8} \qquad (3\text{-}53)$$

3.7　金　属　势

从势能函数角度来看，金属是一类非常特殊的物质，很难用金属原子间的两体势、三体势等势函数近似。实际上，前面所讨论的各种势函数模型，均不适于构建金属的势函数，特别是过渡金属和半导体等物质的势函数。主要原因包括：金属或半导体的结合能（cohesive energy），即把一个金属原子从固体或熔体中移走至无穷远处的能量，与熔点时的热运动能量 $k_{\text{B}}T$ 之比约为 30。对可以用两体势近似的物质，该能量比大约只有 10。同时，金属中生成空位的能量 E_{v} 与结合能之比为 $1/4\sim1/3$；对比两体势体系，该能量的比值精确地等于 1。

目前，广泛使用的金属势（metal potential）大多建立在嵌入原子模型（embedded-atom model）之上，具体有 Finnis-Sinclair 模型[41]和 Sutton-Chen 模型等[40]。

根据密度泛函理论，Daw 和 Baskes 在 1984 年提出[39,81]，物质中每个原子的原子核除了受到其他原子原子核的排斥作用外，还受到背景电子的静电作用。因此，势函数可以分解成两个部分：原子核之间的相互作用能和镶嵌在电子云背景中的镶嵌能。其中，原子核之间的相互作用能可以用两体势近似；镶嵌能对应多体作用部分，不能用两体势近似，这就是嵌入原子模型。用数学语言表示，嵌入原子模型的势函数形式是

$$u_{\text{EAM}} = \sum_{i=1}^{N}\sum_{j=i+1}^{N} u(r_{ij}) + \sum_{i=1}^{N} E_i(\rho_i) \qquad (3\text{-}54)$$

式中，第一项为原子核之间的两体势，求和遍及所有原子对；第二项为原子核的镶嵌能，是各个原子核所处背景电子云密度（除该原子外其他原子的贡献之和）的函数，求和遍及所有原子核。原子核所处电子云密度按下式计算，

$$\rho_i = \sum_{j=1,j\neq i}^{N} \rho_j(r_{ij}) \tag{3-55}$$

嵌入原子模型较两体势等精确，但计算量较两体势大。

3.7.1　Finnis-Sinclair 模型

在 Finnis-Sinclair 模型中，嵌入势的部分被写成电子云密度的平方根的形式，

$$u_{FS} = \sum_{i=1}^{N}\sum_{j=i+1}^{N} u(r_{ij}) + A\sum_{i=1}^{N}\sqrt{\rho_i} \tag{3-56}$$

3.7.2　Sutton-Chen 模型

在 Sutton-Chen 模型中，两体排斥势被写成 r^{-n} 的形式，背景电子云密度被写成 r^{-m} 的形式，

$$\rho_i = \sum_{j=1,j\neq i}^{N} (a/r_{ij})^m \tag{3-57}$$

而总的势函数是

$$u_{SC}(r_{ij}) = \varepsilon\left(\sum_{i=1}^{N}\sum_{j=i+1}^{N}(a/r_{ij})^n - c\sum_{i=1}^{N}\rho_i^{1/2}\right) \tag{3-58}$$

Sutton-Chen 模型需要确定的势参数有 n，m，c，a，ε 等 5 个。

3.8　近程相互作用和长程相互作用

根据分子间相互作用空间范围的大小，分子间相互作用可以分为两种不同的类型：近程相互作用和长程相互作用（short range interaction and long range interaction）。近程相互作用的作用距离相对较小，只需计算相距较近的分子间的相互作用，截去相距较远的分子间的相互作用，不会产生显著的误差，截断近似成立。相反，长程相互作用的作用距离很大，截去相距较远的分子间相互作用会产生很大误差。甚至相距超过一个模拟元胞的两个分子，其相互作用也必须计算，不能忽略，截断近似不成立。

相互作用究竟是近程还是长程，可以通过势函数的渐近性质来确定。如果势函数与 r^{-n} 具有相同的渐近性质，则 n 越大，作用范围越小；n 越小，作用范围

越大。库仑相互作用具有 r^{-1} 的渐近性质，是最典型的长程相互作用。相反，Lennard-Jones 相互作用具有 r^{-6} 的渐近性质，是典型的近程相互作用。一般地，以 $n=3$ 作为区分长程相互作用和近程相互作用的界限，n 大于 3 为近程相互作用，n 等于或小于 3 为长程相互作用。长程相互作用和近程相互作用虽没有本质区别，但在 MD 模拟中对这两种作用的计算方法完全不同，具体将在 6.2 节和 6.3 节讨论。

第4章　常用分子力场

分子力场是一组用于描述分子体系相互作用的势函数，包括势函数的形式和参数集两个部分。其中，势函数只有少数几种形式，对应不同类型的相互作用；并且，势函数的形式是通用的，适用于所有分子。势函数参数（简称势参数）与具体的分子、原子有关，不能通用。但是，如果势参数完全不能通用，必须为每种模拟的分子开发一套独立的势参数，分子模拟过程将变得异常复杂，根本无法达到目前的普及程度。幸运的是，对不同的分子或同一种分子的不同部分，只要局部结构相同或相似，势参数常常可以通用。势参数的这种性质被称为可移植性（transferable）。

4.1　水分子力场

水是地球表面储存最丰富、分布最广泛的液体，也是形成地球气候系统最重要的物质。水在气、液、固三相之间转化时，可以吸收或释放大量的热量，保证地球表面温度长期稳定在一个相对狭窄的范围之内。正是存在这样长期稳定的地球气候系统，才孕育出地球生态系统，最终进化出人类这种高度智慧的动物，具有认识水、谈论水、研究水的能力。在各种生物体内及其生命活动过程中，水也具有其他任何物质无法替代的作用。蛋白质、核酸等生物分子的活性，都必须在水溶液环境中才能正常发挥。没有了水或失去了水的平衡，生命过程就会停止。此外，在从远古地球刚刚形成的混沌时代已经开始，现在仍然继续进行着的地壳演化过程中，水也起着极其重要的作用。渗透到岩石缝隙中的水，经过无数次的热胀冷缩变化和相变，把大块的岩石破碎成小块的石头、卵石，直至成为泥沙和尘埃。流动的水，继续冲刷、碰撞、研磨这些碎石和泥沙，并把它们带到遥远的地方。作为溶剂的水，把多种矿物以溶液形式带入海洋，是形成今天海洋化学组成的基础；同时，也是碳酸钙等各种矿物的反复溶解、迁移、沉淀过程的化学基础。人们旅游、观光常去的各种洞穴，正是水的这种溶剂性质无数次反复作用的结果。总之，沧海桑田，经过水漫长时间的作用，高山被削平、海水变咸、具有丰富动植物系统的平原渐渐形成。

在科学技术高度发达的当代社会，水的作用不但没有减小，反而比以往任何时候都更加重要。生活中，不但需要每天饮用水以补充身体中的水分，而且需要用水洗涤身体、衣物和其他物品。农牧业生产中，需要水灌溉农田、喂养家畜。工业生产中，需要水作为溶剂、洗涤剂、冷却剂等。目前，随着人口数量的增加、人们生活水平的提高、工农业生产和第三产业的发展，生活和生产用水需求量迅速增加，缺水已经成为许多城市和地区所面临的最严重的问题。同时，环境污染引起的水资源破坏、气候变化引起的水分布不平衡，进一步加剧了水资源的紧缺。但是，地球上的水并没有因为人们的合理或不合理的使用而有任何减少，人类也无法人工制造出一滴水。为了保护水、更加有效地利用水，需要从各个方面研究水及其结构与性质。

地球上的水的存在范围和状态非常广泛，从数千米甚至数万米的地下高温高压状态，到地球两极及其他高寒地区的固体状态，再到地球表面的常温常压状态，以及大气层中的气体状态；从海水的无机盐溶液，到生物体内的生物分子溶液等。如此广泛的存在范围和状态，使水表现出异常复杂、多样的性质。正是由于这些原因，水吸引了无数人的研究，使人们对水的结构与性质有了深刻的认识。在本节中，将专门介绍水的各种性质和分子力场。

4.1.1　水的实验性质

常温常压下，水是具有一定挥发性的流动液体，密度略小于 $1g/cm^3$。温度降低到 0℃时，水就会凝结为固体，形成冰。与大多数物质不同的是，水凝结为固体后体积增大、密度降低。事实上，水的密度降低在液态已经开始。如果从室温开始冷却液体水，就会发现水的密度开始时会略有增大，到约 3.98℃（该温度被称为水的最高密度温度，the temperature of maximum density，T_{md}）时达到最大值 $1.000g/cm^3$。然后，水的密度开始降低，在冰点发生突变降为 $0.917\ g/cm^3$。水密度的反常变化，与水分子之间形成的氢键网络密切相关。低温下，水分子之间形成更多的氢键，结构更加有序，也更加空旷。水的密度及其变化，是检验水分子模型的最常用标准之一。特别是水的反常密度和温度，受水分子模型的影响非常敏感，可以用来帮助建立精确的水分子力场[82-84]。

高压下，固体水空旷的氢键网络结构逐渐被压垮；因此，水的高压固态相图异常丰富，目前已发现多达 16 个不同的固态相，对应各种不同的氢键网络结构（图 4-1）。欲使水分子力场描述如此丰富的高压固体相图，不但是对分子力场的一个严谨的考验，也是检验水分子力场的重要标准。目前，只有 TIP4P 水分子模型可以定性描述水的高压固态相图，通过对 TIP4P 重新参数化后的改进版 TIP4P/2005 则可以定量描述水的高压相图。

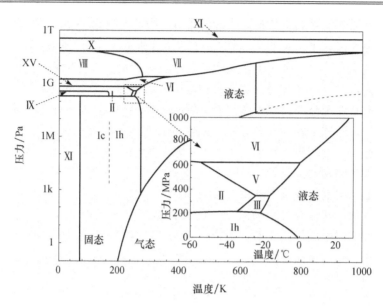

图 4-1　水的相图

在大气压力下，液体水的沸点是 100℃。历史上，水从冰点到沸点的温度，被用于定义温标。例如，在摄氏温标中，冰点被定义为 0℃，沸点被定义为 100℃；在华氏温标中，冰点和沸点的温度分别被定义为 32°F 和 212°F。目前的热力学温标虽然已经不再使用水的冰点和沸点来定义，但使用水的另一个性质，即水的三相点定义为热力学温标的 273.16K。水在科学上的重要性，还可以从相对密度的单位和热量的单位得到反映。历史上，物质的密度，通过在 4℃时与水的密度之比表达，称为相对密度。而热量的单位卡（calorie）是一定温度下，1g 水升高 1℃时所吸收的热量（不同版本的卡，测量温度不同）。

此外，水的蒸发热、黏度、自扩散系数、极化率、临界点等性质，多可以用来建立或检验水分子力场。

4.1.2　水分子力场的研究历史

早在 1800 年，英国化学家 Nicholson 通过电解水发现，水由氢和氧两种元素组成。1805 年，Gay-Lussac 和 von Humboldt 证明水由两份氢原子和一份氧原子组成，可以表示成 H_2O 的形式。在 Loschmidt 和 von Hofmann 的水分子结构图和球棍模型中，一个水分子被描述成由一个氧原子和两个氢原子组成的 V 形结构。在 V 形结构中，氧原子通过化学键与两个氢原子相连，但两个氢原子之间没有直接的化学键连接，H—O—H 三个原子之间形成一个夹角。但是，由于缺乏足够的结构测定手段，在提出水分子 V 形结构模型后的很长时间内，都无法用实验方法直接验证水分子的结构。后来，X 射线衍射技术的发明，为晶体结构测定提供了强有力的手段。但由于氢原子的相对原子质量小，周围电子密度低，X 射线衍射技术并不能解决水分子的结构问题。因此，直到 1932 年，才首次通过波谱学方法证明水分子的 V 形结构。

1933 年，即实验直接验证水分子的 V 形结构模型的次年，Bernal 和 Fowler 提出了两个水分子力场[85]。他们还用所提出的水分子力场，估算水分子的多种性质，与实验相比效果良好。目前，Bernal 和 Fowler 的水分子模型，虽然已经没有任何实际使用价值，但仍具有历史意义。此后，Rowlinson 在 1949 年和 1951 年先后提出了三个水分子力场[86,87]。在 Rowlinson 提出水分子力场的近 20 年后，Barker 进行首次水分子模拟时，选用了 Rowlinson 的一个力场模型[88]。在分子模拟技术发展以前，人们难以评估不同水分子力场的质量和精确程度，研究水分子力场虽然具有理论意义，但实用价值很小。

1953 年，Metropolis 等[89]首次提出了后来被称为 Metropolis 采样的算法，实现分子体系的 Monte Carlo 模拟，标志着计算机模拟技术开始用于研究分子体系的结构和性质。除 Monte Carlo 模拟外，MD 模拟方法不久也被建立，用于模拟硬球体系的性质[1]。随着计算机运算速度的提高，分子模拟方法和程序的开发和完善，以及可以获得计算机计算服务的科研人员的范围的扩大，分子模拟方法不久就被用于研究分子体系。1969 年，Barker 和 Watts 首次实现了对水分子体系的 Monte Carlo 模拟研究[88]。分子模拟方法用于研究水分子及其他含水分子的体系，对水分子力场提出了更新更高的要求，促进了水分子力场的发展。1976 年，Matsuoka、Clementi 和 Yoshimine 利用量子化学计算方法，首次得到两个水分子之间的相互作用势能函数（MCY 模型），标志着水分子间相互作用势能函数不再是经验的猜想[90]。1981 年，Berendsen 等开发了一个可以精确描述液体水的力场，即 SPC 模型（simple point charge model），取得巨大成功。目前，SPC 模型仍是被最广泛使用的水分子力场之一，并得到不断的改进和发展[91]。1993 年，Laasonen 等首次利用密度泛函理论，实现对液体水的第一性原理 MD 模拟。第一性原理 MD 模拟方法的发展和推广使用，为计算机模拟方法研究化学反应提供了广阔的发展空间，是目前发展迅速的重要研究前沿[92]。

目前，公认的 O—H 键长实验值为 0.957 18Å，H—O—H 键角为 104.523°，水分子三个振动模式的振动波数分别为 3755.79cm^{-1}、3656.65cm^{-1} 和 1594.59cm^{-1}。

4.1.3　水分子力场的种类

与其他任何分子相比，水分子具有无与伦比的重要性。同时，水分子经典力场的数量和种类也无与伦比，已有不少于百种水分子力场。与研究任何其他分子的力场一样，可以从不同层次对水分子进行近似，得到不同类型的力场。目前，水分子经典力场大致包括下面四个层次（或类型）：刚性力场（rigid force fields）、柔性力场（flexible force fields）、可极化力场（polarizable force fields）、可离解力场或反应性力场（dissociable force fields or reactive force fields）。

1. 刚性力场

刚性力点模型是经典力学对水分子的最初级近似，反映了水分子结构和性质的最本质属性。

水分子由一个氧原子和两个氢原子组成，最直接的水分子力场，是用三个分别与水分子的三个原子对应、位置相对固定的力点近似水分子，这就是三力点模型。在实际的三力点模型中，有的模型三个力点的相对位置与气态孤立水分子三个原子的实际位置一一对应，也有的模型不与水分子的三个原子一一对应。事实上，不同状态下水分子的结构参数（键长、键角等几何参数的实验数值）有所不同；因此，在不同水分子力场中选取不同的力点位置，不足为奇。由于三个力点的相对位置固定，组成一个刚性的水分子模型，只需要考虑水分子间的相互作用，不需要考虑分子内的相互作用，这也是各种刚性水分子模型的共同特点。三力点水分子模型的分子间相互作用力，由静电相互作用和 van der Waals 相互作用两个部分组成。其中，与氧原子对应的力点带负电，分别与氢原子对应的两个力点带正电。静电相互作用由分布在力点上的点电荷决定，通常根据库仑定律计算。值得注意的是，在 ST2 和 BNS 等力场中，静电能并不完全根据库仑定律计算。van der Waals 相互作用利用球形对称的 Lennard-Jones 势函数近似，作用中心位于氧原子上。因此，水分子体系的总势能可以表示为

$$u = \sum_{i=1}^{3N} \sum_{j=i+1}^{3N} \frac{1}{4\pi\varepsilon_0} \frac{q_i q_j}{r_{ij}} + \sum_{l=1}^{N} \sum_{m=l+1}^{N} 4\varepsilon \left(\left(\frac{\sigma}{r_{lm}} \right)^{12} - \left(\frac{\sigma}{r_{lm}} \right)^6 \right) \qquad (4\text{-}1)$$

式中，前面一个双重求和遍及所有电荷点；后面一个双重求和遍及所有 van der Waals 力点，不包括非 van der Waals 力点。因此，只要确定水分子模型力点的相对位置和势参数，就可以计算水分子体系的总势能。

如果在三力点模型的基础上增加更多的力点，就可以得到具有更多力点的水分子模型。例如，在四力点模型中，为了模拟负电荷中心不与氧原子重叠的情况，与氧原子对应的负电荷中心被沿 H—O—H 键角的平分线移到更靠近氢原子的位置 M，而 van der Waals 力点的位置仍然不变。在五力点模型中，负电荷被分解为两部分，分别与氧原子的两对孤对电子对应，van der Waals 力点位置不

变。除最常用的三力点、四力点、五力点模型外，还有更多力点的水分子模型，甚至还有单力点、双力点的水分子模型。更详细的内容，读者可以参考 Robinson 的 *Water in Biology，Chemistry，and Physics：Experimental Overviews and Computational Methodologies* 一书的第 5 章[93]或其他有关文献[28,29,94]。

2. 柔性力场

刚性水分子模型是对水分子的一级近似，不管在模型中引入多少个力点，都不能模拟振动光谱等与水分子内部运动相关的性质。这就需要引入分子内自由度，也就是柔性水分子模型。开发柔性水分子模型最常用的方法，是在刚性水分子模型的基础上引入 O—H 键的伸缩自由度、H—O—H 键角弯曲自由度。但是，在引入内部自由度后，原刚性力场中的几何参数需要略加调整，以得到更好的模拟结果。常用的柔性力场有 TIP4P/FQ 模型[95]、柔性 SPC 模型等[96]。

3. 可极化力场

在早期的分子力场中，电荷点和其他力点一样，被赋予固定的位置、电荷数或偶极矩。这样的模型有一个很大的缺点，不允许分子中电荷的重新分布，不能描述分子的极化现象。这种不考虑分子中电荷重新分布的不可极化力场，虽然取得了巨大的成功，但无法描述水的许多实验现象。事实上，当一个水分子与另一个水分子相互靠近时，将发生极化效应，引起水分子中电荷的重新分布。在分子力场中计入极化效应的分子力场，被称为可极化分子力场。同时，还可以根据极化过程中产生诱导电荷、偶极矩、多极矩等不同的极化效应，把可极化分子力场分为多种类型。可极化分子力场较不可极化分子力场复杂，计算量也大大增加。可极化力场的具体效果不但与力场的精度有关，也与实际研究体系的本质有关。最早的可极化水分子力场是 PE 力场[97]。

在分子模拟中广泛采用的两体势，实际上是一种有效的两体势；不但包括了两个指定分子或原子之间的相互作用，还包括了平均化了的周围分子对这两个指定原子或分子间的相互作用，这就是多体相互作用。如果以量子化学方法精确计算两个水分子之间的相互作用势函数，并以此模拟大量水分子的性质，模拟结果将显著偏离实验结果。相反，利用经仔细优化，包括多体相互作用的有效两体势进行类似的模拟，模拟结果较利用精确两体势得到的模拟结果更接近实验值。这种精确的两体势与有效两体势之间的差别，就是分子的极化效应引起的结果。本质上，多体相互作用是一种极化相互作用：两个指定分子之间的相互作用与周围分子的存在相关；当周围分子靠近两个指定分子时，两个指定分子之间的相互作用因极化效应而加强，显著偏离周围没有其他分子存在时的相互作用。由于极化效应的结果总是增强分子之间的纯两体相互作用，因此，有效两体势不可避免地大于纯两体势。这也是经验水分子力场中，模型的偶极矩往往显著地大于气体水分子的偶极矩，模拟得到的第二维里系数显著大于实验得到的第二维里系数的原因。

据分析，有效两体势的氢键势阱应比实际势阱深 25%，偶极矩比气相偶极矩大 25%，这样才能有效包括多体势的相互作用[91]。

4. 其他力场

水分子是被最广泛研究、模拟的分子。利用前述的各种水分子经典力场，可以模拟水团簇、液体水、水溶液、固体水等的结构和性质。这些模型的一个显著特点是水分子在模型中显式出现，被统称为水的显式模型（explicit model）。除此之外，MD 模拟中还用到水分子的粗粒度模型（coarse-grained model）、隐式模型（implicit model）或连续溶剂模型（continuum solvent model）等，用于模拟作为溶剂的水分子对生物分子等的影响，达到降低计算量、提高模拟效率的目的。

4.1.4 发展水分子力场的方法

现代分子力场的开发，依赖于一种称为"循环拟合"（recursive fitting）的方法，以拟合力场参数与实验数据。具体方法是：第一，确定力场参数的初值；第二，利用力场参数的初值对水分子体系进行 Monte Carlo 模拟或 MD 模型，得到水分子的性质；第三，把模拟结果与有关实验结果进行比较，修正力场参数，得到改进了的力场参数；第四，根据新的力场参数再次进行相关模拟，并进一步修正力场参数；如此反复，直到模拟结果与实验结果之间的差值小于预先设定的数值，得到收敛的结果。目前，用于循环拟合法确定力场参数的常用实验数据包括晶体结构数据、液体的径向分布函数、分子的偶极矩、极化率、迁移性质、蒸发热等。最近，也有人利用水的相图数据，特别是密度反常数据拟合水分子力场参数，取得了理想效果[84]。

以上这种利用实验数据拟合力场参数的方法在数学上也称为逆问题方法（inverse problem）。用逆问题方法研究势函数，与势函数的形式无关，也与势函数种类无关。任何体系包括分子内成键相互作用、分子间和（或）分子内氢键相互作用、van der Waals 相互作用、静电相互作用等，都可以实现。

除了上述经验方法外，分子力场参数还可以通过量子化学方法计算得到。具体是，先用量子化学方法直接计算水分子的二聚体、三聚体或多聚体等的势能面；然后，用适当的势函数拟合势能面，得到水分子力场的势参数。以此方法得到的力场有 MCY[90]、MCHO[98]、NCC[99] 等。值得注意的是，由于量子化学计算方法中没有计入极化效应对有效两体势的贡献，由此得到的势函数虽然可以精确地描述少数水分子体系的结构和性质，但用于模拟由大量水分子组成的宏观水的性质时，效果较经验势函数不理想。例如，利用 MCY 模型模拟得到水的径向分布函数，第一峰的位置是合理的，但第二峰的位置太近，总体与水的高温行为（具有较弱的分子间相互作用）类似[90,100-102]。

4.1.5　常用水分子力场

1. 早期的水分子力场

Bernal 和 Fowler 提出的 BF 模型由三个点电荷和一个 van der Waals 相互作用中心共四个力点构成。由于该模型详细指定了各个力点的几何位置、所带电荷量、Lennard-Jones 势参数，成为一个完全确定的力学模型，是第一个经典力学意义上的水分子模型［图 4-2（a）］。由于 BF 模型的简洁性以及对水分子性质的预报能力（虽然定量效果不理想），该模型成为许多后继模型的原型和范本。例如，TIPS2 模型中力点的数量和位置与 BF 模型完全一致，只是把点电荷电量调整为 0.535。

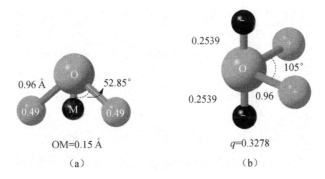

图 4-2　Bernal-Fowler（a）和 Rowlinson（b）水分子模型

考虑到氧原子有两对孤立电子，Rowlinson 在 BF 模型的基础上把负电荷中心分解为两部分，分别位于氧原子上下 0.2539Å 的位置，并将单个正电荷的电荷量调低至 0.3278，同时稍微调整其他力场参数。这样，Rowlinson 模型有五个力点，可以看成是五力点模型的原型［图 4-2（b）］。Rowlinson 模型的最大缺点是 Lennard-Jones 势参数中碰撞因子 σ 太小，仅为 2.725Å，大致与冰中氢键的最近邻 O—O 距离对应。第一个被广泛应用于 MD 模拟的五力点模型是 ST2 模型。ST2 的原型是 BNS 模型。与 BNS 模型一样，ST2 模型中静电相互作用不纯粹由库仑定律计算，而是在库仑定律的基础上经开关函数 $S(r_{ij})$ 调整后，计算得到

$$u = \sum_{i<j} \left(4\varepsilon \left(\left(\frac{\sigma}{r_{ij}} \right)^{12} - \left(\frac{\sigma}{r_{ij}} \right)^{6} \right) + \sum_{l=1}^{4} \sum_{k=1}^{4} S(r_{ij}) \frac{q_{il}q_{jk}}{r_{il,jk}} \right) \tag{4-2}$$

$$S(r_{ij}) = \begin{cases} 0, & r_{ij} < R_L \\ (r_{ij} - R_L)^2 (3R_U - R_L - 2r_{ij})/(R_U - R_L)^2, & R_L < r_{ij} < R_U \\ 1, & r_{ij} > R_U \end{cases}$$

$$\tag{4-3}$$

2. 简单水分子模型

虽然早期的水分子力场在精确程度等方面存在不足，但它们的形式却在以后发展的力场中保留了下来，成为一种规范。不同的是，不同水分子模型电荷点的数量、位置、电量不同，van der Waals 力点的数量、位置、力场参数不同。一般地，由于优先考虑的性质不同，不同的水分子模型电荷点的数量和位置既可以与水分子中氢、氧原子对应，也可以不对应。通过调整电荷点的数量、位置、电量，可以调整水分子模型的偶极矩，并与水分子的实验偶极矩进行比较。由于水分子的气相和液相偶极矩分别为 1.855D 和 2.22D，只通过调整电荷点的数量、位置、电量，一般无法使模型的气相偶极矩和液相偶极矩与水分子的相应实验值结果同时符合。水分子模型的第二要素是 van der Waals 力点的数量、位置、势参数。由于氢原子的 van der Waals 半径远小于氧原子的 van der Waals 半径，H—H、H—O 的 van der Waals 相互作用范围被 O—O 间相互作用范围所掩盖，大多水分子模型中只考虑 O—O 间的 van der Waals 相互作用。受 van der Waals 相互作用影响最大的性质是水的密度和蒸发热，通过调整 O—O 间 van der Waals 相互作用的 Lennard-Jones 势函数碰撞因子 σ，可以调节水分子的模拟密度；通过调节 Lennard-Jones 势函数能量因子 ε，可以很容易地调整水分子的模拟蒸发热。

目前，大多简单水分子模型由三到六个力点组成，如 TIP3P 模型（transferable interatomic potential with three points model）、SPC 模型（simple point charge models）等由三个力点组成，分别与水分子的三个原子对应。其中，一个负电荷点与氧原子对应，两个正电荷点与氢原子对应。不同的是，TIP3P 模型中正电荷点与氢原子的位置重合，但 SPC 模型中正电荷点的位置与水分子中

的氢原子并不重合。水分子的 O—H 实验键长为 0.9572Å，H—O—H 实验键角为 104.52°；但在 SPC 模型中正负电荷点之间的距离为 1.0Å，略大于 O—H 键长的实验值，三个电荷点之间的夹角为 109.47°，与 sp^3 杂化轨道一致，但与 H—O—H 实验键角不一致。

除三力点模型外，常用的还有四力点模型、五力点模型、六力点模型等。简单水分子模型的力点分布情况如图 4-3 所示，相应的力场参数列于表 4-1。

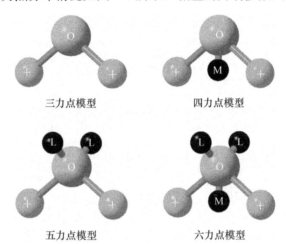

三力点模型　　　　　　　　四力点模型

五力点模型　　　　　　　　六力点模型

图 4-3　水分子模型的力点及其分布

表 4-1　水分子力场及其势参数

力场模型	σ/Å	ε/(kcal/mol)	l_1/Å	l_2/Å	q_1/e	q_2/e	θ/(°)	φ/(°)	参考文献
BF	2.9578	0.3125	0.96	0.15	0.49	−0.98	105.7		[85]
SPC	3.1656	0.1554	1		0.41	−0.82	109.47		[91]
SPC/E	3.1656	0.1554	1		0.4238	−0.8476	109.47		[104]
SPC/Ew	3.1644	0.1626	1		0.52422	−1.04844	109.47		[83]
SPC/HW	3.1656	0.1554	1.000		0.435	−0.87	109.47		
SPC/Fw	3.1656	0.1554	1.012		0.41	−0.82	113.24		
TIP3P	3.1507	0.1521	0.9572		0.417	−0.834	104.52		[28]
TIP3P/Fw2	3.1506	0.1522	0.96		0.417	−0.834	104.5		
TIPS	3.2152	0.1188	0.9572		0.40	0.80	104.52		
TIP4P	3.1536	0.1550	0.9572	0.15	0.52	−1.04	104.52	52.26	[105]
TIP4P-Ew	3.1644	0.1627	0.9572	0.125	0.52422	−1.04844	104.52	52.26	[83]
TIP4P-FQ	3.15365	0.1549	0.9572	0.15	0.631	−1.261	104.52	52.26	[95]
TIP4P/Ice	3.1668	0.2108	0.9572	0.1577	0.5897	−1.1794	104.52	52.26	
TIP4P/2005	3.1589	0.1852	0.9572	0.1546	0.5564	−1.1128	104.52	52.26	[84]
TIP4PQ/2005	3.1589	0.1851	0.9572	0.1546	0.5764	−1.1128	104.52	52.26	

续表

力场模型	σ/Å	ε/(kcal/mol)	l_1/Å	l_2/Å	q_1/e	q_2/e	θ/(°)	φ/(°)	参考文献
TIPS2	3.2407	0.1295	0.9572	0.15	0.535	1.07			[106, 107]
ST2	3.1001	0.0757	1	0.8	0.2357	−0.2357	109.47	109.47	[108]
BNS	2.8203	0.0764	1	1	0.19562	−0.19562	109.47	109.47	[109]
TIP5P	3.1529	0.1411	0.9572	0.7	0.241	−0.241	104.52	109.47	[82]
TIP5P-Ew	3.1297	0.1671	0.9572	0.7	0.241	−0.241	104.52	109.47	
POL5/TZ	2.98374	0.9560	0.9572	0.5	varies5	−0.42188	104.52	109.47	
SWFLEX-AI	四项		0.9681	0.14	0.6213	−1.2459	102.71	51.351	
SSD	3.016	15.319	—		—	—	109.47	109.47	
PPC1，2	3.234	0.1434	0.943	0.06	0.517	−1.034	106	127	
SWM4-NDP2	3.18395	0.2109	0.9572	0.24034	0.55733	−1.11466	104.52	52.26	
GCPM2	$3.69^{4,11}$	0.2186	0.9572	0.27	0.6113	−1.2226	104.52	52.26	
COS/G3	3.17459	0.2257	1	0.15	0.450672	−0.901344	109.47		
COS/D	3.4365	0.1223	0.9572	0.257	0.5863	−1.1726	104.52		
Six-site	3.115_{OO}	0.1709_{OO}	0.98	0.8892_L	0.477	-0.044_L	108	111	
	0.673_{HH}	0.0257_{HH}		0.230_M		-0.866_M			
QCT	3.14	0.1800	0.9614		0.6064	−1.2128	104.067		
TTM2-F	五个参数		0.9572	0.7	0.574	−1.148	104.52	52.26	

　　虽然随着力点数目的增加，力场参数也相应增加，力场也更加复杂；但力场的精确程度似乎与力点数量的关系不大。例如，具有四面体结构的五力点水分子模型，模拟得到水的结构过分有序，不如平面结构的四力点水分子模型[94]。此外，SPC、TIP3P、TIP5P、SPC/E 等力场，不能描述液体水和冰的相图，但TIP4P 模型可以产生定性正确的相图。对 TIP4P 模型进行重新优化参数后得到的 TIP4P/2005 模型可以产生定量正确的相图[84]，以及用于 AIMD 模拟的TIP4PQ/2005 模型[103]。

　　研究水分子力场的目的和意义，不仅是为了模拟水的结构和性质。相反，研究水分子力场的主要目的和意义基于这样一种理念，一个可以精确预报水的相图等各种性质的水分子经验模型，肯定可以更好地预报水的结构，特别是水溶液中各种复杂生物分子与水结合时的结构。这些复杂生物分子在水溶液中的结构，在科学研究和实际应用中具有重要的意义，也是现代实验技术难以表征的重要性质。

4.2　分子力场的种类

　　相对于数量众多的水分子力场，其他分子的力场无论从数量还是研究兴趣程度，远不及水分子。一方面，水分子是最特殊、最重要的分子，与自然界及人们的生活、生产、科研等领域的许多过程密切相关，是其他任何分子所不能比拟的。另一方面，人们感兴趣的分子种类和数目众多，开发分子力场的工作量巨大，不是一般非专业实验室所能胜任的。因此，一般的非专业实验室，最多只能零星开发一些特别感兴趣的分子力场。目前，广泛应用的分子力场有数十个，适用范围虽有重叠，但仍有显著不同。虽然同一力场中针对不同基团的力场参数相互自洽、协调一致，但不同力场针对同一基团、原子等的力场参数并不自洽、不能相互协调一致。因此，在 MD 模拟中，应避免在同一个模拟体系中混用不同的力场参数，以保证模拟结果的可靠性。

4.2.1　全原子力场

在全原子力场（all-atom force fields）中，体系的力点与分子中的全部原子一一对应，质量集中在原子核上。也就是说，力点与原子核的位置或原子的质心位置重合。简单地说，全原子力场中，分子由其组成原子为质点的集合构成。在更精确的模型中，常在原子之外，加入更多的力点，以描述电荷点偏离质点的情况。在描写水分子的力场中，TIP3P 是全原子力场，质点、力点、电荷点重合。相反，TIP4P、TIP5P 等，力点的数目超过质点的数目或原子数。选择力点与分子中各个原子核的位置重叠，可以在模拟中省去重新分布受力和力矩的计算。

4.2.2　联合原子力场

在描述烃类等有机分子时，氢原子的数量往往超过其他所有元素原子数量的总和。同时，氢原子的相对原子质量不到 C、O、N 等有机分子常包含的元素原子的十分子一。因此，氢原子的运动速度最大，可以在相同的时间内移动较大的距离，限制了 MD 模拟的时间步长，影响了 MD 模拟的效率。在联合原子力场（united-atom force fields）中，与碳原子直接键连的氢原子的相对原子质量被叠加到碳原子上，形成一个被称为联合原子（united-atom，UA）的整体；同时，其他原子对氢原子的相互作用也被叠加到联合原子之上，大大降低了力场的复杂性，减少了势参数。在联合原子力场中，力点的数量少于分子中原子的数量，是分子的不完全表述。

4.2.3　粗粒度力场

为了利用相对有限的计算资源，有效地模拟更大、更复杂的分子体系，延长模拟体系在实际世界的演化时间，常常需要对模拟体系进行有效的简化和抽象。例如，在 MD 模拟蛋白质等生物分子的结构和性质时，往往需要在模拟体系中包含大量的溶剂水分子，并要求体系有足够长的演化时间。常用的一种方法是对模拟体系进行简化，建立更抽象的力场。例如，可以把苯环及其键连的氢原子作为一个整体力点，甚至把若干个水分子（如四个）作为一个整体力点。这样的力场，被称为粗粒度力场（coarse-grained force fields）。应该注意，从全原子力场，到联合原子力场，再到粗粒度力场，模型的抽象程度提高，复杂程度降低，有利于更有效地模拟更大的分子体系，实现更长的实际世界演化时间，这是有利的一面。同时，随着模型抽象程度的提高，失去了越来越多的细节，离开真实体系越来越远，降低了模型的精确程度，这是不利的一面。在实际 MD 模拟中，应该根据模拟体系的特点，对模拟结果的要求以及所拥有计算资源的多寡，合理选择最适当的力场。一方面，不能不顾条件地贪图模型的精确程度，致使模拟无法正常进行或无法得到有效的模拟结果。另一方面，要在保证取得有效模拟结果的基础上，尽可能选择精确程度最高的力场，保证模拟结果的可靠性。

4.2.4　反应性分子力场

不管是全原子力场、还是联合原子力场或粗粒度力场，其中的成键相互作用常采用谐振子形式或添加非谐项的谐振子形式。在这些模型中，当两个成键原子核间的距离无限增大时，相互作用势也无限增大，没有上限。因此，这样的模型不允许化学键的断裂，也不允许新化学键的生成，不能研究化学反应。

为了在经典 MD 模拟中研究化学反应，必须引入反应性分子力场（reactive force fields），允许化学键的断裂和生成。反应性分子力场的核心是键级相关势函数（bond-order-dependent potential），两个成键原子间的相互作用势，不但与原子核之间的距离相关，也与它们的键级相关。而其中的键级，不但与两个成键原子间的距离有关，也与周围原子的存在有关。常见的键级相关势函数有 Brenner 势函数[110]、Tersoff 势函数[111]、Finnis-Sinclair 势函数[41]、ReaxFF[72] 等。目前，最常用的反应性分子力场是 ReaxFF 力场[72]。

4.3　MMn 系列分子力场

MMn 既是一系列分子力场的名称，也是一系列分子力学程序（molecular mechanics）的名称。这些分子力场和分子力学程序均由美国乔治亚大学（University of Georgia）的 Allinger 教授领导的研究小组开发和发展。作为分子力场的 MMn，既是最早被广泛认可，又是最具影响力的分子力场之一。虽然 MMn

系列分子力场的第一版 MM1 的势能函数简单、力场参数不多、预报精度不高、
应用范围和影响不大。但是，该系列力场的第二版 MM2 已经相当成熟，预报精
度有了很大的提高，在当时的应用范围和影响巨大。当发展到第三版 MM3 时，
已经是一个非常复杂又高度成熟的分子力场。目前，该系列力场的最新版是第四
版 MM4。与 MM3 相比，MM4 又增加了多项复杂的交叉相互作用，对分子振动
频率的预报精度有了较大的提高。因此，MM4 仍然是最具影响力、使用最广泛
的分子力场之一。

　　不同于许多主要用于 MD 模拟的分子力场，MMn 系列分子力场的主要应用
领域一直是分子力学，其最显著特点包括两个方面：一方面是对分子结构、生成
焓、振动频率等的预报精度高；另一方面是适用的分子范围广泛，几乎包括了所
有常见的有机分子类型。

4.3.1　原子类型

　　与其他大多数分子力场一样，MMn 系列分子力场根据原子形成化学键时的
杂化类型、结构以及与之成键的原子类型（即原子在分子中所处的化学环境）分
类原子，确定适用的势函数及其参数。与其他许多分子力场不同的是，MMn 系
列分子力场利用数字序号表示原子类型，而不是标识符。同时，为了精确描述特
定原子在化学环境发生细微区别时势函数的区别，MMn 系列分子力场中原子类
型较其他类型的分子力场更多。其中，O 原子和 N 原子的类型特别多，但 H 原
子的类型并不是很多。例如，MM2 分子力场中只有 75 种不同的原子类型，但
MM3 分子力场中则已经增加到 149 种原子类型。另外，为了保持与前面版本的
一致性，MMn 系列分子力场的原子类型序号看起来有点零乱，没有任何规律。
新版本中增加原子类型时，通常是在原子类型表的后面增加新的类型。常常是前
一个版本中的某种原子类型，在后一版本中分出新的类型时，一方面是保留前面
的原子类型，另一方面，再在后面增加新的一个原子类型，形成前一版本与后一
版本之间的一对多的关系。例如 MM3 中的第 5 类氢原子，在 MM4 中新增了第
122 类烯烃氢原子类型。有时，前面一个版本的一种类型被取消，那么在后一版
本中可能空出一个未用的原子类型。例如，MM2 中的 20 类孤对电子 LP 类型，
在 MM3 中不再出现，MM3 中 20 类成为未用（not used）的类型。

4.3.2　MMn 的势函数形式

　　为了增加力场所能适用的分子类型，提高对分子的结构、生成焓和振动频率
等的预报精度，MMn 系列的每个版本多比前一版本引入更多的交叉项、更高次

的展开项。早期版本 MM1 和 MM2 只有相对简单的势函数，一般不包括交叉项或耦合项，如 MM2 中只包含一个伸缩-弯曲交叉项[32]。这样的势函数虽然基本不会影响对内部张力较小的大多数分子的构型预报，但对张力较大的分子构型的预报以及振动频率的预报，正确性相对较差。因此，MM3 增加到九种类型的势函数，它们分别是键伸缩势、键角弯曲势、二面角扭曲势、离面弯曲势、van der Waals 相互作用势和静电相互作用势，以及键伸缩-弯曲势、二面角扭曲-伸缩势、键角弯曲-弯曲势等交叉项[112]，

$$u_{MM3} = u_s + u_b + u_t + u_o + u_{vdW} + u_{el} + u_{s\text{-}b} + u_{t\text{-}s} + u_{b\text{-}b} \tag{4-4}$$

在 MM4 中，又新增加了伸缩-伸缩势、二面角扭曲-键角弯曲势、键角弯曲-扭曲-弯曲势、扭曲-扭曲势、扭曲-赝扭曲势、赝扭曲-扭曲-赝扭曲势等交叉项，同时，MM3 中的离面弯曲势被赝扭曲势取代[113]，

$$u_{MM4} = u_s + u_b + u_t + u_i + u_{vdW} + u_{el} + u_{b\text{-}b} + u_{s\text{-}b} + u_{t\text{-}s} + u_{s\text{-}s}$$
$$+ u_{t\text{-}b} + u_{b\text{-}t\text{-}b} + u_{t\text{-}t} + u_{t\text{-}i} + u_{i\text{-}t\text{-}i} \tag{4-5}$$

1. 键伸缩势

虽然最常用的共价键伸缩势函数是只包含平方项的谐振子势函数，但是为了提高精度，MMn 系列分子力场选择更多 Taylor 展开项以拟合共价键的伸缩势函数。例如，在 MM2 中共价键伸缩势函数在平方项的基础上增加了一个三次方项，

$$u_s = 71.94 k_s (l - l_0)^2 (1 - 2.00(l - l_0)) \tag{4-6}$$

三次方项的引入虽能更好地近似偏离参考位置不大时共价键的伸缩势，但是，当分子初始构型远远偏离参考位置时，包含三次方项的共价键伸缩势可能取负值，或将导致结构优化等的失败。另外，只近似到三次方项的共价键伸缩势，拟合与共价键振动光谱对应的势能对键长的二次导数的效果不佳，经常显著偏离实验值。为了较好地解决上述两个问题，在 MM3 和 MM4 中共价键伸缩势被展开到四次项，

$$u_s = 71.94 k_s (l - l_0)^2 \left(1 - 2.55(l - l_0) + \frac{7}{12} \times 2.55 (l - l_0)^2\right) \tag{4-7}$$

2. 键角弯曲势

在 MM2 中，键角弯曲势也用两项表示。所不同的是，键角弯曲势除平方项

外的另一项是六次方项，

$$u_{\rm b} = 0.021914 k_{\rm b}(\theta-\theta_0)^2(1+7.0\times10^{-8}(\theta-\theta_0)^4) \tag{4-8}$$

由于大多数有机化合物的键角偏离"参考值"较小，即使只保留平方项所引起的偏差也不显著。但是，对三元环、四元环等严重扭曲的分子，这样的误差就显得十分严重。因此，在 MM3 中键角弯曲能有更多的展开项，

$$u_{\rm b} = 0.021914 k_{\rm b}(\theta-\theta_0)^2(1-0.014(\theta-\theta_0)+5.6\times10^{-5}(\theta-\theta_0)^2$$
$$-7.0\times10^{-7}(\theta-\theta_0)^3+9.0\times10^{-10}(\theta-\theta_0)^4) \tag{4-9}$$

3. 二面角扭曲势

在 MM1 中，二面角扭曲势只有一项，但在 MM2 中二面角扭曲势包含三项，

$$u_{\rm t} = \frac{1}{2}V_{\rm t,1}(1+\cos\omega)+\frac{1}{2}V_{\rm t,2}(1-\cos2\omega)+\frac{1}{2}V_{\rm t,3}(1+\cos3\omega) \tag{4-10}$$

有关 $V_{\rm t,1}$ 和 $V_{\rm t,2}$ 的重要性可参考有关文献[32,114,115]。

4. 离面弯曲势与赝扭曲势

在 MM3 及更早的版本中，利用离面弯曲势来约束具有平面构型的结构单元对平面的偏离。对 1—2—3—4 四个原子形成的以原子 2 为中心的平面结构，1、3、4 三个原子中的任意一个原子离开其余三个原子形成的平面，并形成一个角度 χ 时，都将引起分子势能的升高。这样的离面弯曲势总共有三项，分别与离开平面的一个键对应，

$$u_{\rm o} = k_{\rm o,2-1}\chi_{2-1}^2+k_{\rm o,2-3}\chi_{2-3}^2+k_{\rm o,2-4}\chi_{2-4}^2 \tag{4-11}$$

在 MM4 中，离面弯曲势被赝扭曲势所取代。赝扭曲势也包括三项，分别与三个赝扭角 2—4—3—1、2—1—4—3、2—3—1—4 对应，

$$u_{\rm i} = k_{\rm i,2431}(1-\cos2\xi_{2431})+k_{\rm i,2143}(1-\cos2\xi_{2143})+k_{\rm i,2314}(1-\cos2\xi_{2314})$$
$$\tag{4-12}$$

5. 伸缩-伸缩耦合势

共享一个中心原子的两个共价键 l_1 和 l_2 之间的相互耦合势能为

$$u_{\rm s\text{-}s} = 143.88 k_{\rm s\text{-}s}(l_1-l_{1,0})(l_2-l_{2,0}) \tag{4-13}$$

6. 伸缩-弯曲耦合势

伸缩-弯曲耦合是最重要的交叉项之一，也是 MM2 以及以后的版本中均引入的交叉项。以 CH_3—CH_2—CH_3 为例，当中间碳上的两个 C—H 键收缩时，两个氢原子将靠得更近，使分子的能量有很大的升高。实际分子中，当两个氢原子向碳原子靠近时，键角 H—C—H 将略微增大，以消除这种影响。在分子力场中，这样的效应通过键伸缩-键角弯曲之间的相互耦合项来实现。在 MMn 中，这样的耦合项被写成

$$u_{s\text{-}b} = 2.51118 k_{s\text{-}b}((l_1 - l_{1,0}) + (l_2 - l_{2,0}))(\theta - \theta_0) \tag{4-14}$$

式中，l_1 与 l_2 分别为形成键角的两个共价键的键长；$l_{1,0}$ 和 $l_{2,0}$ 为参考键长；θ 为键角；θ_0 为参考键角；$k_{s\text{-}b}$ 为耦合系数。

7. 伸缩-扭曲耦合势

虽然对大多数分子来说，伸缩-扭曲耦合并不重要，但对降莰烷等特殊的分子，该交叉项却对正确预报分子的结构非常重要。因此，MM3 中引入了伸缩-扭曲势，

$$u_{s\text{-}t} = 11.995 (k_{s\text{-}t}/2)(l - l_0)(1 + \cos 3\omega) \tag{4-15}$$

事实上，即使在引入伸缩-扭曲势后，MM3 对降莰烷结构的预报仍然不够理想。除此之外，在环丁烷中还引入了键角弯曲-二面角扭曲之间的耦合[30]，但在 MM3 中不再包括此项。

8. 弯曲-弯曲耦合势

MM3 中还包括键角弯曲-弯曲耦合，

$$u_{b\text{-}b} = -0.021914 k_{b\text{-}b}(\theta_1 - \theta_{1,0})(\theta_2 - \theta_{2,0}) \tag{4-16}$$

这样，可以更好地拟合共用一个中心碳原子的两个键角之间的耦合，得到更好的振动频率。

9. 扭曲-扭曲耦合势

$$u_{t\text{-}t} = -k_{t\text{-}t,1}(1 - P_{ij})(1 + \cos 3\omega_1) - k_{t\text{-}t,2}(1 - P_{jk})(1 + \cos 3\omega_2) \tag{4-17}$$

10. 扭曲-赝扭曲耦合势

$$u_{\text{t-i}} = (1 - \cos^2\omega)(k_{\text{t-i},1}(1 - \cos\xi_1) - k_{\text{t-i},2}(1 - \cos\xi_2)) \tag{4-18}$$

11. 弯曲-扭曲-弯曲耦合势

$$u_{\text{b-t-b}} = 0.043828 k_{\text{b-t-b}}(\theta_1 - \theta_{1,0})(\theta_2 - \theta_{2,0})\cos\omega \tag{4-19}$$

12. 赝扭曲-扭曲-赝扭曲耦合势

$$u_{\text{i-t-i}} = k_{\text{i-t-i}}\cos\xi_1\cos\omega\cos\xi_2 \tag{4-20}$$

13. van der Waals 相互作用势

虽然 Lennard-Jones 12-6 势函数被广泛应用于 van der Waals 相互作用的拟合，但 Lennard-Jones 12-6 势函数的排斥部分太硬，对精确拟合势函数不利。在 MMn 力场中，Allinger 等使用 Hill 势函数拟合 van der Waals 相互作用，

$$u_{\text{vdW, Hill}} = \varepsilon\left(-2.25\frac{\sigma^6}{r^6} + 1.84 \times 10^5 \exp(-12.00 r/\sigma)\right) \tag{4-21}$$

式中，σ 为两个相互作用的原子的 van der Waals 半径之和；ε 为 van der Waals 相互作用的能量参数。在 MM2 中，指数项前面的系数为 2.9×10^5，指数中的系数为 12.5。值得注意的是，计算氢原子与其他原子间距离时，从碳原子外 0.915Å 处计算，而不是氢原子核的位置。

14. 静电相互作用势

在大多数分子力场中，静电相互作用以位于原子核位置的点电荷之间的库仑相互作用描述。但是，MMn 力场中的静电相互作用则是以位于化学键上的偶极矩表示。Allinger 等认为，以点电荷形式描述的静电势与以偶极矩形式描述的静电势没有本质区别。但对于蛋白质等非电中性分子（离子），MMn 力场中包括了偶极矩-偶极矩相互作用、点电荷-点电荷相互作用、点电荷-偶极矩相互作用等[116]。

MMn 力场中，大多数分子中的 C—H 键、C—C 键的偶极矩取 0。但是，H—C（sp^2） 的偶极矩取 0.6D[112]，C（sp^3）—C（sp^2） 取 0.95D（MM3 中取 0.90D）。

4.3.3　MM4 的预报精度

实验测量或理论计算键长和键角的常用方法包括电子散射、微波谱测定转动惯量、量子化学第一性原理计算等。通过精心优化力场参数，拟合这些实验或理论数据，MM4 对由重原子组成的共价键键长的预报精度可达～0.004Å，键角达 1°。但是，由于与 H 原子有关的键长和键角的实验数据精度较差，MM4 对相关键长和键角的预报精度也较差，一般对键长的预报精度在±0.5%左右。

4.4　全原子分子力场

生物和医药这两大紧密联系的领域是 MD 模拟方法应用最广泛和重要的领域。一方面，生物分子的最显著特点是组成分子的结构单元数量有限，主要由少量单体通过聚合而成；因此生物分子的力场较其他领域所关心的分子力场简单，可以利用相对简单且参数较少的势函数表示。另一方面，生物分子必须在组成异常复杂的水溶液中才能发挥相应的生物活性，与其他领域相比缺乏足够精确的有关纯物质或溶液的实验数据；因此，必须利用结构相似的小分子物质或组成生物分子的单体建立相应的力场，再把力场移植或推广到生物分子体系。虽然生物分子的结构单元相对简单，但构成生物分子的结构单元之间的连接形式和顺序异常复杂多样。因此，生物分子力场必须具有很好的可移植性和可扩展性，以达到最佳的综合效果。

由于生物和医药这两大应用领域的重要性，许多研究机构和研究者把开发生物分子的力场作为主要研究方向之一，目前已开发了大量力场可供选择。在本节中，将重点介绍 OPLS、AMBER 和 CHARMM 这三种专门针对生物分子的力场，特别是这些力场的异同点，使读者对这些力场有初步的了解，冀望有助于读者在模拟时选择适当的力场。上述这三种力场中，AMBER 和 CHARMM 为全原子力场，OPLS 包括全原子力场 OPLS-AA 和联合原子力场 OPLS-UA 两套参数。

4.4.1　OPLS 力场

OPLS（optimized potentials for liquid simulations）力场是 Jorgensen 等开

发的一个常用力场，被广泛用于许多分子动力学模拟程序和模拟计算。OPLS 力场的参数化过程不是一次完成，而是一类化合物、一类化合物地逐步进行，具体可参考有关文献[35,117,118]。

为了便于使用和移植，OPLS 力场的势函数被严格限制于最常见的势函数形式：共价键伸缩势和键角弯曲势采用谐振子势函数，二面角扭曲势只包括 Fourier 展开式的前三项，van der Waals 相互作用采用 Lennard-Jones 12-6 势函数，静电相互作用采用库仑势函数。同时，所有力点位于原子（核）上，不考虑力点偏离原子中心。在计算分子内非键相互作用时，完全排除 1—2 和 1—3 相互作用，但只排除 50% 的 1—4 相互作用。计算交叉项的 van der Waals 相互作用时，采用 Lorentz-Berthelot 混合规则计算 Lennard-Jones 势参数，即 $\varepsilon_{ij} = \sqrt{\varepsilon_{ii}\varepsilon_{jj}}$ 和 $\sigma_{ij} = (\sigma_{ii} + \sigma_{jj})/2$ [79]。OPLS 力场各种相互作用的势函数形式为

$$u_{s} = \sum_{\text{bonds}} k_{s}\,(l - l_{0})^{2} \tag{4-22}$$

$$u_{b} = \sum_{\text{angles}} k_{b}\,(\theta - \theta_{0})^{2} \tag{4-23}$$

$$u_{t} = \frac{1}{2} \sum_{\text{torsions}} \Big(V_{t,1}(1 + \cos(\omega + \delta_{1})) + V_{t,2}(1 - \cos(2\omega + \delta_{2}))$$

$$+ V_{t,3}(1 + \cos(3\omega + \delta_{3})) \Big) \tag{4-24}$$

$$u_{nb} = \sum_{i<j} \left(\frac{q_{i} q_{j}}{4\pi\varepsilon_{0} r_{ij}} + 4\varepsilon_{ij} \left(\frac{\sigma_{ij}^{12}}{r_{ij}^{12}} - \frac{\sigma_{ij}^{6}}{r_{ij}^{6}} \right) \right) f_{ij} \tag{4-25}$$

OPLS 力场有两套参数，分别对应联合原子力场 OPLS-UA 和全原子力场 OPLS-AA。OPLS-UA 中，所有与碳原子成键的氢原子不直接出现在力场中，而是隐含在碳原子的力场参数中；OPLS-AA 中，包括与碳原子成键的氢原子在内的所有原子均直接出现在力场中，没有隐含原子。OPLS-UA 和 OPLS-AA 的力场参数，散见于一系列文献之中[35,117,118]。在模拟生物分子的水溶液时，OPLS 力场应与 TIP4P 或 TIP3P 水分子模型搭配，以取得更好的效果。

4.4.2　AMBER 力场

AMBER（assisted model building with energy refinement）既是一个 MD 模拟程序的名称，也是一个分子力场的名称。其中的 AMBER 分子力场，是 Kollman 教授研究小组开发的一整套广泛用于生物分子的 MD 模拟分子力场。AMBER 力场的势函数形式与 OPLS 力场类似，它们的键伸缩势、键角弯曲势和静电相互作用势的函数完全相同，但二面角扭曲势函数与 van der Waals 势函数形式略有不同，

$$u_{\rm t} = \sum_{\rm torsions} \frac{1}{2} V_{{\rm t},n} (1 + \cos(n\omega - \delta)) \qquad (4\text{-}26)$$

$$u_{\rm nb} = \sum_{i<j} \left(\frac{q_i q_j}{4\pi\varepsilon_0 r_{ij}} + \frac{A_{ij}}{r_{ij}^{12}} - \frac{B_{ij}}{r_{ij}^6} \right) \qquad (4\text{-}27)$$

利用上述势函数计算二面角扭曲势时，通常只根据中间两个原子的类型确定势参数，与两头的原子类型无关。在计算分子内非键相互作用时，全部排除 1—2 和 1—3 相互作用，部分排除 1—4 相互作用。

1. AMBER 力场的原子类型

AMBER 力场的原子类型也是专门为了模拟生物分子而设计，包括了大量不同类型的 C、H、O 和 N 原子。特别需要注意的是，AMBER 力场中原子类型不但与原子成键时的杂化轨道类型有关，也与是否与电负性大的原子成键有关，这与 MMn 力场的经验一致[33]。

2. AMBER 力场的势参数

20 世纪 80 年代中期，Weiner 等开发了一个用于模拟蛋白质和核酸等生物分子的力场。由于当时的计算机技术还相当原始，难以显式地处理数量巨大的溶剂水分子，Weiner 等引入了随距离变化的介电常数和显式溶剂模型等两种方案解决溶剂化效应[119,120]。

后来，随着可以显式地处理大量溶剂分子的高速计算机的出现，开发具有显式溶剂分子的力场显得十分必要。因此，Jorgensen 等开发了 OPLS 力场，可用于具有显式溶剂分子的生物分子体系的模拟[121]。在 OPLS 力场中，成键相互作用势参数移植了 Weiner 力场的相应势参数，但非键相互作用势参数被重新优化。Jorgensen 及其合作者利用处于凝聚态的模型分子的熵变、密度、蒸发热等参数作为力场的目标性质，通过逆向拟合的方法确定了非键相互作用势参数。这样得到的 OPLS 力场可以很好地模拟核酸和蛋白质等生物分子，成为 AMBER 力场和 CHARMM 力场势参数的基础[121]。

4.4.3 CHARMM 力场

与 AMBER 相同，CHARMM 既是 MD 模拟程序的名称，也是分子力场的名称。CHARMM 力场与 OPLS 力场和 AMBER 力场之间具有非常深的渊源关系。首先，这三套分子力场的应用领域均为蛋白质和核酸等生物分子体系；其次，这些力场具有几乎相同的势函数形式和原子类型；再次，它们的成键相互作用势参数相互借鉴，甚至直接移植；最后，AMBER 和 CHARMM 这两个 MD 模拟程序都可以直接利用三种力场，为比较不同力场的异同或评价力场的优劣提供了巨大的便利。

1. CHARMM 力场的势函数

与 OPLS-AA 力场相比，CHARMM 力场外加了一种 Urey-Bradley 相互作用势，以弥补键角弯曲势的不足，

$$u_{UB} = \sum_{UB} k_{UB} (s - s_0)^2 \tag{4-28}$$

式中，s 和 s_0 分别为 1—3 原子间的实际距离和参考距离；k_{UB} 为 Urey-Bradley 力常数。此外，CHARMM 力场中还包括一项赝扭曲势，

$$u_i = \sum_{impropers} k_i (\xi - \xi_0)^2 \tag{4-29}$$

在 CHARMM 力场的非键相互作用部分，势函数形式也与 OPLS-AA 完全一致，但分子内的 1—4 静电相互作用和 van der Waals 相互作用全部计算，排除规则不适用；氢键相互作用也被隐含在静电相互作用和 van der Waals 相互作用之中，不采用显式氢键势函数项。

2. CHARMM 力场势参数的发展

在 CHARMM 力场的发展过程中，CHARMM 19、CHARMM 22 和 CHARMM 27 这三个版本的力场使用范围最广、影响最大。1992 年版的 CHARMM 19 是一个联合原子力场，与碳原子成键的氢原子全部隐含在碳原子的力场参数中，不显式出现。在 1998 年版的 CHARMM 22 中，虽然所有的势函数形式被保留了下来，但隐式的氢原子全部被显式的氢原子替代，力场参数被全部重新优化，使 CHARMM 22 演变为一个全原子力场[122,123]。

当用 CHARMM 22 模拟 DNA 分子时，发现 A 型 DNA 分子太稳定，无法实现 A 型和 B 型 DNA 之间的平衡。另外，用与 CHARMM 22 力场关系密切的 AMBER 96 力场模拟 DNA 分子中的糖皱褶和螺旋值时，也与实际不符。修正后的力场分别为 AMBER 98[124] 和 CHARMM 27[125]。在 CHARMM 27r 力场中，主链中酰基的二面角扭曲势参数被修正[126,127]。但用 CHARMM 27r 力场模拟脂质的液相双层结构时，因表面张力太大而引起双层结构的收缩，形成凝胶相。CHARMM 27r 力场的第二个缺陷是模拟结果无法重现实验测量的氘有序参数

S_{CD}。在 CHARMM 27r 力场的修正版 CHARMM 36 中，与脂质分子有关的力场参数全部被重新优化[128]。

4.5　联合原子分子力场

虽然 OPLS、AMBER 和 CHARMM 等分子力场曾多利用联合原子模型，但在以后的发展过程中这些力场已经全部演变为全原子力场。全原子力场的优点是具有更高精确度，可以更好地描述生物分子体系的结构与性质。但是，全原子力场的计算量大，模拟效率低。因此，在计算资源受到限制时，模拟者必须减小模拟体系的规模或缩短模拟体系的实际演化时间，影响模拟效果。

相反，联合原子力场中与碳原子以共价键直接相连的氢原子被隐含于碳原子中，以间接形式出现在力场中，只有那些与 N、O、S 等原子以共价键相连，可以形成氢键的氢原子，才直接出现在力场中。联合原子力场中，CH_4、CH_3、CH_2、CH 和 C 等基团被当成一个联合原子或力点，大多数有机分子的力点数约为原子数的 1/3（平均为 CH_2），MD 模拟的计算效率大约可以提高一个数量级。因此，在拥有同样多的计算资源时，模拟者利用联合原子力场可以模拟更大的体系，实现更长的实际演化时间，得到利用全原子力场难以得到的模拟结果。这也是在计算机技术高度发达的今天，联合原子模型仍然具有巨大生命力和广泛应用的重要原因。

常见的联合原子力场有 GROMOS 力场、COMPASS 力场、TraPPE 力场、NERD 力场等。

4.5.1　GROMOS 力场

GROMOS 是一个精心设计的联合原子分子力场，在模型的每个方面都无不体现了设计者对计算效率的追求。目前，GROMOS 力场是除 AMBER、CHARMM 和 OPLS 等力场外，用于生物分子模拟的最重要分子力场之一。

1. GROMOS 的历史

与 CHARMM 和 AMBER 类似，GROMOS 同样既是一个 MD 模拟程序的名称，又是一个分子力场的名称[129]。最早 GROMOS 程序是 GROMOS 80，以后的主要版本包括 GROMOS 87、GROMOS 96 和 GROMOS 05 等。在发布 GROMOS 程序主要修订版时，通常也一起发布 GROMOS 力场的修订版。

在 GROMOS 87 版力场中，van der Waals 相互作用参数由碳氢化合物、氨基酸等的晶体结构优化得到，截断半径取 0.8nm。在 GROMOS 96 版中，全部力场参数被重新优化，并根据液态烷烃的 MD 模拟结果拟合 CH$_n$ 基团的 van der Waals 相互作用参数，截断半径也被延长到 1.6nm。与 GROMOS 力场及其参数有关的重要参考文献包括早期的 GROMOS 87 版力场[130]、GROMOS 37C4 版力场[131,132]，以及 1996 年的 GROMOS 43A1 版力场[133,134]，2001 年的 GROMOS 45A3 版力场[135]，2004 年和 2005 年的 GROMOS 53A5、A6 版力场等[136,137]。

2. GROMOS 力场的成键相互作用

GROMOS 力场的成键相互作用包括键伸缩势、键角弯曲势、二面角扭曲势和赝扭曲势等四种，

$$u_{bd} = \sum_{bonds} \frac{1}{2} k_s (l^2 - l_0^2)^2 + \sum_{angles} \frac{1}{2} k_b (\cos\theta - \cos\theta_0)^2$$
$$+ \sum_{torsions} \frac{1}{2} k_t (1 + \cos\delta\cos(m\omega))^2 + \sum_{impropers} \frac{1}{2} k_i (\xi - \xi_0)^2 \qquad (4-30)$$

从中可以发现，GROMOS 力场的成键相互作用势函数与其他力场的相应势函数大不相同。例如，GROMOS 力场所采用的键伸缩势函数既不是二次方形式的谐振子势函数或外加高次方项的非谐振子势函数，也不是可离解的 Morse 势函数，而是一种平方差的平方的函数形式。利用这种键伸缩势函数，只需要计算形成化学键的两个原子之间的距离平方，不需要计算相应的距离，省却了耗时的平方根计算。事实上，只要两个形成化学键的原子在平衡位置附近，不显著偏离参考距离，这样的势函数与常用的谐振子势函数或非谐振子势函数没有显著的区别。同样，GROMOS 力场的键角弯曲势函数也是充分考虑了计算的有效性的结果。在由形成键角的三个原子组成的三角形中，可以非常有效地按照余弦定理计算 $\cos\theta$。但是，若要计算键角 θ 的数值，则需要求反余弦函数，运算量很大。特别是，当键角 θ 值接近 180° 时，其数值受截断误差影响，有时会在 0° 和 180° 之间跳跃，势函数的取值在数学上是不稳定的。相反，GROMOS 力场的键角弯曲势函数可以避免上述不稳定性。GROMOS 力场的二面角扭曲势函数虽与其他力场的相应势函数相似，但同样经过精心改造。利用该势函数可以由 $\cos m\omega$ 和 $\cos\delta$ 直接计算二面角扭曲势，不需要计算反余弦函数，提高了计算效率。在 GROMOS 力场中，赝扭曲势是一个非常重要的势能项，不但保证了羧基结构、芳香环结构、蛋白质骨架中酰氨基结构、DNA 分子中碱基结构等的平面构型，还保证了隐含一个氢原子的 sp^3 杂化碳原子（与碳原子键连的另外三个原子为非氢原子，显式处理）的正确四面体结构，避免因计算原因引起的光学活性中心的错误消旋。GROMOS 力场共有三组赝扭曲势参数，其中的两组参数的作用是保证分子

中平面构型的正确性，剩下一组参数的作用是保证 sp^3 杂化的四面体结构的正确性。

3. GROMOS 力场的 van der Waals 相互作用

与所有其他力场类似，GROMOS 力场的非键相互作用也分为分子内非键相互作用和分子间非键相互作用两个部分。并且，分子内非键相互作用适用如下排除规则：①完全排除 1—2 和 1—3 相互作用；②完全排除芳香体系中或与芳香体系直接键连的原子之间的 1—4 相互作用（或相距更远的两个原子之间的相互作用），这条排除规则，对于利用赝扭曲势约束这些体系的平面结构非常有用；③当涉及没有 van der Waals 相互作用的氢原子时，不可以完全根据规则②排除 1—4 或 1—5 相互作用，以免氢原子被一个带相反电荷的原子吸引而引起静电势的无限增大（这时，这两原子之间完全没有排斥力）[136]。

GROMOS 力场的 van der Waals 相互作用采用 Lennard-Jones 12-6 势函数，

$$u_{\mathrm{vdW}} = \sum_{i<j} \left(\frac{A_{ij}}{r_{ij}^{12}} - \frac{B_{ij}}{r_{ij}^{6}} \right) \tag{4-31}$$

GROMOS 力场有 53 种原子类型，与之对应的是 53 组 Lennard-Jones 12-6 势参数。异种原子之间的交叉 van der Waals 相互作用，势参数由如下混合规则计算得到[130]

$$A_{ij} = \sqrt{A_{ii}A_{jj}} \tag{4-32}$$

$$B_{ij} = \sqrt{B_{ii}B_{jj}} \tag{4-33}$$

值得注意的是，GROMOS 力场使用最多可达三种 Lennard-Jones 12-6 势参数 A。其中，$A(\mathrm{I})$ 用于通常的 van der Waals 相互作用势的计算，数值上稍大于 $A(\mathrm{I})$ 的 $A(\mathrm{II})$ 用于氢键受体和氢键给体之间的 van der Waals 势的计算，$A(\mathrm{III})$ 用于具有相同电荷的两个离子间的 van der Waals 势的计算。此外，GROMOS 力场计算 1—4 原子间的 van der Waals 势能时，也使用略微不同的 Lennard-Jones 12-6 参数。

根据两个原子间的距离，GROMOS 力场还把 van der Waals 相互作用分为三种类型：如果两个原子之间的距离小于 R_{p}，模拟过程中每步均计算 van der Waals 相互作用；如果两个原子之间的距离大于 R_{p} 但小于 R_{l}，每隔 n 步更新一次 van der Waals 相互作用，在 n 步之间 van der Waals 相互作用保持恒定（通常与近邻列表法中近邻表的更新同步）；如果两个原子之间的距离大于 R_{l}，以反应场近似 van der Waals 相互作用的长程贡献。

4. GROMOS 力场的静电相互作用

GROMOS 力场中原子间的静电相互作用势由三部分组成。其中，第一部分 u_{el}^{C} 是通常意义上的 Coulomb 相互作用，

$$u_{\text{el}}^{\text{C}} = \sum_{i<j} \frac{q_i q_j}{4\pi\varepsilon_0 \varepsilon_1} \frac{1}{r_{ij}} \tag{4-34}$$

通常情况下，相对介电常数 ε_1 取 1，表示诱导效应对截断距离之内的两个电荷之间的静电势贡献为零。第二部分是反应场对静电势的贡献 $u_{\text{el}}^{\text{RF}}$，表示位于截断距离 R_{RF} 以外的电荷的诱导作用而产生的静电势，

$$u_{\text{el}}^{\text{RF}} = -\sum_{i<j} \frac{q_i q_j}{4\pi\varepsilon_0 \varepsilon_1} \frac{0.5 C_{\text{RF}} r_{ij}^2}{R_{\text{RF}}^3} \tag{4-35}$$

系数 C_{RF} 由下式计算得到

$$C_{\text{RF}} = \frac{(2\varepsilon_1 - 2\varepsilon_2)(1 + \kappa R_{\text{RF}}) - \varepsilon_2 (\kappa R_{\text{RF}})^2}{(\varepsilon_1 + 2\varepsilon_2)(1 + \kappa R_{\text{RF}}) + \varepsilon_2 (\kappa R_{\text{RF}})^2} \tag{4-36}$$

式中，ε_2 和 κ 分别为相对介电常数和 Debye 屏蔽半径的倒数。第三部分是与距离无关的反应场对静电势的贡献 $u_{\text{el}}^{\text{RFc}}$，

$$u_{\text{el}}^{\text{RFc}} = -\sum_{i<j} \frac{q_i q_j}{4\pi\varepsilon_0 \varepsilon_1} \frac{1 - 0.5 C_{\text{RF}}}{R_{\text{RF}}} \tag{4-37}$$

由于该项与原子间的距离无关，对原子间的相互作用力没有贡献，但保证了两个相距 R_{RF} 的原子间的静电势为零，降低了因截断引起的波动。

应该注意，在考虑 van der Waals 相互作用排除规则的条件下，静电势的计算比上述介绍的更加复杂，详细内容可以参考有关文献[136]。

5. GROMOS 力场的原子类型

由于大多数氢原子被隐含在碳原子中，GROMOS 力场的原子类型只有 53 个，少于 AMBER 和 CHARMM 等常用力场[136,137]。

4.5.2　COMPASS 力场

与 GROMOS 力场等主要应用于生物医药领域不同，COMPASS 力场主要应用于材料科学领域。另外一些力场，如 MMn 系列力场、CFF93 力场、MMFF 力场等，具有复杂的势函数形式，可以非常精确地拟合实验数据或量子化学计算

得到的势能面，甚至可以达到实验精确度（experimental precision）。但是，这些力场主要用于分子的结构和生成焓的预报，较少用于 MD 模拟。

1. COMPASS 力场的势函数形式

COMPASS 力场的势函数形式为

$$
\begin{aligned}
u = {} & \sum_{\text{bonds}} (k_{s,2}\,(l-l_0)^2 + k_{s,3}\,(l-l_0)^3 + k_{s,4}\,(l-l_0)^4) \\
& + \sum_{\text{angles}} (k_{b,2}\,(\theta-\theta_0)^2 + k_{b,3}\,(\theta-\theta_0)^3 + k_{b,4}\,(\theta-\theta_0)^4) \\
& + \sum_{\text{torsions}} (V_{t,1}(1-\cos\omega) + V_{t,2}(1-\cos2\omega) + V_{t,3}(1-\cos3\omega)) \\
& + \sum_{\text{oops}} k_o(\chi-\chi_0)^2 \\
& + \sum_{\text{s-s'}} k_{\text{s-s'}}(l-l_0)(l'-l_0') \\
& + \sum_{\text{s-b}} k_{\text{s-b}}(l-l_0)(\theta-\theta_0) \\
& + \sum_{\text{s-t}} (l-l_0)(k_{\text{s-t},1}\cos\omega + k_{\text{s-t},2}\cos2\omega + k_{\text{s-t},3}\cos3\omega) \\
& + \sum_{\text{b-t}} (\theta-\theta_0)(k_{\text{b-t},1}\cos\omega + k_{\text{b-t},2}\cos2\omega + k_{\text{b-t},3}\cos3\omega) \\
& + \sum_{\text{b-b'}} k_{\text{b-b'}}(\theta-\theta_0)(\theta'-\theta_0') \\
& + \sum_{\text{b-b'-t}} k_{\text{b-b'-t}}(\theta-\theta_0)(\theta'-\theta_0')\cos\omega \\
& + \sum_{ij} \varepsilon_{ij}\left(2\left(\frac{r_{m,ij}}{r_{ij}}\right)^9 - 3\left(\frac{r_{m,ij}}{r_{ij}}\right)^6\right) \\
& + \sum_{ij} \frac{q_iq_j}{4\pi\varepsilon_0 r_{ij}}
\end{aligned}
\tag{4-38}
$$

从上述势函数可以看出，COMPASS 力场键伸缩势和键角弯曲势均被展开到四次，并保留了全部的交叉相互作用，保证了对成键相互作用的精确描述。

COMPASS 力场的 van der Waals 相互作用采用 Lennard-Jones 9-6 势函数，既克服了 Lennard-Jones 12-6 势函数排斥势太硬的缺点，又不像 exp-6 势函数那样需要计算指数函数，有利于模拟效率的提高。不同原子间的 van der Waals 相互作用势参数，采用六次组合规则[138]，

$$
r_{m,ij} = \left(\frac{(r_{m,ii})^6 + (r_{m,jj})^6}{2}\right)^{1/6}
\tag{4-39}
$$

$$\varepsilon_{ij} = 2 \sqrt{\varepsilon_{ii}\varepsilon_{jj}} \frac{(r_{m,ii})^3 (r_{m,jj})^3}{(r_{m,ii})^6 + (r_{m,jj})^6} \tag{4-40}$$

COMPASS 力场的静电相互作用采用库仑势函数。COMPASS 力场首先定义了一个被称为键增量的参数 δ_{ij} 表示两个成键原子 i—j 之间的电荷分离。某个原子的残余电荷,是它与成键原子的键增量之和,

$$q_i = \sum_j \delta_{ij} \tag{4-41}$$

2. COMPASS 力场的原子类型

与其他力场类似,COMPASS 力场的原子类型名称由原子的元素符号及紧跟其后表示该原子的配位数(或形成化学键的数目)组成。有时,还在后面添加一个数字或字母表示原子所处的化学环境,详细可参考有关文献[139]。

3. COMPASS 力场的势参数

COMPASS 力场的成键相互作用参数主要参照 CFF 力场,残余电荷由量子化学方法计算得到,van der Waals 相互作用参数则在量子化学计算的基础上再根据有关气体和液体的性质由逆向拟合方法优化得到。

4.5.3　TraPPE 力场

1. TraPPE 力场的原子类型

TraPPE 力场涉及五种不同的 sp³ 杂化碳原子,分别与 4、3、2、1、0 个氢原子以共价键直接相连,以符号 CHn 表示。没有取代基的联合原子 CH4 只存在于甲烷分子中,有四个取代基的联合原子 CH0 为裸露碳原子。直链烷烃没有 CH1,只有处于两端的 CH3 联合原子和非端基 CH2 联合原子。当联合原子与极性原子以共价键直接相连时,这个联合原子将有不同的非键相互作用参数和不为 0 的残余电荷。

类似地,sp² 杂化的碳原子也有几种类型。不同的是,sp² 杂化的碳原子在非共轭体系或共轭体系中被赋予不同的力场参数。非共轭体系中 sp² 杂化的联合碳原子包括 CH_2(sp²)、CH(sp²)和 C(sp²)三种,共轭体系中 sp² 杂化的联合碳原子包括 CH(aro)、R—C(aro)和 C(aro)三种。

除了联合碳原子外,O、N、H、S 等其他原子全部采用全原子模型。

2. TraPPE 力场的势函数形式

在 TraPPE 力场中，所有键长被约束在平衡位置，不允许振动，不需要共价键伸缩势。因此，成键相互作用只包括键角弯曲势、二面角扭曲势和离面弯曲势三种类型，相应的势函数为

$$u_b = \frac{1}{2}k_b\,(\theta - \theta_0)^2 \tag{4-42}$$

$$u_t = C_0 + C_{t,1}(1+\cos\omega) + C_{t,2}(1-\cos2\omega) + C_{t,3}(1+\cos3\omega) \tag{4-43}$$

TraPPE 力场的非键相互作用包括 van der Waals 相互作用和静电相互作用两个部分，势函数为

$$u_{nb}(r_{ij}) = \sum_{i<j}4\varepsilon_{ij}\left(\left(\frac{\sigma_{ij}}{r_{ij}}\right)^{12} - \left(\frac{\sigma_{ij}}{r_{ij}}\right)^{6}\right) + \sum_{i<j}\frac{q_iq_j}{4\pi\varepsilon_0 r_{ij}} \tag{4-44}$$

式中，不同原子间的 van der Waals 势参数由 Lorentz-Berthelot 组合规则得到

$$\sigma_{ij} = (\sigma_{ii} + \sigma_{jj})/2 \tag{4-45}$$

$$\varepsilon_{ij} = \sqrt{\varepsilon_{ii}\varepsilon_{jj}} \tag{4-46}$$

3. 全原子力场

TraPPE 力场包括联合原子力场和全原子力场两个版本，其中的联合原子力场称为 TraPPE-UA，全原子力场称为 TraPPE-EH（explicit hydrogen model）。

4.5.4　NERD 力场

与 TraPPE 力场等类似，NERD 力场的主要应用领域也是有机分子的气-液平衡、混合物的相平衡。由于气-液平衡与非键相互作用的关系最为密切，NERD 力场最关键的是对 van der Waals 相互作用参数优化。

TraPPE 力场和 NERD 力场等联合原子力场，由于具有较小的计算量和较高的模拟效率，常被用于计算机上运行的 MD 模拟和 Monte Carlo 模拟，适合化工领域的气-液平衡计算。

4.6　量子化学分子力场

4.6.1　MMFF 94 力场

MMFF 94 力场（Merck molecular force field）是一个利用经验势函数拟合

分子的量子力学势能面得到的力场，而不是拟合化合物的结构和物性数据得到的力场。建立 MMFF 94 力场的基础数据是由高精度量子化学计算得到的具有广泛代表性的模型分子的势能面。这些模型分子包括大量有机化学、药物化学广泛研究的有机小分子，具有良好的代表性。具体高精度量子化学计算数据包括：在 HF/6-31G ∗ 理论水平上优化的分子约 500 个；在 MP2/6-31G ∗ 理论水平上优化的分子 475 个；在 MP2/6-31G ∗ 理论水平上优化，并在 MP4SDQ/TZP 理论水平上计算能量的分子 380 个；在 MP2/6-31G ∗ 理论水平上优化，并在 MP2/TZP 理论水平上计算能量的分子 1456 个。与主要应用于气态或晶态有机小分子的分子力学结构优化的 MMn 系列力场不同，MMFF 94 力场的主要应用对象是有机小分子液体、溶液等的 MD 模拟，试图在达到 MM 3 力场精度的条件下，实现蛋白质和核酸等生物分子的 MD 模拟。MMFF 94 力场的参数化方法也具有显著特点，开发 MMFF 94 力场采用的是系统、综合的参数化方法，保证了力场中所有力场参数精度的一致性。但是，有的分子力场的开发采用的是非系统、非综合的参数化方法，常常只依据少量特定的分子或基团确定相应的力场参数。与实验值相比，MMFF 94 力场预报键长的标准偏差为 0.014Å，键角为 1.2°，振动频率为 61cm^{-1}，构型能为 0.38kcal/mol，绕键转动能垒为 0.39kcal/mol。这些结果，与 MM3 力场类似，说明 MMFF 94 力场具有良好的预报精度。

1. MMFF 94 力场的势函数形式

MMFF 94 力场的总势能由成键相互作用势和非键相互作用势两个部分组成。其中，成键相互作用势包括键伸缩势、键角弯曲势、离面弯曲势、二面角扭曲势、键伸缩-键角弯曲耦合势共五种类型的相互作用势。非键相互作用势包括 van der Waals 相互作用势和静电相互作用势等两种类型的势能。

MMFF 94 力场的键伸缩势函数为

$$u_s = 143.9325 \cdot \frac{1}{2} k_s \Delta l^2 \left(1 + C_s \Delta l + \frac{7}{12} \cdot C_s^2 \Delta l^2\right) \tag{4-47}$$

式中，Δl 为实际键长 l 和参考键长 l_0 之间的差值（即 $\Delta l = l - l_0$）；系数 $C_s = -2\text{Å}^{-1}$；k_s 为力常数，单位 mdyn/Å。键角弯曲势函数为

$$u_b = 0.043844 \cdot \frac{1}{2} k_b \Delta \theta^2 (1 + C_b \Delta \theta) \tag{4-48}$$

式中，$\Delta \theta$ 为实际键角 θ 和参考键角 θ_0 之间的差值（$\Delta \theta = \theta - \theta_0$）；系数 $C_b = -0.4$ rad^{-1}；k_b 为力学数，单位 $\text{mdyn} \cdot \text{Å}/\text{rad}^2$。键伸缩-键角弯曲耦合势函数为

$$u_{\text{s-b}} = 2.51210 \cdot (k_{\text{s-b},1} \Delta l_1 + k_{\text{s-b},2} \Delta l_2) \Delta \theta \tag{4-49}$$

式中，Δl_1 和 Δl_2 分别为形成键角的两个化学键的实际键长与参考键长之间的差值，$\Delta \theta$ 与键角弯曲势函数中具有相同的意义；$k_{\text{s-b},1}$ 和 $k_{\text{s-b},2}$ 分别为相应的耦合常数，单位 mdyn/rad。如果以 j 为中心的四个原子 i—j—k—l 形成共面结构，则当该结构单元发生偏离共面结构的离面弯曲时，就产生离面回复力，相应的离面弯曲势函数为

$$u_{\text{o}} = 0.043844 \cdot \frac{1}{2}(k_{\text{o},j-i} \chi^2_{j-i} + k_{\text{o},j-k} \chi^2_{j-k} + k_{\text{o},j-l} \chi^2_{j-l}) \tag{4-50}$$

式中，χ_{j-l} 为共价键 j—l 与平面 i—j—k 之间的夹角（the Wilson angle），单位 rad；$k_{\text{o},j-l}$ 等为对应的力常数，单位 mdyn $\cdot$ Å $\cdot$ rad^{-2}。由于 i—j—k—l 四个原子中的任意三个原子可以组成一个参考平面，总共可以定义三个参考平面和三个离面弯曲角。因此，一个这样的结构对应三个势能项。离面弯曲势的引入，保证了羧酸、酯、酰胺等结构单元的共面。如果 i—j—k—l 四个原子依次以化学键相连形成一个二面角，与二面角对应的扭曲势函数为

$$u_{\text{t}} = 0.5(V_{\text{t},1}(1 + \cos\omega) + V_{\text{t},2}(1 - \cos2\omega) + V_{\text{t},3}(1 + \cos3\omega)) \tag{4-51}$$

式中，$V_{\text{t},1}$、$V_{\text{t},2}$、$V_{\text{t},3}$ 为二面角扭曲势参数。

　　MMFF 94 力场中的 van der Waals 相互作用势比较特别，既不同于 Lennard-Jones 12-6 形式或 9-6 形式，也不同 Buckingham 的 exp-6 形式，或 Allinger 等的 Hill 形式，而是一种被称为 Buffered 14-7 的古怪形式，

$$u_{\text{vdW}} = \varepsilon_{ij} \left(\frac{1.07}{r_{ij}/r^*_{ij} + 0.07}\right)^7 \left(\frac{1.12}{(r_{ij}/r^*_{ij})^7 + 0.12} - 2\right) \tag{4-52}$$

式中，r_{ij} 为原子 i 和 j 之间的实际距离；r^*_{ij} 为缓冲常数（buffering constants）。

　　MMFF 94 力场中的静电相互作用势也与其他分子力场明显不同，

$$u_{\text{el}} = 332.0716 \cdot \frac{q_i q_j}{\varepsilon_r (r_{ij} + \delta)^n} \tag{4-53}$$

式中，q_i 和 q_j 分别为原子 i 和 j 的残余电荷；r_{ij} 为 i 和 j 之间的实际距离；δ 为静电缓冲常数（electrostatic buffering constants），一般取 0.05Å；ε_r 为相对介电常数。如果选取的介电常数与距离无关，则 n 值取 1，否则 n 值取 2。引入静电缓冲常数后，可以避免两个相互靠近的异号电荷之间的吸引力超出 van der Waals 排斥力，导致两个原子因静电吸引而粘连，引起模拟的失败。

　　MMFF 94 力场的排除规则也很特别，MMFF 94 力场不排除 1—4 原子间的 van der Waals 相互作用势，但排除 25% 的 1—4 静电相互作用势。

2. MMFF 94 力场的原子类型

为了便于识别和记忆，MMFF 94 力场使用了一种与化学中常用的符号类似的原子类型标识符，称为符号原子类型（symbolic atom type）。其中，符号原子类型的第一和（或）第二个字符为该原子的元素符号，后面紧跟与该原子键连的原子名称、化学键种类等，如 C＝C 表示乙烯基碳原子，C＝O 表示羰基碳原子，C＝N 表示与亚氨基成键的碳原子等。

在 MMFF 94 力场的符号原子类型中，"＝"表示双键，"—"表示单键，"＞"表示两个单键，"＋"表示正离子，"—"表示阴离子等。此外，符号原子类型中还用到数字、分子式等符号，详情可参考有关文献[140]。

除符号原子类型外，MMFF 94 力场还同时使用由数字表示的原子类型。一般地，若干个化学环境类似的原子，被归为同一原子类型，用一个数字表示，称为数字原子类型（numeric atom type）。事实上，MMFF 94 力场参数与符号原子类型之间没有一一对应关系，但与数字原子类型之间有一一对应关系。在实际应用中，所有原子最后多被转化为数字原子类型，再确定相应的力场参数。

除此之外，MMFF 94 力场还将各种原子类型分为五级，每一级与一个数字原子类型对应。每一级的原子类型的数量随着等级的提高而减少，第一级中的数字原子类型最多，第五级最少。原子类型的第四级基本与元素对应，第三级与原子的杂化类型对应。在确定力场参数时，如果在第一级不能找到相应的力场参数，就提高一个层级，继续寻找，直到第五级。

4.6.2　QMFF 力场和 CFF 力场

QMFF 力场（quantum mechanical force fields，QMFF）和 CFF 力场（consistent force fields，CFF）是两个密切联系的力场。其中，QMFF 力场是一个完全建立在第一性原理计算势能面基础上的分子力场，不包括任何实验参数。但是，考虑到第一性原理计算得到的势能面与实际势能面存在系统误差，CFF 力场一方面保留 QMFF 力场的经验势函数及其参数，另一方面用一比例系数（scaling factor）把量子力学计算得到的 QMFF 力场转化为实际 CFF 力场势函数，而不是对势能函数进行重新参数化。这样，既保证了势函数与实验结果的一致性，又保证了与第一性原理计算结果的 QMFF 力场的协调性。相应的 QMFF 被称为本征力场（intrinsic force field）。因此，CFF 力场是在 QMFF 力场基础上建立起来的一个分子力场，是对 QMFF 力场的发展。

为了确保势函数对计算势能面的拟合精度，QMFF 力场和 CFF 力场的成键相互作用展开至四次幂，van der Waals 相互作用采用比 Lennard-Jones 12-6 排斥部分更软的 Lennard-Jones 9-6 势函数，并保留了所有的交叉相互作用项。

为了克服 QMFF 力场的势函数比其他力场更为复杂，包含力场参数更多的缺点，CFF 采取了一种巧妙的方法解决这个问题。首先，采用第一性原理计算方法得到样本分子的势能面，然后，用经验的势函数拟合这些势能面，得到代表键伸缩、键角弯曲、二面角扭曲等势函数。这些势函数就是 QMFF 力场。例如烷烃类分子的 C—C 和 C—H 键的伸缩能势函数为

$$u_s = k_{s,2}(l-l_0)^2 + k_{s,3}(l-l_0)^3 + k_{s,4}(l-l_0)^4 \tag{4-54}$$

最后，再利用比例因子 S_s，把 QMFF 力场转化为 CFF 力场中的键伸缩势，

$$u_s = S_s(k_{s,2}(l-l_0)^2 + k_{s,3}(l-l_0)^3 + k_{s,4}(l-l_0)^4) \tag{4-55}$$

除键伸缩势比例因子外，CFF 力场还包括键角弯曲比例因子、二面角扭曲比例因子、离面弯曲比例因子和交叉相互作用比例因子。在参数化过程中，CFF 力场只需对这 5 种比例因子进行优化，而不需要对其他参数重新优化，大大降低了计算工作量，也增强了力场的可移植性。

4.7 通用力场

前面介绍的分子力场大多具有很强的针对性，只适用于一类或若干类具有相似组成或结构的分子。这样的力场的最大优点是精确度高，可以很好地模拟有关分子体系的结构和性质。但是，这样的力场的适用范围狭窄，适应性差，经常缺乏适当的力场参数描述具有特殊组成和结构的分子。有时，即使能够描述这些特殊的分子，分子力场的预报能力也很差，不能满足实际应用的要求。为了克服分子力场适用范围的限制，Goddard 等开发了通用力场，可以适用于元素周期表中所有元素形成的任何分子。这里，将介绍两个这样的力场，一个是 DREIDING 力场，另一个是 UFF 力场（universal force field）。通用力场虽然适用范围很广，但精度低，难以满足具有较高精度要求的模拟任务。

与其他任何力场类似，通用力场也由原子类型、势函数及其形式和力场参数三个部分组成[141]。

4.7.1 DREIDING 力场

1. DREIDING 力场的原子类型

一个原子参与分子内或分子间相互作用，不但与该原子所属的元素种类有

关，也与其成键类型和所处的化学环境有关。例如，一个 sp^3 杂化的碳原子，同 sp^2 或 sp 杂化的碳原子与其他原子间的相互作用不同。因此，经典分子力场不但区分原子的元素种类，也区分原子在分子中所处的化学环境。由于受到当时认识水平的限制，早期的分子力场对原子类型的命名不够系统，但后期开发的分子力场对原子类型命名却严谨而系统。

在 DREIDING 力场中，参与分子内或分子间相互作用的所有原子，都被按其成键的杂化类型或几何构型进行系统分类，同种类型的原子参与相互作用性质相同，不同种类型的原子参与相互作用性质不同。DREIDING 力场的原子类型名称最多由五个字符组成，前两个字符与原子的元素符号对应，只有一个字母的元素符号后面加下划线，如 O_、Si 和 S_ 等分别表示氧、硅和硫原子。原子类型名称的第三个字符表示该原子成键的杂化类型或几何结构，数字 1 表示 sp 杂化或线形结构，数字 2 表示 sp^2 杂化或平面三角结构，数字 3 表示 sp^3 杂化或四面体结构，字母 R 表示共轭体系中的 sp^2 杂化原子（resonance）。根据上述规则，乙烷、乙烯、乙炔和苯环中的碳分别用符号 C_3、C_2、C_1 和 C_R 表示。

如果某原子是联合原子，其中隐含了不显式出现的氢原子对相互作用的贡献，则用该原子类型名称的第四个字符表示所隐含的氢原子数目。这样，C_32 表示隐含两个氢原子的 sp^3 碳原子，C_33 表示隐含三个氢原子的 sp^3 碳原子。相应地，乙烷分子由两个 C_33 原子组成，其他所用直链烷烃分子由两个位于两端的 C_33 原子和若干个位于中间的 C_32 原子组成。

DREIDING 力场中，原子类型名称的第五个字母表示原子的形式氧化态等其他性质。

DREIDING 力场中，氢原子的类型名称比较特别，H_HB 表示可以形成氢键的氢原子，H_b 表示乙硼烷中形成桥键的氢原子。

2. DREIDING 力场的势函数形式

DREIDING 力场把分子体系的总能量分为成键相互作用和非键相互作用两个部分。其中，成键相互作用包括两体相互作用（键伸缩）、三体相互作用（键角弯曲）、四体相互作用（包括二面角扭曲和离面弯曲两种类型），

$$u_{bd} = u_s + u_b + u_t + u_o \tag{4-56}$$

特别需要说明的是，DREIDING 力场使用翻转（inversion）这个词表示离面弯曲（out-of-plane bending）。在本书中，用离面弯曲这个词，以保持用词的统一。

DREIDING 力场的非键相互作用包括 van der Waals 相互作用、静电相互作

用和显式氢键相互作用三种类型，

$$u_{\mathrm{nb}} = u_{\mathrm{vdW}} + u_{\mathrm{el}} + u_{\mathrm{hb}} \tag{4-57}$$

4.7.2　UFF 力场

UFF 力场比 DREIDING 力场有更广泛的适用范围，是对 DREIDING 力场的发展。

1. UFF 力场的原子类型

类似于 DREIDING 力场，UFF 力场也以原子的杂化类型或几何构型、氧化态、所处的化学环境等因素确定原子的类型。根据元素周期表中各个元素可能形成的分子结构，UFF 力场总共确定了多达 126 种原子类型。UFF 力场以不多于五个字符的标识符表示原子类型。前两个字符对应原子的元素符号，只有一个字母的元素符号以下划线补充填满第二个字符。因此，N_ 和 Rh 分别标识氮元素和铑元素。原子类型的第三个字符对应原子成键时的杂化类型或几何构型，数字 1 表示 sp 杂化或线性构型，2 表示 sp^2 杂化或平面三角构型，3 表示 sp^3 杂化或四面体构型，字母 R 表示原子为共振结构的一部分，数字 4 表示平面正方形构型，数字 5 表示三角双锥构型，数字 6 表示八面体构型等。标识符的第四和第五两个字符对应原子的氧化-还原状态等其他重要性质，如 Rh6+3 表示具有八面体配位的 +3 价的铑。此外，H_b 表示乙硼烷分子中形成桥键的氢原子，O_3_z 表示分子筛骨架中的氧原子，P_3_q 表示具有四面体结构的有机膦分子中的磷原子。

在 UFF 力场中，与原子类型直接关联的有参考半键长和参考键角等成键参数，非键相互作用距离、强度、比例因子等 van der Waals 相互作用参数，有效电荷参数等。利用这些参数，可以确定 UFF 力场的势参数。

2. UFF 力场势能的构成

UFF 力场中分子总势能被分解为成键相互作用势和非键相互作用势两个部分。成键相互作用势包括键伸缩势、键角弯曲势、二面角扭曲势和离面弯曲势四个部分，但不包括任何交叉或耦合项。非键相互作用势包括 van der Waals 相互作用和静电相互作用两部分，但不包括 DREIDING 力场中的显式氢键相互作用。

第5章　分子体系的运动方程及其数值解

5.1　分子体系的运动方程（牛顿第二定律）

从经典力学角度分析，分子体系是由一组具有分子内和分子间相互作用的原子组成的力学体系。由于原子核集中了原子的主要质量，分子中各个原子可以近似地看成位于相应原子核位置的一组质点；因此，分子体系可以近似为质点力学体系。根据牛顿第二定律，分子体系的运动方程可以写成

$$\begin{cases} f_{i,x} = m_i \, \dfrac{\mathrm{d}^2 x_i}{\mathrm{d}t^2} = m_i \ddot{x}_i \\[2mm] f_{i,y} = m_i \, \dfrac{\mathrm{d}^2 y_i}{\mathrm{d}t^2} = m_i \ddot{y}_i \\[2mm] f_{i,z} = m_i \, \dfrac{\mathrm{d}^2 z_i}{\mathrm{d}t^2} = m_i \ddot{z}_i \end{cases} \tag{5-1}$$

式中，$i=1, 2, \cdots, N$，用于标记分子体系中的各个原子；m_i 为各个原子的相对原子质量；t 为时间；(x_i, y_i, z_i) 为原子 i 位置坐标；$(\ddot{x}_i, \ddot{y}_i, \ddot{z}_i)$ 为位置坐标对时间的二阶导数；$(f_{i,x}, f_{i,y}, f_{i,z})$ 为作用在原子 i 上的力在 x，y，z 坐标方向的分量。作用在原子上的力，可以通过分别计算分子内和分子间相互作用力求得。也可以将式（5-1）用矢量表示

$$\mathbf{f}_i = m_i \, \frac{\mathrm{d}^2 \mathbf{r}_i}{\mathrm{d}t^2} = m_i \ddot{\mathbf{r}}_i \tag{5-2}$$

式中，$\mathbf{r}_i$ 和 $\mathbf{f}_i$ 分别为原子 i 的坐标矢量和受力矢量；$\ddot{\mathbf{r}}_i$ 为坐标矢量对时间的二阶导数。与式（5-1）完全一样，式（5-2）也代表 $3N$ 个方程。

由于分子体系的相互作用非常复杂，难以用解析法求解分子体系运动方程，通常只能采用差分法求解分子体系运动方程的近似数值解。

5.2　分子体系的运动方程（哈密顿运动方程）

从 5.1 节分析得知，分子体系可以近似为由相互作用的原子所构成的质点力学体系。同时，不管是分子间相互作用，还是分子内相互作用，原子间的相互作用是保守力，体系的总能量守恒。对任何由质点构成的保守力体系，其哈密顿函

数为

$$H = K + u \tag{5-3}$$

式中，K 为体系的总动能；u 为总势能，仅与质点的坐标位置有关，不显含时间。

$$K = \frac{1}{2} \sum_{i=1}^{N} m_i (\dot{x}_i^2 + \dot{y}_i^2 + \dot{z}_i^2) \tag{5-4}$$

$$u = u(x_1, y_1, z_1, \cdots, x_j, y_j, z_j, \cdots, x_n, y_n, z_n) \tag{5-5}$$

式（5-4）中，$(\dot{x}_i, \dot{y}_i, \dot{z}_i)$ 为原子 i 的位置对时间的一阶导数，也就是速度。

哈密顿函数是经典力学体系最重要的物理量之一。只要确定了系统的哈密顿函数，就可以确定系统的所有性质及其演化规律。在实际应用中，除把哈密顿函数写成坐标和速度的函数形式外，还常把它写成坐标和动量的函数形式。在笛卡儿坐标系中，动量（$p_{i,x}$，$p_{i,y}$，$p_{i,z}$）与速度具有如下关系

$$\begin{cases} p_{i,x} = m_i \dot{x}_i \\ p_{i,y} = m_i \dot{y}_i \\ p_{i,z} = m_i \dot{z}_i \end{cases} \tag{5-6}$$

因此，哈密顿函数可写成

$$H = \sum_{i=1}^{N} \frac{1}{2m_i} (p_{i,x}^2 + p_{i,y}^2 + p_{i,z}^2) + u(x_1, y_1, z_1, \cdots, x_i, y_i, z_i, \cdots, x_N, y_N, z_N) \tag{5-7}$$

对于分子体系，用组成分子的各个原子的笛卡儿坐标作变量并不方便。更方便的方法是用分子的质心坐标确定分子的质心位置，欧拉角（Euler angles）确定分子的取向，分子的内坐标确定分子组成原子的相对位置。当然，也可以用其他适当的坐标系确定体系中各分子和原子的坐标位置。解决实际问题时，通常不区分质心坐标、欧拉角、分子内坐标等各种不同种类的坐标，把它们统称为广义坐标（generalized coordinates），用 q_i 表示（$i=1$, 2, $\cdots$, f），其中，f 为广义坐标的数量，也就是系统的自由度。不受任何约束的 N 个自由质点体系，总共需要用 $3N$ 个广义坐标描述，自由度 $f=3N$。若体系中有的质点的位置和速度受几何学或运动学的限制而不能自由变动，则这种体系被称为约束体系，而这些限制被称为约束。例如，键长可以伸缩的 N 个双原子分子组成的体系，自由度 $f=6N$。相反，两个原子间的距离被固定而不能自由伸缩运动的双原子分子，只需 5 个广义坐标就可以描述分子的运动。也就是说，N 个具有固定键长的双原子分子体系，虽有 $2N$ 个原子，但受 N 个约束，系统的自由度 $f=6N-N=5N$。一般地，由 N 个质点构成的具有 r 个完整几何约束（holonomic constraint）的约束体系，自由度 $f=3N-r$。

描述一个自由度为 f 的力学体系中粒子的位置和运动状态，可用 f 个广义

坐标 $(q_1, q_2, q_3, \cdots, q_i, \cdots, q_f)$ 表示坐标位置，以及对应的 f 个广义动量 $(p_1, p_2, p_3, \cdots, p_i, \cdots, p_f)$ 表示运动状态。如果广义坐标是笛卡儿坐标，对应的广义动量是线动量。如果广义坐标是旋转的角度，对应的广义动量是角动量。同时，广义坐标可以与单个原子对应，也可以不与单个原子对应。如描述体系中某个分子质心位置的质心坐标，通常不与任何单个原子的位置对应。

如果利用 f 个广义坐标构成广义坐标矢量 $\mathbf{q} = (q_1, q_2, q_3, \cdots, q_i, \cdots, q_f)$，$f$ 个广义动量构成广义动量矢量 $\mathbf{p} = (p_1, p_2, p_3, \cdots, p_i, \cdots, p_f)$，体系的总势能 u 可以写成

$$u = u(q_1, q_2, \cdots, q_f) = u(\mathbf{q}) \tag{5-8}$$

总动能 K 可以写成

$$K = \sum_{i=1}^{f} \sum_{i=1}^{f} a_{ij} p_i p_j \tag{5-9}$$

利用哈密顿函数，可以写出系统的运动方程

$$\begin{cases} \dfrac{\partial H}{\partial q_i} = -\dot{p}_i \\[2mm] \dfrac{\partial H}{\partial p_i} = \dot{q}_i \end{cases} \quad i = 1, 2, \cdots, f \tag{5-10}$$

称为哈密顿正则方程组，简称哈密顿方程组。

哈密顿方程组是以广义坐标和广义动量为独立变量的运动方程，由 $2f$ 个一阶微分方程组成。与牛顿运动方程相比，哈密顿方程的优点包括：牛顿方程由 $3N$ 个二阶微分方程组成，较求解 $2f$ 个一阶微分方程困难得多；哈密顿方程既适合处理不受约束的力学体系，也适合处理受约束的力学体系，牛顿方程则只能处理不受约束的力学体系。

对于任何没有约束的分子体系，哈密顿方程和牛顿方程具有相同的形式，但是，对有约束的分子体系，两者的形式不同。同时，哈密顿方程也是理解实现恒温、恒压 MD 模拟的理论基础。

5.3　常微分方程的数值解

5.3.1　差分公式

一阶常微分方程的初值问题，

$$\begin{cases} \dot{y} = f(y, t) \\ y(0) = y_0 \end{cases} \tag{5-11}$$

将时间变量 t 离散化，取步长为 h，令

$$t_n = nh, y_n = y(t_n), f_n = f(y_n, t_n), n = 0, 1, 2, \cdots \tag{5-12}$$

利用不同的差商近似 $\dot{y}$，并以 f_n 的线性组合近似 $f(y_n, t_n)$，可以得到不同的差分公式。

向前差分公式(Euler's method)：$(y_{n+1} - y_n)/h = f_n \tag{5-13}$

向后差分公式(backward Euler's method)：$(y_{n+1} - y_n)/h = f_{n+1} \tag{5-14}$

梯形差分公式(trapezoid method)：$(y_{n+1} - y_n)/h = (f_n + f_{n+1})/2 \tag{5-15}$

中心差分公式(midpoint method)：$(y_{n+1} - y_{n-1})/2h = f_n \tag{5-16}$

在向前差分公式中，f 在前一时间点 t_n 计算，时间在前；在向后差分公式中，f 在后一时间点 t_{n+1} 计算，时间在后；在梯形差分公式中，f 取前后两个时间点 t_n 和 t_{n+1} 的平均；在中心差分公式中，差商的计算跳过时间 t_n，在前后两个时间点之间进行，f 在计算差商的两个时间点的中点 t_n 计算。

5.3.2　截断误差

将 $y_{n+1}(t_{n+1})$ 按 Taylor 公式展开，

$$y_{n+1} = y(t_n + h) \tag{5-17}$$

$$y_{n+1} = y(t_n) + \dot{y}(t_n) \cdot h + \frac{1}{2}\ddot{y}(t_n) \cdot h^2 + \cdots \tag{5-18}$$

$$(y_{n+1} - y_n)/h = \dot{y}_n + \frac{1}{2}\ddot{y}_n \cdot h + \cdots \tag{5-19}$$

由此可以得到向前差分公式在 t_n 点的截断误差，

$$E = ((y_{n+1} - y_n)/h - f_n) - (\dot{y} - f_n) = \frac{1}{2}\ddot{y}_n \cdot h + \cdots \tag{5-20}$$

当 $h \to 0$ 时，误差按 h 的一次方趋向于零，即 $E = O(h)$。用同样方法，可以得到向后差分公式的截断误差也按 h 的一次方趋向于零，即 $E = O(h)$。但是，梯形差分公式和中心差分公式的截断误差按 h 的二次方趋向于零，较前面两个差分公式以更快的速度趋向于零，$E = O(h^2)$。也就是说，梯形差分公式和中心差分公式的精度比向前、向后差分公式要高一阶。

5.3.3　利用差分公式解微分方程

通过简单变换，可以将差分公式（5-13）～式（5-16）转化为式（5-21）～

式 (5-24) 的形式，用于求解常微分方程初值问题式 (5-11)。

$$\text{向前差分公式：} y_{n+1} = y_n + hf_n \tag{5-21}$$

$$\text{向后差分公式：} y_{n+1} = y_n + hf_{n+1} \tag{5-22}$$

$$\text{梯形差分公式：} y_{n+1} = y_n + \frac{h}{2}(f_n + f_{n+1}) \tag{5-23}$$

$$\text{中心差分公式：} y_{n+1} = y_{n-1} + 2hf_n \tag{5-24}$$

利用向前差分公式，只要知道初值 y_0，再计算 $f_0 = f(y_0,\ t_0)$，就可以计算 y_1 和 $f_1 = f(y_1,\ t_1)$。然后，依次计算 y_2，y_3，…，最后得到任意时间的 y_n。在向后差分公式中，为了计算 y_{n+1} 必须先计算 f_{n+1}，但计算 f_{n+1} 必须先知道 y_{n+1}，称为隐式差分公式，必须通过解方程才能得到 y_{n+1}。相反，向前差分公式是显式差分公式，计算 y_{n+1} 只需要先计算 y_n。显式差分公式比隐式差分公式方便，但出于稳定性考虑，有时必须采用隐式差分公式。

在梯形差分公式中，为了计算 y_{n+1}，不但需要计算 t_n 时刻的 f_n，还需要计算 t_{n+1} 时刻的 f_{n+1}，也属于隐式差分公式。而在中心差分公式中，为了计算 y_{n+1}，不但需要前一步 t_n 时刻的 y_n，还需要前两步 t_{n-1} 时刻的 y_{n-1}，称为双步差分公式。双步差分公式仅是多步差分公式中的一种，另外还有三步差分公式，以及更多步的差分公式。

5.4　分子体系运动方程的求解思路

5.3 节介绍了常微分方程的一般解法，本节将把常微分方程的一般解法用于求解分子体系的运动方程。分子体系的哈密顿运动方程是一组常微分方程组，在确定体系中各原子在初始时刻的广义坐标和广义动量后，广义坐标和广义动量随时间的演化就被确定。由于分子体系的哈密顿运动方程组异常复杂，无法求得解析解，因此必须利用计算机求解数值解。求解哈密顿运动方程组的数值解的大致思路如下：

（1）建立体系的哈密顿运动方程，在直角坐标系中，哈密顿运动方程组为

$$\begin{cases} \dot{x}_i = p_{i,x}/m_i \\ \dot{y}_i = p_{i,y}/m_i \\ \dot{z}_i = p_{i,z}/m_i \\ \dot{p}_{i,x} = f_{i,x} \\ \dot{p}_{i,y} = f_{i,y} \\ \dot{p}_{i,z} = f_{i,z} \end{cases} \tag{5-25}$$

如以速度代替动量，则得到

$$\begin{cases} \dot{x}_i = v_{i,x} \\ \dot{y}_i = v_{i,y} \\ \dot{z}_i = v_{i,z} \\ \dot{v}_{i,x} = f_{i,x}/m_i \\ \dot{v}_{i,y} = f_{i,y}/m_i \\ \dot{v}_{i,z} = f_{i,z}/m_i \end{cases} \qquad (5\text{-}26)$$

（2）确定运动方程组的初始条件，即初始时刻的原子坐标和速度（$x_{i,0}$，$y_{i,0}$，$z_{i,0}$，$v_{i,x,0}$，$v_{i,y,0}$，$v_{i,z,0}$），$i=1$，2，…，N。对于任何分子体系，只要确定了体系的初始条件和运动方程，体系随时间的演化就被确定。

（3）选择适当的差分公式，计算下一时刻各原子的坐标和速度。

（4）重复上述过程，直到完成设定的 n 步模拟计算。

5.5　分子体系运动方程的数值解

5.5.1　Euler 算法

为了表达方便，下面用矢量 $\mathbf{r}_i(t_0+n\Delta t)$、$\mathbf{v}_i(t_0+n\Delta t)$、$\mathbf{f}_i(t_0+n\Delta t)$ 分别表示体系中原子 i 在 $t_0+n\Delta t$ 时刻的坐标位置、速度和受力。确定了体系的分子力场模型和各原子的初始位置 $\mathbf{r}_i(t_0)$ 后，可以计算初始时刻各原子所受的作用力 $\mathbf{f}_i(t_0)$。由计算得到的作用力 $\mathbf{f}_i(t_0)$ 和初始速度 $\mathbf{v}_i(t_0)$，可以计算 $t_0+\Delta t$ 时刻各原子的速度 $\mathbf{v}_i(t_0+\Delta t)$ 和位置 $\mathbf{r}_i(t_0+\Delta t)$，

$$\begin{cases} \mathbf{v}_i(t_0+\Delta t) = \mathbf{v}_i(t_0) + (\Delta t/m_i)\mathbf{f}_i(t_0) \\ \mathbf{r}_i(t_0+\Delta t) = \mathbf{r}_i(t_0) + \Delta t \mathbf{v}_i(t_0+\Delta t) \end{cases} \qquad (5\text{-}27)$$

得到了 $t_0+\Delta t$ 时刻各原子的速度 $\mathbf{v}_i(t_0+\Delta t)$ 和位置 $\mathbf{r}_i(t_0+\Delta t)$ 后，可以计算 $t_0+\Delta t$ 时刻各原子的受力 $\mathbf{f}_i(t_0+\Delta t)$。继续利用式（5-27），可以计算得到 $t_0+2\Delta t$ 时刻的 $\mathbf{v}_i(t_0+2\Delta t)$ 和 $\mathbf{r}_i(t_0+2\Delta t)$。重复上述过程，可以依次求得 $t_0+3\Delta t$、$t_0+4\Delta t$ 等时刻体系中各原子的坐标和速度。可以看出，Euler 算法属于向前差分公式，为单步、显式、一阶精度。

5.5.2　Verlet 算法

Euler 算法虽然简单，但只有一阶的计算精度，限制了时间步长 Δt 的延长，综合效率不高。Euler 算法的一种改进就是 Verlet 算法，

$$\begin{cases} \mathbf{r}_i(t_0 + \Delta t) = 2\,\mathbf{r}_i(t_0) - \mathbf{r}_i(t_0 - \Delta t) + (\Delta t^2/m_i)\,\mathbf{f}_i(t_0) \\ \mathbf{v}_i(t_0) = (\mathbf{r}_i(t_0 + \Delta t) - \mathbf{r}_i(t_0 - \Delta t))/2\Delta t \end{cases} \tag{5-28}$$

值得注意的是，Verlet 算法利用 t_0 时刻的位置和加速度，以及前一时间（$t_0 - \Delta t$）的位置，计算下一时刻（$t_0 + \Delta t$）的位置 $\mathbf{r}_i(t_0 + \Delta t)$。也就是说，Verlet 算法是两步差分公式，为了计算 $\mathbf{r}_i(t_0 + \Delta t)$，必须知道前两步的坐标位置 $\mathbf{r}_i(t_0 - \Delta t)$ 和 $\mathbf{r}_i(t_0)$。具体计算时，由 $\mathbf{r}_i(t_0)$ 可以计算 $\mathbf{f}_i(t_0)$，外加前一步的位置 $\mathbf{r}_i(t_0 - \Delta t)$，计算得到 $\mathbf{r}_i(t_0 + \Delta t)$。然后，再由 $\mathbf{r}_i(t_0 - \Delta t)$ 和 $\mathbf{r}_i(t_0 + \Delta t)$ 得到 $\mathbf{v}_i(t_0)$。Verlet 算法，计算坐标位置的精度为四阶 $O(h^4)$，但计算运动速度的精度只有两阶 $O(h^2)$。

在实现 Verlet 算法时，需要储存当前时刻和前一时刻的位置，以及当前时刻的加速度。Verlet 算法的一个缺点是，坐标位置 $\mathbf{r}_i(t_0 + \Delta t)$ 由两个大数 $2\mathbf{r}_i(t_0)$ 和 $\mathbf{r}_i(t_0 - \Delta t)$ 的差值与一个小数 $(\Delta t^2/m_i)\,\mathbf{f}_i(t_0)$ 的和求得，可能引起计算精度的降低。Verlet 算法的另一个缺点是速度需要在得到位置后才能计算，且计算精度比位置的计算精度低二阶。Verlet 算法有多种改进版本，其中最常用的是蛙跳算法（leap-frog algorithm）。

5.5.3　蛙跳算法

蛙跳算法是对 Verlet 算法的改进，该算法的差分公式如下

$$\begin{cases} \mathbf{r}_i(t_0 + \Delta t) = \mathbf{r}_i(t_0) + \Delta t\,\mathbf{v}_i(t_0 + \Delta t/2) \\ \mathbf{v}_i(t_0 + \Delta t/2) = \mathbf{v}_i(t_0 - \Delta t/2) + \Delta t(\mathbf{f}_i(t_0)/m_i) \end{cases} \tag{5-29}$$

蛙跳算法中，先由 $t_0 - \Delta t/2$ 时刻的速度和 t_0 时刻的加速度，计算得到 $t_0 + \Delta t/2$ 时刻的速度。然后，由 t_0 时刻的位置和 $t_0 + \Delta t/2$ 时刻的速度，计算 $t_0 + \Delta t$ 时刻的位置。

在蛙跳算法中，速度的计算直接从 $t_0 - \Delta t/2$ 时刻跳到 $t_0 + \Delta t/2$ 时刻，跳过了 t_0 时刻速度的计算，这正是蛙跳算法之得名。t_0 时刻的速度虽不出现在式（5-29）中，但需要时可通过式（5-30）计算，

$$\mathbf{v}_i(t_0) = \frac{1}{2}(\mathbf{v}_i(t_0 - \Delta t/2) + \mathbf{v}_i(t_0 + \Delta t/2)) \tag{5-30}$$

同样，位置的计算也跳过了计算速度的 $t_0 + \Delta t/2$ 时刻，直接从 t_0 时刻跳至 $t_0 + \Delta t$ 时刻。蛙跳算法的优点是不需要计算两个大数的差值；同时，计算速度的精度与位置相当，同为四阶。蛙跳算法的主要缺点是位置和速度的计算不同步，不能在同一时刻分别按速度和位置计算动能和势能。

5.5.4 速度 Verlet 算法

对 Verlet 算法的另一种改进是速度 Verlet 算法，

$$\begin{cases} \mathbf{r}_i(t_0 + \Delta t) = \mathbf{r}_i(t_0) + \Delta t\, \mathbf{v}_i(t_0) + (\Delta t)^2 \mathbf{f}_i(t_0)/2m_i \\ \mathbf{v}_i(t_0 + \Delta t) = \mathbf{v}_i(t_0) + \Delta t(\mathbf{f}_i(t_0) + \mathbf{f}_i(t_0 + \Delta t))/2m_i \end{cases} \tag{5-31}$$

虽然，各种算法的计算量不同，需要的内存不同。但是，对当代计算机来说，内存显然不是最需要考虑的一个因素。同时，差分公式的计算，其计算量只占最耗时的分子间相互作用力计算的很少一部分。因此，也不需要考虑差分公式的计算效率。在 MD 模拟中，最需要考虑的是能量和动量是否守恒，是不是时间可逆，以及是否允许较长的时间步长 Δt。如果某个算法允许较长的时间步长，则可以以同样的计算步数，采样更长的相空间，大大提高模拟结果的可靠性和精确性。

5.6 刚体运动方程的解

虽然，所有分子体系多可以近似为质点力学体系，用前面介绍的 MD 模拟方法模拟。但是，对苯分子那样具有很好刚性结构的分子，如果把整个分子作为一个刚体处理，往往可以具有更好的模拟效果。

任何刚体的运动，可以分解为质心的平动和刚体的转动两种运动模式。对平动的处理，与质点力学没有区别；但是，对转动的处理，必须利用刚体动力学。下面，分别介绍非线形分子和线形分子的刚体 MD 模拟方法。

5.6.1 非线形分子的刚体动力学

数学上，可以用固定在刚体上的一个单位矢量，即刚体的方位矢量 $\mathbf{e}$，表示刚体的方位。有两种不同的坐标系表示刚体的方位矢量，固定于刚体的主轴坐标系或固定于空间的固定坐标系。如用 $\mathbf{e}^b$ 和 $\mathbf{e}^s$ 分别表示主轴坐标系（body-fixed frame）和固定坐标系（space-fixed frame）中刚体的方位矢量 $\mathbf{e}$，则可通过转动矩阵 $\mathbf{A}$ 关联矢量 $\mathbf{e}^b$ 和 $\mathbf{e}^s$，

$$\mathbf{e}^b = \mathbf{A} \cdot \mathbf{e}^s \tag{5-32}$$

$$\mathbf{A} = \begin{bmatrix} \cos\phi\cos\varphi - \sin\phi\cos\theta\sin\varphi & \sin\phi\cos\varphi + \cos\phi\cos\theta\sin\varphi & \sin\theta\sin\varphi \\ -\cos\phi\sin\varphi - \sin\phi\cos\theta\cos\varphi & -\sin\phi\sin\varphi + \cos\phi\cos\theta\cos\varphi & \sin\theta\cos\varphi \\ \sin\phi\sin\theta & -\cos\phi\sin\theta & \cos\theta \end{bmatrix} \tag{5-33}$$

式中，ϕ、θ、φ 为欧拉角（Euler angles）。很明显，在主轴坐标系中矢量 $\mathbf{e}^{b}$ 相对刚体固定，不随时间变化。但在固定坐标系中，$\mathbf{e}^{s}$ 随时间变化。$\mathbf{e}^{s}$ 随时间的演化就是运动方程。

$$\dot{\mathbf{e}}^{s} = \dot{\mathbf{e}}^{b} + \boldsymbol{\omega}^{s} \times \mathbf{e}^{s} = \boldsymbol{\omega}^{s} \cdot \mathbf{e}^{s} \tag{5-34}$$

式中，角速度矢量 $\boldsymbol{\omega}^{s}$ 与作用于刚体的力矩 $\boldsymbol{\tau}^{s}$ 有如下关系

$$\dot{\mathbf{l}}^{s} = \boldsymbol{\tau}^{s} \tag{5-35}$$

在主轴坐标系中，上述方程的形式略有不同，

$$\dot{\mathbf{l}}^{b} + \boldsymbol{\omega}^{b} \times \mathbf{I}^{b} = \boldsymbol{\tau}^{b} \tag{5-36}$$

式中，$\dot{\mathbf{l}}$ 为角动量对时间的导数；$\mathbf{I}$ 为刚体的转动惯量。式（5-36）的标量形式为

$$\begin{cases} \dot{\omega}_x^{b} = \dfrac{\tau_x^{b}}{I_{xx}} + \left(\dfrac{I_{yy} - I_{zz}}{I_{xx}}\right)\omega_y^{b}\omega_z^{b} \\[2mm] \dot{\omega}_y^{b} = \dfrac{\tau_y^{b}}{I_{yy}} + \left(\dfrac{I_{zz} - I_{xx}}{I_{yy}}\right)\omega_z^{b}\omega_x^{b} \\[2mm] \dot{\omega}_z^{b} = \dfrac{\tau_z^{b}}{I_{zz}} + \left(\dfrac{I_{xx} - I_{yy}}{I_{zz}}\right)\omega_x^{b}\omega_y^{b} \end{cases} \tag{5-37}$$

式中，I_{xx}、I_{yy}、I_{zz} 分别为转动惯量的三个主成分。

通过与式（5-32）类似的坐标变换，可以把式（5-35）～式（5-37）转化到固定坐标系中，

$$\boldsymbol{\tau}^{b} = \mathbf{A} \cdot \boldsymbol{\tau}^{s} \tag{5-38}$$

$$\boldsymbol{\omega}^{s} = \mathbf{A}^{-1} \cdot \boldsymbol{\omega}^{b} = \mathbf{A}^{\mathrm{T}} \cdot \boldsymbol{\omega}^{b} \tag{5-39}$$

为了得到变换矩阵 $\mathbf{A}$，必须知道欧拉角的演化，

$$\begin{cases} \dot{\phi} = -\omega_x^{s}\dfrac{\sin\phi\cos\theta}{\sin\theta} + \omega_y^{s}\dfrac{\cos\phi\cos\theta}{\sin\theta} + \omega_z^{s} \\[2mm] \dot{\theta} = \omega_x^{s}\cos\phi + \omega_y^{s}\sin\phi \\[2mm] \dot{\varphi} = \omega_x^{s}\dfrac{\sin\phi}{\sin\theta} - \omega_y^{s}\dfrac{\cos\phi}{\sin\theta} \end{cases} \tag{5-40}$$

虽然，通过求解上述方程，可以得到刚体的演化规律。但是，式（5-40）分母中的 $\sin\theta$ 取 0 时，方程出现奇点，将导致模拟失败。为了避免运动方程出现奇点，Evans 建议利用四元数（four quaternion parameters）代替欧拉角作为坐标变量。四元数 $\mathbf{Q}$ 是由四个数组成的一个集合，

$$\mathbf{Q} = (q_0, q_1, q_2, q_3) \tag{5-41}$$

如果，四元数后面的三个数（q_1，q_2，q_3）构成一个矢量，并令四元数的四个分

量满足

$$q_0^2 + q_1^2 + q_2^2 + q_3^2 = 1 \tag{5-42}$$

那么，可以用四元数的四个分量表示三个欧拉角，

$$\begin{cases} q_0 = \cos\frac{1}{2}\theta\cos\frac{1}{2}(\phi+\varphi) \\[2mm] q_1 = \sin\frac{1}{2}\theta\cos\frac{1}{2}(\phi-\varphi) \\[2mm] q_2 = \sin\frac{1}{2}\theta\sin\frac{1}{2}(\phi-\varphi) \\[2mm] q_3 = \cos\frac{1}{2}\theta\sin\frac{1}{2}(\phi-\varphi) \end{cases} \tag{5-43}$$

这时，变换矩阵 $\mathbf{A}$ 可以写成

$$\mathbf{A} = \begin{bmatrix} q_0^2 + q_1^2 - q_2^2 - q_3^2 & 2(q_1q_2 + q_0q_3) & 2(q_1q_3 - q_0q_2) \\ 2(q_1q_2 + q_0q_3) & q_0^2 - q_1^2 + q_2^2 - q_3^2 & 2(q_2q_3 + q_0q_1) \\ 2(q_1q_3 + q_0q_2) & 2(q_2q_3 - q_0q_1) & q_0^2 - q_1^2 - q_2^2 + q_3^2 \end{bmatrix} \tag{5-44}$$

刚体的运动方程满足

$$\begin{bmatrix} \dot{q}_0 \\ \dot{q}_1 \\ \dot{q}_2 \\ \dot{q}_3 \end{bmatrix} = \frac{1}{2} \begin{bmatrix} q_0 & -q_1 & -q_2 & -q_3 \\ q_1 & q_0 & -q_3 & q_2 \\ q_2 & q_3 & q_0 & -q_1 \\ q_3 & -q_2 & q_1 & q_0 \end{bmatrix} \begin{bmatrix} 0 \\ \omega_x^b \\ \omega_y^b \\ \omega_z^b \end{bmatrix} \tag{5-45}$$

虽然，用四元数表示欧拉角后，多了一个变量，有一个冗余度。但消除了运动方程的奇点，避免模拟的失败。因此，四元数是一种更直接、更优美的处理方法。事实上，在任何只有三个坐标变量的非冗余坐标系中，不可能克服奇点问题。

转动方程的求解，不能直接使用蛙跳算法，必须使用修正的蛙跳算法[142]。修正的蛙跳算法为

$$\begin{cases} \mathbf{I}^s(t_0) = \mathbf{I}^s\left(t_0 - \frac{1}{2}\Delta t\right) + \frac{1}{2}\Delta t \boldsymbol{\tau}^s(t_0) \\[2mm] \mathbf{Q}\left(t_0 + \frac{1}{2}\Delta t\right) = \mathbf{Q}(t_0) + \Delta t \dot{\mathbf{Q}}(t_0) \end{cases} \tag{5-46}$$

主算法为

$$\begin{cases} \mathbf{I}^s\left(t_0 + \frac{1}{2}\Delta t\right) = \mathbf{I}^s\left(t_0 - \frac{1}{2}\Delta t\right) + \Delta t \boldsymbol{\tau}^s(t_0) \\[2mm] \mathbf{Q}\left(t_0 + \frac{1}{2}\Delta t\right) = \mathbf{Q}(t_0) + \Delta t \dot{\mathbf{Q}}\left(t_0 + \frac{1}{2}\Delta t\right) \end{cases} \tag{5-47}$$

5.6.2　线形分子的刚体动力学

与非线形分子相比，线形分子的一个主转动惯量为零，另两个主转动惯量相等。因此，线形分子的角动量和角速度必须与分子轴垂直。设 $\mathbf{e}^s$ 为沿分子轴并固定在分子上的一个单位矢量，则作用在分子上的力矩为

$$\boldsymbol{\tau}^s = \mathbf{e}^s \times \mathbf{g}^s \tag{5-48}$$

式中，$\mathbf{g}^s$ 由分子间相互作用力计算得到。在力点模型中，各受力点相对于质心的位置为

$$\mathbf{d}_a^s = d_a \mathbf{e}^s \tag{5-49}$$

因此

$$\mathbf{g}^s = \sum_a d_a \mathbf{F}_a^s \tag{5-50}$$

同时，$\mathbf{g}^s$ 可以分解成垂直和平行于分子轴的两个分量之和

$$\mathbf{g}^s = \mathbf{g}^+ + \mathbf{g}^{//} \tag{5-51}$$

$$\mathbf{g}^+ = \mathbf{g}^s - (\mathbf{g}^s \cdot \mathbf{e}^s)\mathbf{e}^s \tag{5-52}$$

因此

$$\boldsymbol{\tau}^s = \mathbf{e}^s \times \mathbf{g}^+ \tag{5-53}$$

这时，分子的运动方程可以写成一阶微分方程的形式

$$\dot{\mathbf{e}}^s = \mathbf{u}^s \tag{5-54}$$

$$\dot{\mathbf{u}}^s = \mathbf{g}^+ / I + \lambda \mathbf{e}^s \tag{5-55}$$

式中，I 为转动惯量；λ 为 Lagrange 乘子（Lagrangian multiplier）；右边第一项对应引起分子转动的力；第二项 $\lambda \mathbf{e}^s$ 沿分子轴方向，对应约束键长的力。可利用蛙跳算法求解上述方程

$$\mathbf{u}^s(t) = \mathbf{u}^s(t - \tfrac{1}{2}\Delta t) + \tfrac{1}{2}\Delta t(\mathbf{g}^+(t)/I + \lambda(t)\mathbf{e}^s(t)) \tag{5-56}$$

$$\Delta t\, \dot{\mathbf{u}}^s(t) = \Delta t\, \mathbf{g}^+(t)/I - 2(\mathbf{u}^s(t - \tfrac{1}{2}\Delta t) \cdot \mathbf{e}^s(t))\mathbf{e}^s(t) \tag{5-57}$$

$$\mathbf{u}^s(t + \tfrac{1}{2}\Delta t) = \mathbf{u}^s(t - \tfrac{1}{2}\Delta t) + \Delta t\, \dot{\mathbf{u}}^s(t) \tag{5-58}$$

$$\mathbf{e}^s(t + \Delta t) = \mathbf{e}^s(t) + \Delta t\, \mathbf{u}^s(t + \tfrac{1}{2}\Delta t) \tag{5-59}$$

5.7　约束动力学

多原子分子中，存在键伸缩、键角弯曲、二面角扭曲等快慢不同的运动。特别是二面角扭曲运动，虽然运动频率较键伸缩和键角弯曲运动低，但决定了多原子分子的构型和多种物理性质。如果把整个多原子分子作为一个刚体处理，约束所有的分子内部运动，则模型过于简单，与实际多原子分子特别是长链分子有较大的偏差。

部分结构参数被约束、部分结构参数可以自由变动的多原子分子，既不能用处理质点力学体系的方法、也不能用刚体力学的方法进行处理。对只约束键伸缩等部分分子内坐标，却让二面角等分子内坐标自由运动的分子体系，可以在约束动力学的框架中得到解决。Ryckaert 等[6] 提出的约束动力学算法，先求解没有约束力的运动方程；然后确定约束力的大小，并对原子坐标进行修正以满足约束条件。这种方法可以用于完全刚性或部分刚性分子的 MD 模拟，大大降低多原子分子 MD 模拟的复杂性。

下面，以三原子分子为例说明约束动力学算法。其中，1—2 和 2—3 原子间的键长被约束，但键角 1—2—3 可以自由运动。该分子的约束可以用约束方程表示

$$\begin{cases} \chi_{12} = r_{12}^2(t) - d_{12}^2 = 0 \\ \chi_{23} = r_{23}^2(t) - d_{23}^2 = 0 \end{cases} \tag{5-60}$$

该分子的运动方程形式可以写成

$$\begin{cases} m_1 \ddot{\mathbf{r}}_1 = \mathbf{F}_1 + \mathbf{g}_1 \\ m_2 \ddot{\mathbf{r}}_2 = \mathbf{F}_2 + \mathbf{g}_2 \\ m_3 \ddot{\mathbf{r}}_3 = \mathbf{F}_3 + \mathbf{g}_3 \end{cases} \tag{5-61}$$

式中，$\mathbf{F}_1$、$\mathbf{F}_2$、$\mathbf{F}_3$ 是由分子间力和除约束力以外的分子内力引起，作用在 1、2、3 三个原子上的力；$\mathbf{g}_1$、$\mathbf{g}_2$、$\mathbf{g}_3$ 是约束力，保证被约束的键长保持恒定。

Ryckaert 等提出

$$m_a \ddot{\mathbf{r}}_a = \mathbf{F}_a + \mathbf{g}_a \approx \mathbf{F}_a + \mathbf{g}_a^{(\mathrm{r})} \tag{5-62}$$

式中，$\mathbf{g}_a^{(\mathrm{r})}$ 为约束力 $\mathbf{g}_a$ 的近似，利用 Verlet 算法求得

$$\mathbf{r}_a(t + \Delta t) = \mathbf{r}_a'(t + \Delta t) + (\Delta t)^2 / m_a \mathbf{g}_a^{(\mathrm{r})}(t) \tag{5-63}$$

式中，$\mathbf{r}_a'(t + \Delta t)$ 为没有约束时原子应到达的位置。由于约束力必须沿着键长方向，并且遵守牛顿第三定律，

$$\begin{cases} \mathbf{g}_1^{(\mathrm{r})} = \lambda_{12}\mathbf{r}_{12} \\ \mathbf{g}_2^{(\mathrm{r})} = \lambda_{23}\mathbf{r}_{23} - \lambda_{12}\mathbf{r}_{12} \\ \mathbf{g}_3^{(\mathrm{r})} = -\lambda_{23}\mathbf{r}_{23} \end{cases} \tag{5-64}$$

这里 λ_{12} 和 λ_{23} 是不定乘子，可由下列方法计算，

$$\begin{cases} \mathbf{r}_1(t+\Delta t) = \mathbf{r}_1'(t+\Delta t) + (\Delta t^2/m_1)^2\lambda_{12}\mathbf{r}_{12}(t) \\ \mathbf{r}_2(t+\Delta t) = \mathbf{r}_2'(t+\Delta t) + (\Delta t^2/m_2)^2\lambda_{23}\mathbf{r}_{23}(t) - (\Delta t^2/m_2)^2\lambda_{12}\mathbf{r}_{12}(t) \\ \mathbf{r}_3(t+\Delta t) = \mathbf{r}_3'(t+\Delta t) - (\Delta t^2/m_3)^2\lambda_{23}\mathbf{r}_{23}(t) \end{cases} \tag{5-65}$$

因此

$$\begin{cases} \mathbf{r}_{12}(t+\Delta t) = \mathbf{r}_{12}'(t+\Delta t) + \Delta t^2(m_1^{-1}+m_2^{-1})\lambda_{12}\mathbf{r}_{12}(t) - \Delta t^2 m_2^{-1}\lambda_{23}\mathbf{r}_{23}(t) \\ \mathbf{r}_{23}(t+\Delta t) = \mathbf{r}_{23}'(t+\Delta t) - \Delta t^2 m_2^{-1}\lambda_{12}\mathbf{r}_{12}(t) + \Delta t^2(m_2^{-1}+m_3^{-1})\lambda_{23}\mathbf{r}_{23}(t) \end{cases}$$

$$\tag{5-66}$$

对上述两式取模，并引入约束条件，得到 λ_{12} 和 λ_{23} 的二次方程组，再通过迭代法计算得到 λ_{12} 和 λ_{23}。

具有 n_c 个约束的多原子分子，求解不定乘子的每一步都要对 $n_c \times n_c$ 矩阵求逆，耗费额外的计算时间。对只有少数几个约束的小分子，矩阵求逆耗费的计算时间很少，上述约束算法非常有效。但是，对具有大量约束的大分子，上述方法效率低下。不过，对只有邻近原子在约束方程中相互关联的分子，这些矩阵退化为稀疏矩阵，有高效的处理稀疏矩阵的算法可以利用。Ryckaert 等提出的 SHAKE 算法，通过逐步调整原子坐标，使约束方程一个一个地得到满足，适合具有许多约束的大分子的模拟，是一高效的算法。

第 6 章　分子动力学模拟的技巧

6.1　周期性边界条件

6.1.1　周期性边界条件的物理内涵

物质的宏观性质由组成该物质的大量微观粒子的统计行为决定。要利用 MD 模拟方法准确地预报该物质的宏观性质,模拟体系必须包含足够多的微观粒子。当前,最先进的计算系统虽可以模拟多达 10^8 数量级的粒子,但大多数 MD 模拟者无法获得这样的计算设施或服务。除常规的基于 CPU 的计算机外,利用 GPU 技术更有可能模拟多达 10^9 数量级的原子。但是,即使拥有这样的计算设施,仍然无法充分满足 MD 模拟对计算能力的要求。事实上,即使模拟体系包含多达 10^{10} 个水分子,元胞的边长仍只有 $0.67\mu m$ 左右,具有显著的边界效应。

为了消除因模拟体系的规模限制而引起的边界效应,通常在 MD 模拟中引入周期性的边界条件(periodic boundary conditions,PBC)。引入周期性边界条件后,模拟体系成为无限的具有相同性质的分子体系的一部分,简称中心元胞。通过周期性边界条件,中心元胞的像在三维空间中周期性地重复出现,充满整个空间。这样,虽然 MD 方法只模拟实际物质的很小一部分,但由于所模拟体系的像在三维空间中周期性地出现,整个体系变成膺无穷大了。

图 6-1 是周期性边界条件的二维示意图。图中显示中心元胞中的任意一个位于 $\mathbf{r}_i = (x_i, y_i)$ 的粒子 i,其像粒子在二维空间中周期性地重复出现,对应的坐标位置为

$$\mathbf{r}_i' = (x_i + lL_x, y_i + mL_y) \tag{6-1}$$

式中,L_x 和 L_y 分别为中心元胞在 x 方向和 y 方向上的长度;l 和 m 为任意整数,标记不同的像元胞。对中心元胞,$l=0$,$m=0$;中心元胞右边的那个像元胞,$l=1$,$m=0$。在该像元胞中,粒子 i 的像坐标位置为 $\mathbf{r}_i' = (x_i + L_x, y_i)$。以此类推,只要在 x 方向和 y 方向不断重复中心元胞,像元胞就可以充满整个二维空间。如果在二维空间的上下方重复元胞,就能实现三维周期性边界条件。

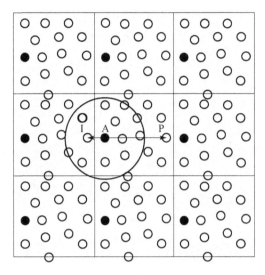

图 6-1　二维周期性边界条件与最近邻像约定

在进行 MD 模拟时，粒子不但可以在中心元胞内运动，还可以离开中心元胞，进入邻近的像元胞。同样，邻近像元胞中的像粒子也可以进入中心元胞。如果模拟时间足够长，模拟体系的所有粒子或像粒子可以在整个空间运动。在这过程中，周期性边界条件的作用是，当某个粒子 i 从中心元胞的一边离开中心元胞时，一定有一个像粒子从中心元胞的另一边进入该中心元胞。所以，中心元胞中的粒子种类和数量在模拟过程中保持不变。另外，即使某个分子的一部分离开中心元胞，另一部分仍留在中心元胞中，仍可以利用周期性边界条件重新再现完整的分子及其周围分子，消除边界效应。

6.1.2　周期性边界条件的实现

根据中心元胞的形状，可以采取不同的方法实现周期性边界条件。中心元胞的形状有立方体、三个方向不等长的长方体、三个轴不相互垂直的平行六面体、复杂的十二面体等。模拟小分子气体、液体、溶液等物质，模拟结果与中心元胞的形状没有关系。但是，模拟具有各向异性的晶体、液晶等物质，模拟结果与中心元胞形状有一定关系。一般地，中心元胞应尽可能与模拟体系有相同或相似的对称性。

目前，最常用的中心元胞是长方体元胞，用 FORTRAN 语言实现长方体元胞的周期性边界条件非常便利。对于位于 (x_i, y_i, z_i) 的粒子施加周期性边界条件，可用下列语句实现

$$x_i = x_i - L_x \times \text{ANINT}(x_i/L_x) \tag{6-2a}$$

$$y_i = y_i - L_y \times \text{ANINT}(y_i/L_y) \tag{6-2b}$$

$$z_i = z_i - L_z \times \text{ANINT}(z_i/L_z) \tag{6-2c}$$

式中，L_x，L_y，L_z 分别为中心元胞在 x，y，z 方向的长度；函数 ANINT 的作用是截取最靠近的整数。

施加周期性边界条件后，在模拟过程中不但需要考虑中心元胞中的粒子，还应考虑无穷多个像元胞中的无穷多个像粒子。因此，计算中心元胞中的任意一个粒子与其他粒子之间的相互作用时，不但需要计算位于中心元胞中的其他粒子与该粒子之间的相互作用，也要计算所有像元胞中的全部像粒子与该粒子之间的相互作用。为了计算具有周期性边界条件的模拟体系中粒子之间的相互作用，必须引入最近邻像约定，详见 6.2.2 节。

6.1.3　周期性边界条件的缺点

周期性边界条件的引入，虽然消除了边界效应，但同时也给模拟体系强加了一个实际并不存在的周期性，引起长程有序。因此，欲使模拟结果与实际宏观体系没有显著区别，模拟的中心元胞在各个方向上应该有足够的长度。虽然，对Lennard-Jones 粒子构成的液体，只要中心元胞的最小边长大于 6σ，周期性边界条件的引入不会对模拟结果产生显著影响。但是，如果模拟的粒子间存在以 $\sim r^{-a}$ 趋向于 0 的长程相互作用，且 a 小于模拟体系的空间维数，则粒子与其最近邻像粒子之间的相互作用将给各向同性的模拟体系强加与中心元胞相同的对称性。

周期性边界条件的引入，还抑制了长波涨落。因此，不能在 MD 模拟中再现波长大于中心元胞边长的密度涨落。特别是在气-液平衡、临界点等附近，由于存在宏观尺度的涨落，MD 方法不能模拟处于气-液平衡、临界点等附近的物质。周期性边界条件这种空间周期性的引入，也将引起模拟体系的虚假时间周期性，导致计算时间相关函数时出现不正常的尾巴，影响动力学性质的计算。

如果 MD 模拟体系中包含了合成高分子、生物大分子，必须保证中心元胞的尺度大于这些大分子的尺度；也要保证所模拟的大分子与其像分子之间有足够的水分子或其他溶剂分子，否则将导致模拟的失败。事实上，由于必须在中心元胞中充满水分子，MD 模拟生物大分子时大量的计算时间多被用于处理水分子，成为影响 MD 模拟生物大分子效率的一个重要原因。

总的来说，周期性边界条件的引入对 MD 模拟平衡体系，以及远离相变点的体系的热力学性质、结构性质的影响很小。但是，为了验证 MD 模拟结果的可靠性，必须在保持模拟体系密度不变的条件下改变模拟体系所包含的分子数目，进行多次模拟。同时，根据计算机的运算速度，尽可能地增大模拟体系的规模，也是一种保守却有效的习惯。

6.2　势函数的计算技巧

一个包含 N 个力点的模拟体系，存在 $C_N^2 \approx N^2/2$ 组两体相互作用、$C_N^3 \approx N^3/6$ 组三体相互作用以及 $C_N^4 \approx N^4/24$ 组四体相互作用。因此，两体、三体、四体相互作用的计算量分别与 N^2、N^3、N^4 成正比。考虑到模拟体系的 N 值一般在 1000 以上，计算力点间相互作用所耗费的计算时间，占 MD 模拟全部计算时间的 90% 以上。相反，求解运动方程的差分计算量与 N 成正比，随着 N 增大的速度并不显著。因此，提高 MD 模拟效率的核心是提高计算力点间相互作用的效率。

在采取了各种各样的计算技巧和近似后，两体力的计算量可以降低到 $N^{1+\alpha}$，α 为小于 1 的正数。在本节中，将着重介绍计算力点间相互作用的技巧和近似方法，以减小指数 α 的数值，降低计算量。

6.2.1　多体相互作用的有效两体势近似

除不存在分子间相互作用的理想气体，以及基本上只存在两体相互作用的高温、稀薄气体以外，液体、固体等大多数实际体系的分子间相互作用范围大于分子间平均距离，三体或以上的相互作用不能忽略。这样的系统的总势能应该写为

$$u = (1/2!)\sum\sum u_{ij} + (1/3!)\sum\sum\sum u_{ijk} + \cdots\cdots + (1/n!)\sum\sum\cdots\sum u_{ijk\cdots n}$$

$$(6\text{-}3)$$

式中，u_{ij} 为两体相互作用（pair-wise potential）；u_{ijk} 为三体相互作用（three-body potential）；$u_{ijk\cdots n}$ 为 n 体相互作用（n-body potential），求和不包括相同下标。从势函数的适用范围来看，两体势适用于所有的有机分子、无机小分子等，范围最广。三体势、四体势等总称为多体势（many-body potential），适用于金属和合金等金属晶体、半导体和 SiO_2 等共价巨分子化合物。

两体相互作用只与两个分子间的距离有关，与其他原子、分子的存在无关，只需一个两重循环就可计算总势能。相反，三体或多体势函数，两个分子之间的相互作用与周围原子的位置相关，需要两重以上的循环才能计算得到体系的总势能，计算量大大增加。

但是，只要不是高压、低温等情况，三体或以上的相互作用往往较两体相互作用微弱。因此式（6.3）可以近似为

$$u = (1/2)\sum\sum u_{ij}^{\text{eff}}$$

$$(6\text{-}4)$$

式中

$$u_{ij}^{\text{eff}} = u_{ij}\left(1 + (2/3!)\sum u_{ijk}/u_{ij} + \cdots\cdots + (2/n!)\sum\sum\cdots\sum u_{ijk\cdots n}/u_{ij}\right)$$

$$(6\text{-}5)$$

称为有效两体势（effective pair-wise potential），其物理意义是两粒子 i 和 j 处在其他粒子占有平均位置时的有效相互作用。有效两体势是一种对复杂的分子间相互作用的近似，表示所有其他分子处在平均位置时，i 和 j 两个分子之间的有效相互作用。两体势的计算效率较多体势高，引入有效两体势近似，可以大大提高分子间相互作用的计算效率。在实际 MD 模拟中，应根据模拟结果确定有效两体势近似是否成立。像金属、合金、硅酸盐、硼酸盐等体系，有效两体势近似不成立，必须引入三体或更高价的多体相互作用。

6.2.2　最近邻（小）像约定

考虑边长分别为 L_x，L_y，L_z 的长方体中心元胞，其中包含 N 个粒子，粒子之间只存在有效两体相互作用。在计算第一个粒子的受力时，必须计算位于长方体中心元胞中其他 $N-1$ 个粒子与该粒子的相互作用。原则上，还必须计算中心元胞外所有其他像粒子对该粒子的相互作用。周期性边界条件的施加，造成模拟体系的膺无限大，像粒子也膺无限多，使得计算无法实现。因此，在 MD 模拟中约定，任意一个粒子只与一个"最邻近"的粒子或像粒子发生相互作用，这就是最近邻（小）像约定（the nearest/minimum image convention）。应该注意，最近邻像约定不能用于像库仑相互作用那样的长程相互作用。

根据最近邻像约定，计算任意两个粒子之间的距离，可以完全不考虑这两个粒子是否均位于中心元胞之中，还是其中一个粒子位于中心元胞之中，另一个粒子位于中心元胞之外，甚或两个粒子都位于中心元胞之外，只要在坐标的每个方向上施加最近邻像变换，就可以得到这两个粒子之间的最近像距离。在图 6-1 中，计算粒子 A 与 P 之间的距离时，通过最近邻像变换得到 A 与 I 之间的距离。任意两个粒子之间的最近像距离，不大于中心元胞主对角线长度的一半，并且在 MD 模拟中，只计算具有最小像距离的那一对像粒子之间的相互作用。

6.2.3　势函数的截断近似

引入最近邻像约定后，计算中心元胞中任意一个粒子所受的相互作用，只需计算该粒子与中心元胞中所有其他粒子的最近邻像粒子之间的相互作用。对近程相互作用，一个粒子所受的相互作用主要来自少数近邻粒子，相距较远的粒子数目虽多，但对相互作用的贡献很少。因此，计算近程相互作用时，通常只需计算与粒子相距小于截断半径 r_c（cutoff distance）且位于截断球内的粒子的贡献，忽略截断球外相距大于 r_c 的所有粒子的贡献。这就是截断近似（truncation approximation）。对 Lennard-Jones 势能函数，如截断半径取 $r_c = 2.5\sigma$，则截断误差只有势阱深度的 1.6%。特别需要注意，在 MD 模拟中截断距离 r_c 不能超过中心元胞最小边长的 1/2；否则，截断近似将与最近邻像约定冲突，模拟无法进行。

截断近似的引入可以大大减少相互作用的计算量。以体积为 V 的立方体中心元胞为例，引入截断近似前需要计算的两体相互作用约为 $0.5N^2$ 对，引入截断近似后需要计算的两体相互作用约为 $0.5N^2 \times 4\pi r_c^3/3V$ 对，效果巨大。

引入截断近似对模拟结果的影响，相当于改变或调整分子间相互作用势能函数。例如，两个粒子之间的相互作用势能函数为 $u(r)$，引入截断半径为 r_c 的截断近似后，实际势函数调整为

$$u_{\text{cutoff}}(r) = \begin{cases} u(r), & r < r_c \\ 0, & r \geqslant r_c \end{cases} \tag{6-6}$$

截断近似引入的误差虽小，但截断势能函数 $u_{\text{cutoff}}(r)$ 在截断半径 r_c 处不连续，导致计算结果的不稳定。为了克服这个问题，常在截断近似的基础上，将两体势函数作向上平移，使截断半径 r_c 处势能函数为零，

$$u_{\text{shift}}(r) = \begin{cases} u(r) - u(r_c), & r < r_c \\ 0, & r \geqslant r_c \end{cases} \tag{6-7}$$

通过平移修正后，势函数虽被改造成一个连续势函数 $u_{\text{shift}}(r)$，但势函数的一阶导数即相互作用力仍不连续。同时，$u_{\text{shift}}(r)$ 的势阱深度也偏离了原势函数 $u(r)$ 的势阱深度，引起热力学性质的计算偏差。在实际 MD 模拟中，常在完成相互作用计算后，对 $u_{\text{shift}}(r)$ 进行长程修正（long-range correction）。在体积元 $\mathrm{d}V$ 内约有 $N\mathrm{d}V/V$ 个粒子，与中心元胞中的 N 个粒子共构成 $0.5N^2\mathrm{d}V/V$ 对相互作用，每对相互作用的势函数为 $u(r)$，势能的修正项为

$$u_{\text{lrc}} = \frac{N^2}{2V} \iiint_{r>r_c} u(r)\mathrm{d}V = \frac{2\pi N^2}{V} \int_{r_c}^{\infty} r^2 u(r)\mathrm{d}r \tag{6-8}$$

上述修正方法称为平均密度近似法。利用该方法，可以恢复原势能函数的大部分信息。但是，由于库仑势按 r^{-1} 衰减，上述积分发散，无法计算库仑势的修正项 u_{lrc}。

6.2.4　Verlet 近邻列表算法

引入截断近似后，虽然大大减少了需要计算的相互作用的粒子对数，但由于事先无法知道两个粒子间的距离，仍须进行许多无效的计算，以确定任意两个粒子对间的距离。考虑到粒子在每一步的模拟中只移动很小的距离，Verlet 引入了近邻列表算法（Verlet neighbor lists）。近邻列表算法需要在模拟开始时为中心元胞中的每一个粒子构造一个近邻粒子列表，把周围半径 r_1（$>r_c$）近邻球内的粒子全部罗列在近邻表中（图 6-2）。由于近邻球外的粒子不会很快运动到截断球内，在紧接着的若干步 MD 模拟中，只需计算中心粒子与列于近邻表中的粒子间的距离，而不需要计算中心粒子与不在近邻表中的其他粒子之间的距离，大大减少了需要计算粒子间距离的数量。但是，建立近邻列表后并不能一劳永逸，每经过若干步的模拟后，近邻球外的粒子就会运动到截断球内，这时必须更新近邻表。

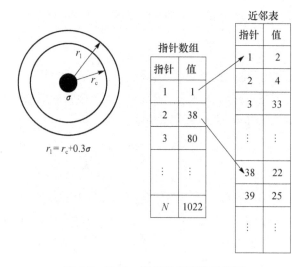

图 6-2　Verlet 近邻列表算法示意图

Verlet 近邻列表算法的关键是选取合适的近邻球半径 r_1，保证在更新近邻表前近邻球外的粒子，不会进入与中心粒子相距 r_c 的截断球内，但可以让位于截断球内的粒子离开近邻球。由此可知，增大近邻球的半径 r_1，虽可以延长更新近邻表的时间间隔，减少构造近邻表的计算时间，但近邻球中包含了更多的粒子，增加了需要计算的粒子间距离的数量。相反，降低近邻球的半径 r_1，虽然缩短了更新近邻表的时间间隔，增加了构造近邻表的计算时间，但近邻球中包含了更少的粒子，降低了需要计算的粒子间距离的数量。因此，选取合适的近邻球半径

r_1，实现更新近邻表和计算粒子间距离数量之间的平衡，可取得最佳的计算效果。

在 MD 模拟程序中，所有中心粒子的近邻粒子列表，存储在一个很大的近邻数组之中。若模拟体系的数密度为 ρ，则近邻数组约包含 $4\pi r_1^3 \rho N/6$ 个近邻粒子。此外，还需建立一个大小为 N 的指针数组，数组的每个元素分别指向近邻数组中存储各个中心粒子第一个近邻粒子的位置（图 6-2）。

6.2.5　格子索引算法

由于近邻表与模拟体系中包含的粒子数成正比，模拟体系越大，近邻表也越大。这不但大大增加了存储近邻表所需要的内存，还降低了构造近邻表的计算效率。Verlet 近邻表的一个改进是格子索引算法（cell index method）。

下面，仍以立方体中心元胞为例，说明格子索引算法（图 6-3）。在格子索引算法中，中心元胞被划分为 $m \times m \times m$ 个更小的立方体格子。只要格子的边长大于截断半径 r_c，与任意一个粒子有非零相互作用的粒子，必然位于该粒子所在的格子之中或与该格子接触的另外 26 个格子之中。因此，模拟过程只需计算位于这些格子中的粒子之间的相互作用。每个格子大约包含 $N_c = N/m^3$ 个粒子，计算某个粒子与其他粒子的作用力，共涉及约 $27N_c$ 对粒子。当 $27N_c < N$ 时，格子索引算法的计算量低于不利用格子索引算法的计算量。由于 $N_c = N/m^3$，因此 $27N/m^3 < N$ 或 $m > 3$。

MD 模拟程序中，应首先按所有粒子的位置确定其归属的格子，在接下来的模拟中可以每步都执行该过程以确定各粒子所归属的格子，不会增加额外的计算量。

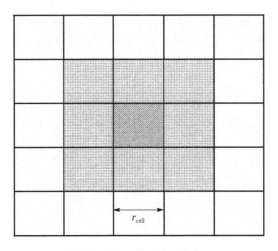

图 6-3　格子索引算法示意图

6.2.6　多步算法

在多步算法中，粒子 i 的近邻粒子被分为两类：第一类近邻粒子为那些质心落在以 i 粒子为中心，半径为 r_p 的第一近邻球内的粒子；第二类近邻粒子是指那些与 i 粒子的距离大于 r_p，但小于 r_c 的粒子。相应地，作用在 i 粒子上的力也被划分为第一类近邻粒子的贡献 $\mathbf{f}_i^\mathrm{p}$ 和第二类近邻粒子的贡献 $\mathbf{f}_i^\mathrm{s}$ 两部分。改变粒子 i 运动的力，主要来自 $\mathbf{f}_i^\mathrm{p}$ 的贡献，$\mathbf{f}_i^\mathrm{s}$ 的贡献不但较小且随时间的变化相对缓慢。多步算法正是利用了这些特点。

在多步算法中，先用通常方法计算 $\mathbf{f}_i^\mathrm{p}$ 和 $\mathbf{f}_i^\mathrm{s}$，同时计算 $\mathbf{f}_i^\mathrm{s}$ 对时间的直至三阶或更高阶的导数，并构造第一近邻表。在接下来的 $\tau_\mathrm{ms}-1$ 步模拟中，第一近邻表用于计算 $\mathbf{f}_i^\mathrm{p}$，$\mathbf{f}_i^\mathrm{s}$ 的 Taylor 展开用于计算 $\mathbf{f}_i^\mathrm{s}$。$\tau_\mathrm{ms}-1$ 步模拟后，需要重新构建第一近邻表，计算 $\mathbf{f}_i^\mathrm{s}$ 对时间的导数。对 Lennard-Jones 系统的模拟表明，多步算法能节约至少 3 倍以上的计算时间。

6.3　长程力的计算

6.3.1　周期性边界条件下的库仑势

库仑势是长程势，计算近程势的通常算法不适合库仑势的计算，必须发展特别的长程势算法。目前，最常用的库仑势算法是 Ewald 求和算法。Ewald 求和算法是 Ewald 在计算离子晶体晶格能时发展起来的一种有效算法，可以计算具有周期性边界条件体系中的离子间库仑相互作用。假设中心元胞中含有 N 个带电粒子，在最近邻像约定近似下这些粒子间的库仑势能为

$$u = \frac{1}{2}\sum_{i=1}^{N}\sum_{\substack{j=1\\j\neq i}}^{N}\frac{1}{4\pi\varepsilon_0}\frac{q_iq_j}{r_{ij}} \tag{6-9}$$

式中，q_i 为粒子 i 的电荷；r_{ij} 为粒子 i 和 j 间的最小像距离，$i\neq j$。但是，库仑势是长程势，最近邻像约定近似不成立，粒子 i 和 j 之间的库仑势不能仅限于粒子 i 和 j 的最小像粒子之间的库仑势，还应包括它们所有的像粒子之间的库仑势。因此，周期性边界条件下的库仑势为

$$u = \frac{1}{2}\sum_{n}{}'\sum_{i=1}^{N}\sum_{j=1}^{N}\frac{1}{4\pi\varepsilon_0}\frac{q_iq_j}{|\mathbf{r}_{ij}+\mathbf{n}|} \tag{6-10}$$

式中，第一个求和号遍及中心元胞及其所有的像元胞；"$'$"表示 i 和 j 都位于中

心元胞之中时（$n=0$），后面两个求和号应不包括 i 和 j 相等的情况（即 $i \neq j$）。当 $i=j$ 时，$r_{ij}=0$，求和项没有定义。这样，对库仑势的贡献不仅包括了中心元胞中任意两个粒子之间的库仑相互作用，也包括了中心元胞中的粒子与所有像粒子间的库仑相互作用。

6.3.2　Ewald 算法原理

由于库仑势仅按 r^{-1} 衰减，计算具有周期性边界条件体系库仑势的求和公式（6-10）收敛缓慢。特别是该求和公式是调和级数，既包含了同号电荷之间的正相互作用部分，又包含了异号电荷之间的负相互作用部分。如果对正负两部分分别求和，两部分均不收敛，因此，不能分别求和。在 Ewald 算法中，上述具有周期性边界条件的点电荷体系 $\rho_i(\mathbf{r})$ 的库仑势，被转化为两组新的电荷分布库仑势。如图 6-4 所示，第一组电荷分布如此构建：首先保留原来的那组点电荷，然后在每个电荷位置周围引入一个虚拟的电荷分布 $\rho_i^{\mathrm{I}}(\mathbf{r})$，与原来的点电荷具有相反的符号，用于屏蔽原来的点电荷。虚拟屏蔽电荷分布如下

$$\rho_i^{\mathrm{I}}(\mathbf{r}) = -\frac{q_i \alpha^3}{\pi^{3/2}} \exp(-\alpha^2 r^2) \tag{6-11}$$

式中，参数 α 控制虚拟屏蔽电荷的分散程度。其次，由于引入虚拟屏蔽电荷分布 $\rho_i^{\mathrm{I}}(\mathbf{r})$ 后，体系的电荷分布已经与原电荷分布不同，必须引入另一组虚拟电荷分布 $\rho_i^{\mathrm{II}}(\mathbf{r})$，用于抵消虚拟屏蔽电荷分布 $\rho_i^{\mathrm{I}}(\mathbf{r})$。

$$\rho_i^{\mathrm{II}}(\mathbf{r}) = \frac{q_i \alpha^3}{\pi^{3/2}} \exp(-\alpha^2 r^2) \tag{6-12}$$

因此，第二组虚拟电荷分布 $\rho_i^{\mathrm{II}}(\mathbf{r})$ 与虚拟屏蔽电荷 $\rho_i^{\mathrm{I}}(\mathbf{r})$ 的绝对值完全相同，

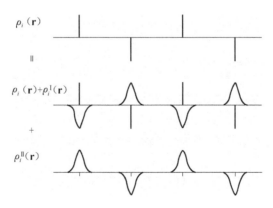

图 6-4　在 Ewald 求和算法中，一组点电荷 $\rho_i(\mathbf{r})$ 被转化为两组电荷之和

但符号相反。由于 $\rho_i^{\mathrm{I}}(\mathbf{r})$ 与 $\rho_i^{\mathrm{II}}(\mathbf{r})$ 刚好相互抵消，这样的处理不引入任何近似，而是一种数学处理方法，不影响求和公式的物理内涵。虽然在引入电荷分布 $\rho_i^{\mathrm{I}}(\mathbf{r})$ 与 $\rho_i^{\mathrm{II}}(\mathbf{r})$ 后，增加了计算库仑势的求和项数，但计算这些电荷分布的库仑势的收敛速度大大加快，反而有利于库仑势的计算。

Ewald 求和算法的计算量巨大。当 α 固定时，Ewald 求和算法的计算量与 N^2 成正比；如果允许调整 α 值，计算量可降低至 $N^{3/2}$。Ewald 求和算法的改进包括快速傅里叶变换法，其计算量与 $N\ln N$ 成正比。如果在此基础上增大 α 值，令正格子空间的求和项只限于截断半径 r_c 之内，倒格子空间中的求和与 N 成正比，整个求和的计算量仍与 $N\ln N$ 成正比。应该指出的是，Ewald 求和算法虽是目前唯一没有任何近似的计算库仑势的方法，但引入了虚拟的周期性。作为 Ewald 求和算法的改进，FFT 算法引入了更多的近似。因此，更好的计算库仑势的方法仍有待发展。

上面是对 Ewald 求和算法的简单介绍，目的是说明 Ewald 求和算法的大致思路。有关 Ewald 算法的数学细节，读者可以参考 *Molecular Modeling* 一书[143]。

6.3.3 反应场算法

在反应场（reaction field）算法中，作用在一个偶极矩 i 上的力被分为近程相互作用和长程相互作用两个部分。近程相互作用部分包括了反应球内（即截断半径 r_c 内）所有偶极矩对偶极矩 i 的相互作用，长程相互作用部分是反应球外（即截断半径 r_c 以外）的所有偶极矩对偶极矩 i 的相互作用。其中，反应球外的偶极矩被近似为介电常数 ϵ_s 的连续介质，并在反应球内形成一个反应场。由连续介质电动力学可以知道，作用在偶极矩 i 上的反应场的大小正比于反应球的矩。

$$\mathbf{E}_i = \frac{2(\epsilon_s - 1)}{\epsilon_s + 1}\frac{1}{r_c^3}\sum_{j,\,r_{ij}\leqslant r_c}\boldsymbol{\mu}_j \tag{6-13}$$

式中，$\boldsymbol{\mu}_j$ 为反应球内的偶极矩，求和遍及反应球内所有偶极矩，也包括偶极矩 i。偶极矩 i 与反应场的作用能的贡献为 $\mathbf{E}_i \cdot \boldsymbol{\mu}_i$ 被加到反应球内的相互作用上。

反应场算法的缺点是反应球内的偶极子数变化时，能量和受力的变化是不连续的，但可以通过一个开关函数来解决不连续问题。

6.4 温度和压力控制技术

MD 模拟方法发展初期，模拟都在微正则系综中进行，得到的热力学状态函数等均与微正则系综对应。但在化学化工、材料科学和工程、物理、生物医药等学科中应用最广泛的是正则系综和 NPT 系综。因此，必须发展正则系综和 NPT 系综中的 MD 模拟技术，开发必要的温度和压力调控算法。

6.4.1　恒温 MD 模拟

1. Woodcock 直接比例系数法

根据气体动理学理论，MD 模拟体系的温度由体系的总动能定义[17]，

$$K = \frac{1}{2}(3N - N_c)k_B T = \sum_{i=1}^{N} \frac{1}{2} m_i \, \mathbf{v}_i^2 \qquad (6\text{-}14)$$

因此，调控温度最直接的方法是用一个比例系数 λ 乘各个粒子的速度 $\mathbf{v}_{i,\text{adj}} = \lambda \mathbf{v}_i$，使调整速度后体系的温度等于 MD 模拟的设定温度 T_{set}，

$$\frac{1}{2}(3N - N_c)k_B T_{\text{set}} = \sum_{i=1}^{N} \frac{1}{2} m_i \, (\lambda \, \mathbf{v}_i)^2 = \lambda^2 \sum_{i=1}^{N} \frac{1}{2} m_i \, \mathbf{v}_i^2 \qquad (6\text{-}15)$$

由此可以计算用于调整速度的比例系数 $\lambda = \sqrt{T_{\text{set}}/T}$。因此，利用比例系数法调控速度，只需先计算模拟体系的实际温度 T，再根据模拟设定温度 T_{set} 计算用于调整速度的系数 λ，最后在所有粒子的速度上乘系数 λ 即可。

2. Berendsen 热浴法

比例系数法调控温度，调整温度前后的温差为

$$\Delta T = T_{\text{set}} - T = \lambda^2 T - T = (\lambda^2 - 1)T \qquad (6\text{-}16)$$

但是，如果在 MD 模拟中每步都把体系的温度调整到设定温度，限制了由多种物理化学过程引起的模拟体系温度的自然波动，反而导致模拟体系温度变化的不稳定，不利于体系达到平衡。因此，Berendsen 提出了一个可以类比实验控温方法的温度调控算法，使模拟体系与一个具有模拟设定温度的恒温热浴耦合，以达到控制温度的目的。具体是，当体系温度超过热浴温度时，体系向热浴释放热量；当体系温度低于热浴温度时，体系从热浴得到热量。模拟体系与热浴间的热量交换速度，分别与模拟体系和热浴之间的温差成正比[18]，

$$\frac{\mathrm{d}T(t)}{\mathrm{d}t} = \frac{1}{\tau_T}(T_{\text{bath}} - T(t)) \qquad (6\text{-}17)$$

引入恒温热浴后，模拟体系的温度将以下列渐近的方式接近热浴的温度，

$$T(t) = T_{\text{bath}} + (T(0) - T_{\text{bath}})e^{-t/\tau_T} \qquad (6\text{-}18)$$

式中，τ_T 为模拟系统与热浴之间的耦合时间，表示模拟系统恢复到热浴温度所需的平均时间。耦合时间 τ_T 越长，模拟系统与热浴之间的耦合越弱，恢复温度的速度越慢；耦合时间 τ_T 越短，模拟系统与热浴之间的耦合越强，恢复温度的速度越快。如果耦合时间等于模拟的时间步长 $\tau_T = \Delta t$，则 Berendsen 热浴算法与比例系数法一致。热浴法对应的速度调整系数 λ 为

$$\lambda = \sqrt{1 + \frac{\Delta t}{\tau_T}\left(\frac{T_{\text{bath}}}{T(t)} - 1\right)} \qquad (6\text{-}19)$$

在直接比例系数算法和 Berendsen 热浴算法中，模拟系统中各个粒子被乘以同一个系数，以达到调整温度的目的。但这两种温度调控方法模拟得到的都是近似正则系综。这些算法还存在一个严重的缺陷，造成模拟体系的多个组分的温度不一致，经常引起溶剂温度升高，溶质温度降低的现象，称为溶剂热、溶质冷效应（hot solvent，cold solute）。为了消除溶剂热、溶质冷效应，需要在模拟时对模拟系统中各种组分分别调整速度，但这将进一步引起能量在不同运动模式之间的分布。

3. Andersen 随机碰撞法[19]

在 Andersen 随机碰撞算法中，间隙地从模拟系统中随机选取一个粒子，并按 Maxwell-Boltzmann 分布重新设定该粒子的速度。在 Andersen 随机碰撞法中，既可以每次只重置一个粒子的速度，也可以每次重置多个粒子的速度，甚至全部粒子的速度。同时，速度的重置频率也可以调整，即可以每步模拟都调整速度，也可以模拟很多步才调整速度一次。但是，Andersen 算法的一个明显缺点是模拟产生的相轨迹不连续。

4. Nosé-Hoover 的扩展系统法[20-22]

在 Nosé-Hoover 的扩展系统算法中，每个粒子的运动方程中都被引入了一个外加的耦合项，代表各个粒子与恒温热浴的耦合，达到调控体系温度的目的。

$$\frac{\mathrm{d}\mathbf{r}_i(t)}{\mathrm{d}t} = \mathbf{v}_i(t) \qquad (6\text{-}20)$$

$$\frac{\mathrm{d}\mathbf{v}_i(t)}{\mathrm{d}t} = \frac{\mathbf{f}_i(t)}{m_i} - \xi(t)\mathbf{v}_i(t) \qquad (6\text{-}21)$$

式中，耦合系数 $\xi(t)$ 为系统与热浴之间的耦合强度。$\xi(t)$ 根据下列一阶微分方

程计算，

$$\frac{\mathrm{d}\xi(t)}{\mathrm{d}t} = \frac{1}{\tau_T^2}\left(\frac{T}{T_{\mathrm{set}}} - 1\right) \tag{6-22}$$

式中，τ_T 为耦合的时间常数，一般取 $0.5\sim2\mathrm{ps}$。Nosé-Hoover 的扩展系统算法相当于模拟系统增加了与温度对应的自由度，增加的自由度总动能为 $\frac{1}{2}Q\xi^2$，$Q = 3Nk_B T_{\mathrm{set}}\tau_T^2$ 代表与扩展自由度对应的虚拟质量。

6.4.2　恒压 MD 模拟

1. 比例系数恒压法

正如希望在 MD 模拟中控制系统的温度一样，也希望控制系统的压力。与现实世界中的实验方法一致，MD 模拟也是通过调整系统体积的方法控制系统的压力。系统压力和体积的变化由等温压缩系数关联，

$$\kappa = -\frac{1}{V}\left(\frac{\partial V}{\partial P}\right)_T \tag{6-23}$$

压力的调控算法与温度调控算法类似。在 Berendsen 的恒压活塞算法中，压力调控通过下式进行，

$$\frac{\mathrm{d}P(t)}{\mathrm{d}t} = \frac{1}{\tau_P}(P_{\mathrm{piston}} - P(t)) \tag{6-24}$$

式中，τ_P 为压力阻尼时间；P_{piston} 为由活塞强加于系统的压力；$P(t)$ 为 t 时刻系统的实际压力。由此可以得到系统的体积乘数 λ，

$$\lambda = 1 - \kappa\frac{\Delta t}{\tau_P}(P - P_{\mathrm{piston}}) \tag{6-25}$$

与温度的调控不同，如果通过在系统中各个粒子的位置坐标上乘以一个系数的方法，从而达到调整系统体积、控制压力的目的，则系统中原子间的键长也将被调整，引起错误的模拟结果。因此，简单的乘数算法不能用于模拟压力的调控，分子体系的实际模拟算法较上述方法复杂。另外一个重要的区别是，MD 模拟中的温度虽有波动，但并不显著；相反，MD 模拟中的压力波动巨大，是体系各种热力学量中波动最大的之一。

2. Andersen 扩展体系法

在 Andersen 扩展系统算法中，系统的哈密顿函数增加一扩展自由度项，与

系统体积对应，其动能和势能分别为 $\frac{1}{2}M\left(\frac{\mathrm{d}V}{\mathrm{d}t}\right)^2$ 和 PV，M 为活塞的质量[19]。

Andersen 提出的扩展体系恒压法是对 MD 模拟的重要贡献，后来启发 Nosé 提出扩展体系恒温法，以及 MD 模拟理论等一系列重大发展。但是，Andersen 扩展体系恒压法只允许中心元胞的体积作等比例的变化，不允许中心元胞形状的任何变化。后来，Parrinello 和 Rahman 提出的推广方法，才允许中心元胞体积和形状的同时变化[144]。

第 7 章 MD 模拟的统计力学基础

前面两章直观地介绍了 MD 模拟的基本算法和技巧，但这样的介绍不够严密，也缺乏坚实的理论基础。特别是在介绍 MD 模拟的差分算法时，只根据 Taylor 展开或常微分方程数值解的方法推导差分算法，没有用严格的经典力学理论或数学方法深入探讨和严格证明差分算法的稳定性和有效性。在介绍实现不同系综的 MD 模拟方法时，只通过直观的方法设计调控温度和压力的算法，没有严格证明这些算法所能实现的系综分布。

本章将介绍 MD 模拟的统计力学基础，主要包括 Hamilton 体系的统计力学，非 Hamilton 体系的统计力学，MD 模拟方法实现多种系综分布，演化算符和 MD 模拟差分算法的设计等内容。

统计力学是现代物理学的一个重要分支，也是 MD 模拟方法的理论基础。虽然本章将要介绍的许多统计力学内容大多包含在常见的统计力学教科书中；但是，由于大多数学习和应用 MD 模拟的化学化工、材料科学与工程、生物医药等专业的研究生并不熟悉或精通这些内容，因此仍有必要介绍与 MD 模拟有关的统计力学概念与理论基础，以便读者更加深入地理解 MD 模拟的理论，更好地利用 MD 模拟解决实际问题。

7.1 热力学的基本概念

7.1.1 热力学体系与状态

热力学和统计力学的研究对象，都是由大量原子、分子等微观粒子组成，并与其周围环境相互作用着的宏观体系，即热力学体系。只有少数几个微观粒子组成的体系没有代表性，不能称为热力学体系。在 MD 模拟中，首先必须保证所模拟体系包含足够多的微观粒子，具有代表性，否则模拟结果无法代表模拟体系的宏观性质、模拟无效。其次，热力学体系必须有限，热力学不研究由无限的原子、分子等微观粒子组成的无限体系。

首先在热力学和统计力学中，常根据体系与环境的相互作用对热力学体系进行分类：与环境没有任何相互作用的热力学体系称为孤立体系；与环境有能量交换但没有物质交换的体系称为封闭体系；与环境既有能量交换又有物质交换的体系称为开放体系。其次，也可以根据组成体系物质的化学性质对热力学体系进行分类：由一种化学物质组成的热力学体系称为单元系；由两种或以上的化学物质组分的热力学体系称为多元系。最后，还可以根据组成体系各区域的性质对热力学体系进行分类：各区域的所有性质完全相同的热力学体系称为均相体系；各区域具有不同的性质或各区域的性质具有差异的热力学体系称为非均相体系；若整个热力学体系的性质不均匀，但可以分割成若干个均相区域的热力学体系称为多相体系。

热力学体系的性质，不但与热力学体系的本质有关，也与体系所处的温度、压力等有关。例如，由气体组成的热力学体系，当体系的温度 T、压强 P 和体积 V 确定以后，体系的所有宏观性质就被确定。因此，温度、压强、体积等变量的集合，决定了体系性质，也决定了体系所处的热力学状态。任意热力学状态，所有状态参数都应有各自确定的数值；反之，一组确定的状态参数可以确定一个热力学状态。事实上，状态参数仅取决于体系所处的热力学状态本身，与体系达到该状态所经历的途径或过程无关。

热力学体系总是处在一定的宏观状态，但只有热力学平衡状态才可以用一组确定的参数描述，热力学非平衡状态则不能。热力学平衡状态是指那些在没有外界影响的条件下不随时间而变化的状态。显然，处于热力学平衡状态的体系，其内部必然存在着热平衡、力平衡，当有化学反应时还同时存在着化学平衡。需要指出的是，平衡状态只是一个理想的概念，世界上不存在不受外界影响、状态参数绝对不变的热力学体系。但是，在许多情况下，如果体系的实际状态偏离平衡状态并不远，将其处理成平衡状态可以大大简化分析和计算的复杂性。

热力学体系由大量微观粒子组成，即使热力学体系的宏观状态确定后，组成热力学体系的微观粒子仍可以处在不同的运动状态。因此，即使热力学体系的宏观状态完全确定，体系中各微观粒子的运动状态仍不确定。这种微观粒子的运动状态，总称为热力学体系的微观状态。在量子力学中，热力学体系的微观状态就是热力学体系中各微观粒子量子态的总和。

7.1.2　热力学体系宏观状态的描述

任意一个处于平衡状态的热力学体系，其宏观性质由一组独立的宏观参数确定，如体系的温度 T、压力 P 以及各组成成分的物质的量 n_1，n_2，$\cdots$，n_M 等。如果热力学体系处于重力场 $\mathbf{g}$、电场 $\mathbf{E}$、磁场 $\mathbf{H}$ 等外场中，则决定体系性质的还应包括 $\mathbf{g}$、$\mathbf{E}$、$\mathbf{H}$ 等外场强度参数。当这些描写热力学体系状态的参数选定后，热力学体系的热力学内能 U、焓 H、熵 S、自由能 F、自由能 G 等所有其他性质都可以表示为热力学体系状态参数的单值函数。

7.1.3　热力学体系微观状态的经典力学描述

根据经典力学理论，一个自由度为 f 的热力学体系的微观状态由 f 个广义坐标 q_i 和 f 个广义动量 p_i 确定，或以广义坐标矢量 $\mathbf{q}$ 和广义动量矢量 $\mathbf{p}$ 表示，简写为（$\mathbf{q}$，$\mathbf{p}$）。如果把 f 个广义坐标和 f 个广义动量看成 $2f$ 维空间中的 $2f$ 个坐标，就构成了状态空间，又称相空间或 Γ 空间。在相空间中，任何热力学体系在任一瞬间的微观状态，与相空间中的一个代表点对应。

在经典力学中，只要给定某初始时刻 t_0 时热力学体系中各粒子的广义坐标矢量 $\mathbf{q}(t_0)$ 和广义动量矢量 $\mathbf{p}(t_0)$，就可以由热力学体系的哈密顿运动方程单值地确定任意时刻 t 的 $\mathbf{q}(t)$ 和 $\mathbf{p}(t)$。并且，$\mathbf{q}(t)$ 和 $\mathbf{p}(t)$ 随时间连续变化，在相空间描绘出一连续曲线，称为相轨迹。

7.1.4　热力学体系微观状态的量子力学描述

在经典力学中，一个自由度为 f 的热力学体系，分别用 f 个广义坐标和 f 个广义动量表示。在量子力学中，自由度与描述热力学体系所需要的包括自旋等在内的独立坐标对应，并等于热力学体系的量子数。如果将热力学体系的各个可能量子态按适当的次序罗列，则可以以一组指标 $r=1$，2，3，$\cdots$ 标记量子态。因此，一个体系所处的微观状态可以用体系所处的量子态 r 表示。

根据测不准原理，当某个孤立热力学体系的总能量为 E 时，其实际总能量仍可以在某个有限的范围 $E \sim (E+\delta E)$ 内变化。这样的体系，即使 δE 在宏观上非常小，在微观上也非常大，包含大量的能级。此外，由于简并态的存在，一个由大量微观粒子组成的热力学体系，即使处在相同的能级，仍可处在不同的量子态。

7.1.5　热力学体系微观状态数

为了确定由连续的广义坐标矢量 $\mathbf{q}$ 和广义动量矢量 $\mathbf{p}$ 描述的热力学体系中微观状态的数目，将各广义坐标分量 q_i 和广义动量分量 p_i 的许可值分割成许多微小间隔，间隔的大小分别为 δq_i 和 δp_i。并且，乘积 $\delta q_i \times \delta p_i$ 等于一个与 i 无关、具有固定大小的任意微小常数。经过这样的分割后，相空间被分割成许多具有同样体积的 $2f$ 维体积元，称为相格。这些相格，既可以用位于相格内的一组广义坐标和广义动量（q_1，q_2，$\cdots$，q_f；p_1，p_2，$\cdots$，p_f）进行标记，也可以用一组

数字 $r=1$，2，3，…进行标记。根据经典力学理论，广义坐标和广义动量均可以连续变化，δq_i 和 δp_i 可以取任意微小的数值，因而，可以用相格以任意精度近似描写热力学微观状态 $(q_1，q_2，\cdots，q_f；p_1，p_2，\cdots，p_f)$。

虽然经典力学对 δq_i 和 δp_i 的大小没有任何限制，但是，根据 Heisenberg 测不准原理，任何测量方法不能同时精确测定广义坐标 q_i 及其对应的广义动量 p_i，这两个量的测量误差必须满足 $\delta q_i \times \delta p_i \geqslant h$。因此，在量子力学中相格不能任意地缩小，$2f$ 维相空间中相格体积也不能小于 $\prod_{i=1}^{f} \delta q_i \delta p_i = h^f$。所以，热力学体系的微观状态数必须有限。

当体系由 N 个独立的全同粒子组成时，可以把 $2f$ 维相空间分解为独立的 N 个 $2d$ 维子空间（d 为单个粒子的自由度或量子态）。这 $2d$ 维子空间称为子相空间或 μ 空间。如果 N 个粒子在某一时刻的运动状态都在 μ 空间中表示出来，那么，μ 空间中同时有 N 个代表点。这 μ 空间中 N 个代表点，与 Γ 空间中的一个代表点相对应。相空间中的体积元 $\mathrm{d}\Gamma$ 为

$$\mathrm{d}\Gamma = \mathrm{d}q_1 \mathrm{d}q_2 \cdots \mathrm{d}q_f \mathrm{d}p_1 \mathrm{d}p_2 \cdots \mathrm{d}p_f = \mathrm{d}\mathbf{q}\mathrm{d}\mathbf{p} \tag{7-1}$$

子相空间中的体积元 $\mathrm{d}\mu_i$ 为

$$\mathrm{d}\mu_i = \mathrm{d}q_{1,i} \cdots \mathrm{d}q_{d,i} \mathrm{d}p_{1,i} \cdots \mathrm{d}p_{d,i} = \mathrm{d}\mathbf{q}_i \mathrm{d}\mathbf{p}_i \tag{7-2}$$

若各子相空间中的体积元大小一致，则

$$\mathrm{d}\Gamma = \prod_{i=1}^{N} (\mathrm{d}q_{1,i} \cdots \mathrm{d}q_{d,i} \mathrm{d}p_{1,i} \cdots \mathrm{d}p_{d,i}) = (\mathrm{d}\mu)^N \tag{7-3}$$

7.1.6　热力学体系的演化和相轨迹

在任一时刻，热力学体系的状态由 Γ 空间中的一个代表点表示。当体系的状态发生变化时，体系的代表点在相空间中移动，其轨迹代表了体系的运动，称为相轨迹或相轨道。若体系为孤立体系，则相轨迹必定位于一个称为等能面的 $2f-1$ 维的相曲面上。显然，不同能量的等能面不能相交。由于不存在绝对的孤立体系，一般孤立体系的可能状态处在等能面 E 和 $E+\delta E$ 所包围的相体积内。

在经典力学中，根据热力学体系的哈密顿函数 $H(\mathbf{q}，\mathbf{p})$，可以写出一组哈密顿运动方程。只要确定了热力学体系的初始条件，即相空间中的一个初始点或 t_0 时刻的一组 $\mathbf{q}(t_0)$ 和 $\mathbf{p}(t_0)$，就可以计算得到热力学体系在相空间中的演化轨迹。由于哈密顿运动方程的解必须单值，热力学体系从不同的初始状态出发，在相空间中沿不同的轨迹运动，不能相交；同时，经过相空间中任何一点的相轨迹

只有一条。因此，热力学体系在相空间中代表点的运动轨迹，由热力学体系运动方程唯一确定。

7.2　统计系综和可实现状态

7.2.1　统计系综

在科学研究中，经常需要对各种天然或人工的体系进行观察或实验。但是，由于各种偶然或必然的原因，一次或少量几次观察或实验，不能保证全面掌握体系的特征，实现对体系行为的预测。为了全面掌握、正确预测体系的行为，一方面可以通过反复观察和记录不同时刻体系的行为，总结体系的长期统计行为，实现对体系的统计描述。另一方面，也可以在大量复制所观察体系的基础上同时观察和记录各个复制品体系的行为，作为研究体系行为的实验素材。在统计力学中，这些复制品体系的集合，称为统计系综。

因此，统计系综是统计力学的概念，表示大量具有相同宏观状态，但处在不同的微观状态的热力学体系的集合。这些热力学体系相互独立、无相互作用。也就是说，统计系综是热力学体系的集合，不是同一个热力学体系在相空间中的代表点的集合，也不是热力学体系微观状态的集合。统计系综不是实际存在的热力学体系，而是想象中的这些热力学体系的集合。从量子力学的角度看，统计系综是热力学体系所有可实现量子态的总和的形象化代表。

在复制热力学体系时，必须满足一定的条件：复制品热力学体系必须具有相同的化学组成、温度、压力、总能量等。在统计力学中，把具有相同的化学组成、体积、总能量的热力学体系的集合称为微正则系综，或 NEV 系综；把具有相同化学组成、体积、温度的热力学体系的集合称为正则系综，或 NVT 系综；把具有相同化学组成、压力、温度的热力学体系的集合称为 NPT 系综。

7.2.2　可实现微观状态数

可实现的微观状态也就是可实现的量子态，是宏观热力学体系在一定的约束条件下可能达到的量子态。微正则系综的约束条件是 N、E、V，因此微正则系综的可实现量子态的总数可以写成函数 $\Omega(N, E, V)$ 的形式。相应地，NVT 系综和 NPT 系综的约束条件分别是 N、V、T 或 N、P、T，可实现量子态的总数可分别写成函数 $\Omega(N, V, T)$ 和 $\Omega(N, P, T)$ 的形式。

7.3 各态历经假设与 MD 模拟

7.3.1 时间平均与系综平均

任何热力学体系都是由大量原子和分子组成的力学体系。根据牛顿定律，只要知道力学体系的初始状态，原则上可以求出任意时刻 t 的任何力学量 A 的数值 $A(\mathbf{q}, \mathbf{p}, t)$。并且，如果从 t_0 时刻开始，长时间地"跟踪"这个体系，这个体系的力学量 A 的时间平均 $\overline{A}$ 可由下式计算，

$$\overline{A} = \lim_{\tau \to \infty} \frac{1}{\tau} \int_{t_0}^{t_0 + \tau} A(\mathbf{q}, \mathbf{p}, t) \mathrm{d}t \tag{7-4}$$

在统计力学中，通常不采用时间平均近似力学量 A，而是采用系综平均近似力学量 A。假设热力学体系在可实现的微观状态 r 时对应的力学量的数值为 A_r，实现该微观状态的概率为 p_r，则力学量 A 的系综平均 $\langle A \rangle$ 为

$$\langle A \rangle = \sum_{\text{all states}} A_r p_r \tag{7-5}$$

式中，求和遍及热力学体系所有可实现的状态。也就是说，统计力学中的系综平均 $\langle A \rangle$ 是力学量 A 对所有可实现微观状态的加权平均。

时间平均和系综平均是计算力学量平均值或宏观量的两种不同方案。当热力学体系符合各态历经假设或准各态历经假设时，这两种方法计算得到的平均值完全一致。

7.3.2 各态历经与各态历经假设

根据牛顿力学，一个自由度为 f、总能量为 E 的热力学体系，其相轨迹被限制在相空间中的一个 $2f-1$ 维等能面 S_E 上，等能面由方程

$$H(\mathbf{q}, \mathbf{p}) = E \tag{7-6}$$

确定。如果从等能面上几乎所有状态点 $(\mathbf{q}, \mathbf{p})$ 出发的相轨迹，都能穿过等能面上每一个微小区域 R_E 的邻域，则等能面上状态点为各态历经。简言之，每个状态点将在运动过程中遍历整个等能面上的每个微小区域的邻域，计算力学量 A 的时间平均 $\overline{A}$ 时将采样几乎整个等能面。

任意一个力学量 $A(\mathbf{q}, \mathbf{p})$，在等能面上的相平均为

$$\langle A \rangle = \frac{1}{\Sigma(E)} \int_{S_E} A(\mathbf{q}, \mathbf{p}) \mathrm{d}S_E = \frac{1}{\Sigma(E)} \int_{\Gamma} \delta(H(\mathbf{q}, \mathbf{p}) - E) A(\mathbf{q}, \mathbf{p}) \mathrm{d}\mathbf{q} \mathrm{d}\mathbf{p} \tag{7-7}$$

式中，dS_E 是等能面的面积元，是热力学体系演化过程中的不变量；$\Sigma(E)$ 是等能面的总面积。

$$\Sigma(E) = \int_{S_E} dS_E = \int_{\Gamma} \delta(H(\mathbf{q}, \mathbf{p}) - E) d\mathbf{q} d\mathbf{p} \tag{7-8}$$

各态历经假设：一个处于任意初始状态的力学体系，经过足够长的时间后，其代表点将经过等能面上的任意一个点。

准各态历经假设：一个处于任意初始状态的力学体系，经过足够长的时间后，其代表点可以无限接近等能面上的任意一个点。

等概率假设：若一个热力学体系满足各态历经假设，并在等能面上相等面积中度过相等的时间，则体系在等能面上的一个给定区域 R_E 中度过的时间占总时间的比例等于面积 R_E 占总面积 $\Sigma(E)$ 的比例。因此，等能面上的所有微观状态出现的概率相等，概率密度为

$$p(\mathbf{q}, \mathbf{p}, S_E) = 1/\Sigma(E) \tag{7-9}$$

7.3.3　MD 模拟与各态历经假设

根据上述讨论，力学量 A 的平均值有时间平均和系综平均两种。如果体系遵守各态历经假设或准各态历经假设，则时间平均和系综平均的结果一致。

$$\overline{A} = \langle A \rangle \tag{7-10}$$

由于计算力学量 A 的系综平均 $\langle A \rangle$，需要知道系综所包含的无限多体系的力学量 A 在任一时刻的数值，这是任何实验都不能实现的。事实上，最多只能测量少数几个体系在有限时间内的时间平均；因此，实验测量得到的是力学量 A 的时间平均 $\overline{A}$，不是系综平均 $\langle A \rangle$。相反，统计力学方法计算得到的力学量 A 的平均值，是系综平均 $\langle A \rangle$，不是时间平均 $\overline{A}$。

在 MD 模拟中，用相对微小的模型体系近似由大量原子、分子组成的实际体系，并模拟模型体系随时间的演化。因此，MD 模拟得到的是模型体系的力学量 a 的时间平均 $\overline{a}$。为了以模型体系的时间平均 $\overline{a}$，近似实际体系的时间平均 $\overline{A}$ 或系综平均 $\langle A \rangle$，必须满足如下条件：

（1）模型体系必须大于实际体系的各种特征尺寸，能够近似实际体系中发生的物理化学过程。由小分子物质组成的均相体系，能够达到这样的要求。但是，对非常稀的溶液，必须保证体系中浓度最低的组分具有足够的分子数，否则模拟结果没有代表性。当用 MD 模拟研究高分子溶液时，模拟体系的尺寸也必须大于高分子的尺寸。当用 MD 模拟研究非均相体系时，更应该考虑模拟体系是否能够包含足够的体积，以正确描述各个非均相的部分。

（2）MD 模拟所对应体系在现实世界中的演化时间必须足够长，保证时间平均等于系综平均。在由小分子物质组成的均相体系中，发生的许多物理过程时间较短，模拟所对应的实际世界演化时间的要求通常也能达到。但是，高分子、生物分子等在溶液中的构型变化，发生的时间尺度往往可以达到 1ns 或更长，模拟时必须非常小心。当用 AIMD 模拟化学反应时，只有电子转移、质子转移等少数种类的化学反应的时间尺度在 1ns 量级，其他化学反应时间往往更长，难以用 AIMD 模拟实现。

（3）利用分子动力学模拟玻璃态等趋于平衡的速度非常缓慢的体系时也应注意，必须保证足够的演化时间和适当的外界条件，使体系达到平衡。否则，模拟结果没有代表性。

（4）模型体系的力场模型或力学模型必须足够精确，能够描述实际体系的性质。

7.4　体系可实现状态数的估计

根据等概率假设，通过计算体系可能实现的微观状态的总数 Ω，就可以得到孤立体系在各可能的微观状态的概率分布。

根据数学中的极限概念，可以将一个总能量为 E 的宏观热力学体系的能量细分为许多相互间隔为 δE 的微小区域；与数学中的极限不同，δE 不能是数学意义上的无穷小，必须仍然包括足够多的微观状态。一方面，δE 必须在宏观上非常小，与体系的总能量相比是非常小的量，与能量的任何宏观测量的预期误差相比也非常微小。另一方面，δE 又必须在微观上足够大，远远大于体系中单个粒子的能量，以及体系中相邻能级间的能量间隔。这样，可以引入态密度 $g(E)$ 的概念，

$$\Omega(E) = g(E)\delta E \tag{7-11}$$

式中，$g(E)$ 为能量 E 的光滑函数，与 δE 的大小无关。若体系总能量小于 E 的微观状态总数为 $\Phi(E)$，则

$$\Omega(E) = \Phi(E + \delta E) - \Phi(E) = \frac{\mathrm{d}\Phi}{\mathrm{d}E}\delta E = g(E)\delta E \tag{7-12}$$

因此，若已知 $\Phi(E)$ 与 E 的函数关系，便可求得 $\Omega(E)$。

7.5　统计系综的概率分布

统计系综中的热力学体系处在各可实现的微观状态 r 的概率称为统计系综的

概率分布，简称为统计分布，以 p_r 表示。若以能量 E 表征热力学体系，则统计分布也可称为能量分布，以 $p(E)$ 表示。概率分布也可以表示为体系的广义坐标和广义变量的函数 $f(\mathbf{q}, \mathbf{p}, t)$。

7.5.1　微正则系综

粒子数 N、能量 E、体积 V 都相同的孤立热力学体系组成的系综称为微正则系综。微正则系综必须是孤立的、与外界没有任何物质和能量的交换，其容器也必须刚性、没有任何体积变化。微正则系综的概率分布称为微正则分布。

$$p(E_r) = \begin{cases} 1/\Omega(N, E_r, V), & E \leqslant E_r < E + \delta E \\ 0, & E_r \geqslant E + \delta E \quad \text{或} \quad E_r < E \end{cases} \qquad (7\text{-}13)$$

式中，$\Omega(N, E_r, V)$ 为体系可实现的状态数。

7.5.2　正则系综

粒子数 N、温度 T、体积 V 都相同的热力学体系组成的系综称为正则系综。正则系综的热力学体系必须处在刚性容器之中、没有任何体积变化、与环境之间也没有物质的交换。但是，如果正则系综热力学体系与外界没有能量交换，则热力学体系的温度将因其组成粒子的动能与势能之间的相互转化而发生波动。为了保证正则系综热力学体系的温度恒定，每个热力学体系必须与一个热容巨大、温度为 T 的恒温热浴接触。同时，为了保证热力学体系与热浴随时处于热平衡状态，它们之间的热传导速度必须达到无穷大。因此，正则系综热力学体系的总能量是变化的、不是固定的。

正则系综的概率分布称为正则分布。体系处于总能量为 E_r 的某个微观状态 r 的概率为

$$p(E_r) = Z^{-1} \exp(-\beta E_r) \qquad (7\text{-}14)$$

式中，$\beta = 1/k_B T$；Z 为配分函数，由下列遍及所有的可能微观状态 r 的求和得到

$$Z = \sum_r \exp(-\beta E_r) \qquad (7\text{-}15)$$

7.5.3　巨正则系综

在微正则系综和正则系综中，体系与环境之间没有物质交换。但是，许多自然界存在的体系或实验室人工体系，都与外界发生物质交换。例如，在萃取分离

中，如果把其中的水相（或油相）作为研究对象（体系），则体系水相（或油相）与环境油相（或水相）间不但存在能量交换，也存在物质交换。巨正则系综正是这些与环境之间存在能量和物质交换的热力学体系的抽象。巨正则系综是温度 T、体积 V、化学势 μ 都相同的热力学体系的集合。从物理角度来看，巨正则系综所研究的热力学体系都与一个巨大的热浴和粒子源接触，彼此达到平衡状态。巨正则系综的体系也可理解为一个巨大的孤立体系中的一小部分，这一小部分与其他部分之间存在充分的物质和能量交换。

巨正则系综的体系处在总能量 E_s、粒子数 N_r 的量子态 r 的概率为

$$p(N_r, E_s) = \Xi^{-1} \exp(-\alpha N_r - \beta E_s) \qquad (7\text{-}16)$$

称为巨正则分布。巨正则系综的配分函数为

$$\Xi = \sum_{r,s} \exp(-\alpha N_r - \beta E_s) \qquad (7\text{-}17)$$

式中，求和遍及体系的所有可能量子态。

7.5.4 NPT 系综

前面讨论的三种正则系综中，微正则系综和正则系综分别对应由绝热壁或导热壁制造的刚性容器中的热力学体系。由于这两种正则系综的体积固定，它们的压力可以在很大的范围内波动。但是，大多数化学实验都在敞口容器或与外界压力平衡的容器中进行，体系的压力固定或几乎固定；相反，体系的体积却可以自由变化。这样的热力学体系构成 NPT 系综，是化学中最常用的系综。

NPT 系综常通过一具有可自由移动活塞、器壁导热性能良好、与巨大的恒温热浴接触的容器实现。活塞的质量决定体系的压力，恒温热浴的温度 T 决定体系的温度。

7.5.5 系综的热力学等同性

正则系综中体系的能量 E 在原则上虽可以取零与无穷大之间的任何许可值。但是，由于体系的能量 E 的相对涨落与 $N^{-1/2}$ 成正比，对由大量微观粒子组成的宏观体系（$N \gg 10^{10}$），能量的涨落几乎不可测量。因此，宏观体系的微正则系综与正则系综实际上相互等价。产生这种等价性的原因是，正则系综的概率分布和能量分布都存在尖锐的极大值，分别与微正则系综的概率分布和能量分布对应。由此可以认为，微正则分布是正则分布的一种极限情况。不管是用微正则系综，还是正则系综，计算得到的力学量的系综平均相同，称为系综的热力学等同性。

比较正则系综和巨正则系综，巨正则系综的宏观体系中粒子数的涨落极小，几乎所有宏观体系的粒子数都在平均粒子数的附近。因此，巨正则系综与拥有巨正则系综平均粒子数的正则系综等价。即使在粒子数涨落巨大的两相区或临界点附近，由正则分布或巨正则分布计算得到的力学量的系综平均仍然相同。

7.6　非 Hamilton 体系的统计理论

7.6.1　Liouville 方程

对任何经典力学体系，只要给定体系的 Hamilton 函数，

$$H(\mathbf{p},\mathbf{q}) \equiv H(q_1,\cdots,q_f;p_1,\cdots,p_f) = \sum_{i=1}^{f} \frac{p_i^2}{2m_i} + u(q_1,\cdots,q_f) \quad (7\text{-}18)$$

就可以得到体系的 Hamilton 运动方程，

$$\begin{cases} \dot{q}_i = \dfrac{\partial H}{\partial p_i} = \dfrac{p_i}{m_i} \\[2mm] \dot{p}_i = -\dfrac{\partial H}{\partial q_i} = -\dfrac{\partial u(q_1,\cdots,q_f)}{\partial q_i} = f_i \end{cases} \quad (7\text{-}19)$$

这正是第 5 章所讨论的内容。

　　Hamilton 运动方程具有重要的性质：首先，Hamilton 运动方程对时间反演可逆，当对运动方程的时间变量作 $t \to -t$ 变换时，运动方程不变。由于运动方程对时间反演可逆，对应的微观过程也对时间反演可逆，与时间的方向无关。其次，在体系随时间的演化过程中，体系的 Hamilton 函数守恒，

$$\frac{\mathrm{d}H}{\mathrm{d}t} = \sum_{i=1}^{f} \left(\frac{\partial H}{\partial q_i}\dot{q}_i + \frac{\partial H}{\partial p_i}\dot{p}_i \right) = \sum_{i=1}^{f} \left(\frac{\partial H}{\partial q_i}\frac{\partial H}{\partial p_i} - \frac{\partial H}{\partial p_i}\frac{\partial H}{\partial q_i} \right) = 0 \quad (7\text{-}20)$$

由于体系的 Hamilton 函数对应体系的总能量，它的守恒与能量守恒等价。

　　为了表述方便，引入新的符号 $\mathbf{x} \equiv (\mathbf{q},\ \mathbf{p}) = (q_1,\ \cdots,\ q_f;\ p_1,\ \cdots,\ p_f)$，用于统一表达并处理体系的广义坐标和广义动量。根据统计系综的概念，$\mathbf{x}$ 表示 $2f$ 维相空间中的一个矢量，对应相空间中的一个点，即代表点。同时，组成统计系综的任何一个经典力学体系，都与相空间中的一个代表点对应，而相空间中全部点的集合代表了统计系综的所有体系。在统计系综理论中，一个系综完全由系综分布函数 $f(\mathbf{q},\ \mathbf{p},\ t) \equiv f(\mathbf{x},\ t)$ 确定，系综分布函数满足 Liouville 方程，

$$\frac{\mathrm{d}f(\mathbf{x},t)}{\mathrm{d}t} = \frac{\partial f(\mathbf{x},t)}{\partial t} + \dot{\mathbf{x}} \cdot \nabla f(\mathbf{x},t) = 0 \quad (7\text{-}21)$$

式中，∇ 表示 $2f$ 维相空间中的梯度。Liouville 方程是系综分布函数 $f(\mathbf{x}, t)$ 守恒的直接结果，表明任意相空间体积中相点的变化等于流经该相体积边界的相点数。系综分布函数 $f(\mathbf{x}, t)$ 守恒也表明相空间度量守恒，即体积元

$$\mathrm{d}\Gamma = \mathrm{d}\mathbf{x}^{2f} = \mathrm{d}\mathbf{x} = \mathrm{d}\mathbf{q}^f \mathrm{d}\mathbf{p}^f = \mathrm{d}\mathbf{q}\mathrm{d}\mathbf{p} \tag{7-22}$$

是不变量。根据系综分布函数，可以计算任意力学量 $A(\mathbf{x})$ 的系综平均，

$$\langle A \rangle = \frac{\int \mathrm{d}\mathbf{x} f(\mathbf{x},t) A(\mathbf{x})}{\int \mathrm{d}\mathbf{x} f(\mathbf{x},t)} \tag{7-23}$$

7.6.2 非 Hamilton 体系的统计力学

假设，某动力学体系的广义坐标和广义动量的演化不符合 Hamilton 运动方程，但遵循下列运动方程，

$$\dot{\mathbf{x}} = \xi(\mathbf{x},t) \tag{7-24}$$

式中，$\xi(\mathbf{x}, t)$ 为体系的广义力，显含时间 t。由于体系的演化不遵循 Hamilton 运动方程，该动力学体系是非 Hamilton 体系。定义相空间的压缩率

$$\kappa(\mathbf{x},t) = \nabla \cdot \dot{\mathbf{x}} \tag{7-25}$$

根据统计力学理论，Hamilton 体系相空间不可压缩，压缩率 $\kappa(\mathbf{x}, t) \equiv 0$，相空间体积元 $\mathrm{d}\Gamma = \mathrm{d}\mathbf{x}^{2f}$ 是不变量。相反，非 Hamilton 体系相空间可压缩，压缩率 $\kappa(\mathbf{x}, t) \neq 0$，相空间体积元 $\mathrm{d}\Gamma = \mathrm{d}\mathbf{x}^{2f}$ 不再是不变量。

对于该非 Hamilton 体系，如果 0 时刻体系处于初始相点 $\mathbf{x}_0$，t 时刻体系演化到相点 $\mathbf{x}_t$，则演化前后的两个相点可以通过 Jacobi 变换矩阵联系起来。

$$J(\mathbf{x}_t ; \mathbf{x}_0) = \frac{\partial(x_t^1, \cdots, x_t^{2f})}{\partial(x_0^1, \cdots, x_0^{2f})} \tag{7-26}$$

式中，$J(\mathbf{x}_0 ; \mathbf{x}_0) = 1$，$J(\mathbf{x}_t ; \mathbf{x}_0)$ 随时间的演化由下列方程给出

$$\frac{\mathrm{d}}{\mathrm{d}t} J(\mathbf{x}_t ; \mathbf{x}_0) = \kappa(\mathbf{x}_t,t) J(\mathbf{x}_t ; \mathbf{x}_0) \tag{7-27}$$

由上式可知，只有压缩率 $\kappa(\mathbf{x}_t, t)$ 恒等于 0 的 Hamilton 体系，Jacobi 矩阵 $J(\mathbf{x}_t ; \mathbf{x}_0)$ 才恒等于 1。相反，非 Hamilton 体系的相空间度量或体积元按下式变换，

$$\mathrm{d}\mathbf{x}_t = J(\mathbf{x}_t ; \mathbf{x}_0) \mathrm{d}\mathbf{x}_0 \tag{7-28}$$

仅当 $J(\mathbf{x}_t ; \mathbf{x}_0) \equiv 1$ 时，$\mathrm{d}\mathbf{x}_t \equiv \mathrm{d}\mathbf{x}_0$；当 $J(\mathbf{x}_t ; \mathbf{x}_0) \neq 1$ 时，$\mathrm{d}\mathbf{x}_t \neq \mathrm{d}\mathbf{x}_0$。

虽然在 Hamilton 体系中，体积元 $\mathrm{d}\Gamma$ 是不变量，但在非 Hamilton 体系统计

理论中，不变度量取如下形式，

$$\mathrm{d}\Gamma' = \sqrt{g(\mathbf{x},t)}\,\mathrm{d}\mathbf{x} \qquad (7\text{-}29)$$

式中，度量因子 $\sqrt{g(\mathbf{x},\ t)}$ 由下式计算，

$$\sqrt{g(\mathbf{x},t)} = \exp(-w(\mathbf{x},t)) \qquad (7\text{-}30)$$

函数 $w(\mathbf{x},\ t)$ 与压缩率 $\kappa(\mathbf{x},\ t)$ 的关系为

$$\frac{\mathrm{d}w(\mathbf{x},t)}{\mathrm{d}t} = \kappa(\mathbf{x}_t,t) \qquad (7\text{-}31)$$

与 Hamilton 体系的 Liouville 方程对应，非 Hamilton 体系的概率分布函数 $f(\mathbf{x},\ t)$ 满足广义 Liouville 方程，

$$\frac{\partial}{\partial t}(\sqrt{g}f) + \nabla \cdot (\dot{\mathbf{x}}\sqrt{g}f) = 0 \qquad (7\text{-}32)$$

在没有外界驱动力或与时间显式相关的作用力的条件下，非 Hamilton 体系微正则系综可以通过不变度量定义。如果动力系统存在 M 个守恒量 $K_\lambda(\mathbf{x})$ 满足

$$\frac{\mathrm{d}K_\lambda(\mathbf{x})}{\mathrm{d}t} = 0, \quad \lambda = 1,\cdots,M \qquad (7\text{-}33)$$

则微正则系综的分布函数为

$$f(\mathbf{x}) = \prod_{\lambda=1}^{M}\delta(K_\lambda(\mathbf{x}) - \overline{K}_\lambda) \qquad (7\text{-}34)$$

对应的配分函数为

$$\Omega(N,V,\overline{K}_1,\cdots,\overline{K}_M) = \int \mathrm{d}\mathbf{x}\,\sqrt{g(\mathbf{x})}\prod_{\lambda=1}^{M}\delta(K_\lambda(\mathbf{x}) - \overline{K}_\lambda) \qquad (7\text{-}35)$$

7.6.3　扩展 Hamilton 体系的 MD 模拟

在正则系综和 NPT 系综 MD 模拟理论的发展过程中，Andersen 引入的调控体系压力的扩展体系方法是朝着建立正确的、系统一致的 MD 模拟理论方向迈出的第一步[19]。不久，这种方法便被 Nosé 和 Hoover 用于调控模拟体系的温度[21,22]。后来，这种扩展体系方法被进一步统一在扩展 Hamilton 体系 MD 模拟的概念之下，用于系统地推导各种非微正则系综的 MD 模拟算法，成为实现各种系综的 MD 模拟的主要方法[27,145,146]。

由于扩展 Hamilton 体系的 MD 模拟理论，牵涉复杂的数学推导，不为一般的 MD 模拟使用者所熟悉；因此，不追求数学上的完善，只介绍扩展 Hamilton

体系 MD 模拟理论的大致思路，感兴趣的读者可以参考有关原始文献。

1. Nosé 算法

受 Andersen 在恒压 MD 模拟中通过引入广义变量扩展 Hamilton 函数的思想启发，1984 年 Nosé 提出了在恒温 MD 模拟中通过引入额外变量扩展 Hamilton 函数的方法，实现模拟体系与热浴之间的耦合[20,21]。具体方法是：引入额外的广义坐标 s 及其对应的动量 p_s 作为体系的额外自由度，利用与广义坐标 s 对应的广义力修正体系中各粒子的速度，实现体系与热浴之间的耦合。Nosé 扩展体系的 Hamilton 函数为

$$H(\mathbf{r}, \mathbf{p}, s, p_s) \equiv \sum_{i=1}^{N} \frac{\mathbf{p}_i^2}{2m_i s^2} + u(\mathbf{r}_1, \cdots, \mathbf{r}_N) + \frac{p_s^2}{2Q} + 3Nk_{\mathrm{B}}T\ln s \qquad (7\text{-}36)$$

扩展体系的运动方程为

$$\begin{cases} \dot{\mathbf{r}}_i = \dfrac{\partial H}{\partial \mathbf{p}_i} = \dfrac{\mathbf{p}_i}{m_i s^2} \\[2mm] \dot{\mathbf{p}}_i = -\dfrac{\partial H}{\partial \mathbf{q}_i} = -\dfrac{\partial u(\mathbf{r}_1, \cdots, \mathbf{r}_N)}{\partial \mathbf{r}_i} = \mathbf{f}_i \\[2mm] \dot{s} = \dfrac{\partial H}{\partial p_s} = \dfrac{p_s}{Q} \\[2mm] \dot{p}_s = -\dfrac{\partial H}{\partial s} = \dfrac{1}{s}\left(\sum_{i=1}^{N} \dfrac{\mathbf{p}_i^2}{m_i s^2} - 3Nk_{\mathrm{B}}T\right) \end{cases} \qquad (7\text{-}37)$$

Nosé 方法的最大贡献是通过扩展体系 Hamilton 函数的方法，在 MD 模拟中实现正则分布，成为 MD 模拟理论的基础。但是，Nosé 方法是通过对虚拟时间的等距采样来实现正则分布，但在真实时间上不能等距采样，给后期计算和处理带来困难。同时，Nosé 的扩展 Hamilton 函数不满足辛几何结构，无法采用目前在效率和稳定性上最好的辛算法，对简单体系的模拟也不满足准各态历经假设[23]。

2. Nosé-Hoover 算法

为了克服 Nosé 方法的缺点，Hoover 发展了 Nosé 的扩展体系 MD 模拟方法，实现了正则系综的 MD 模拟。Hoover 的扩展体系运动方程具有如下形式[21,22]，

$$
\begin{cases}
\dot{\mathbf{r}}_i = \dfrac{\mathbf{p}_i}{m_i} \\[2ex]
\dot{\mathbf{p}}_i = \mathbf{f}_i - \mathbf{p}_i \dfrac{p_\eta}{Q} \\[2ex]
\dot{\eta} = \dfrac{p_\eta}{Q} \\[2ex]
\dot{p}_\eta = \displaystyle\sum_{i=1}^{N} \dfrac{\mathbf{p}_i^2}{m_i} - 3Nk_{\mathrm{B}}T
\end{cases}
\tag{7-38}
$$

可以证明，Nosé-Hoover 扩展体系中下列函数守恒，

$$
H'(\mathbf{r},\mathbf{p},\eta,p_\eta) \equiv \sum_{i=1}^{N} \frac{\mathbf{p}_i^2}{2m_i} + u(\mathbf{r}_1,\cdots,\mathbf{r}_N) + \frac{p_\eta^2}{2Q} + 3Nk_{\mathrm{B}}T\eta
$$

$$
= H(\mathbf{r},\mathbf{p}) + \frac{p_\eta^2}{2Q} + 3Nk_{\mathrm{B}}T\eta = C
\tag{7-39}
$$

根据相空间压缩率的定义式（7-25），

$$
\kappa(\mathbf{x},t) = \nabla_{\mathbf{x}} \cdot \dot{\mathbf{x}} = \sum_{i=1}^{N} \left(\frac{\partial}{\partial \mathbf{r}_i} \cdot \dot{\mathbf{r}}_i + \frac{\partial}{\partial \mathbf{p}_i} \cdot \dot{\mathbf{p}}_i \right) + \frac{\partial}{\partial \eta}\dot{\eta} + \frac{\partial}{\partial p_\eta}\dot{p}_\eta
\tag{7-40}
$$

代入 Nosé-Hoover 运动方程（7-38），得到

$$
\kappa(\mathbf{x},t) = -3N\dot{\eta}
\tag{7-41}
$$

代入式（7-27），得到 Jacobi 矩阵，

$$
J(\mathbf{x},t) = \exp(-3N\eta)
\tag{7-42}
$$

由式（7-30）和式（7-31）得到相空间度量，

$$
\sqrt{g} = \exp(3N\eta)
\tag{7-43}
$$

由式（7-35）得到体系的配分函数，

$$
\Omega(N,V,E) = \int \mathrm{d}\mathbf{p} \int \mathrm{d}\mathbf{r} \int \mathrm{d}p_\eta \, \mathrm{d}\eta \exp(3N\eta)\delta\!\left(H(\mathbf{r},\mathbf{p}) + \frac{p_\eta^2}{2Q} + 3Nk_{\mathrm{B}}T\eta - C\right)
$$

$$
\tag{7-44}
$$

利用 δ 函数的性质，对广义坐标 η 积分时，仅当

$$
\eta = \frac{1}{3Nk_{\mathrm{B}}T}\left(H(\mathbf{r},\mathbf{p}) + \frac{p_\eta^2}{2Q} - C\right)
\tag{7-45}
$$

积分才不为零，得到

$$
\Omega(N,V,E) = \frac{1}{3Nk_{\mathrm{B}}T} \int \mathrm{d}\mathbf{p} \int \mathrm{d}\mathbf{r} \int \mathrm{d}p_\eta \exp\!\left(\frac{1}{k_{\mathrm{B}}T}\left(C - H(\mathbf{r},\mathbf{p}) - \frac{p_\eta^2}{2Q}\right)\right) \propto Q(N,V,T)
$$

$$
\tag{7-46}
$$

与正则分布一致。

3. Nosé-Hoover 链算法

这是对正则系综 MD 模拟 Nosé-Hoover 算法的发展，通过使体系与 M 个广义坐标 η_j，广义动量为 p_{η_j}，广义质量为 Q_j 的热浴耦合的方法调控温度，实现正则系综 MD 模拟。相应地，扩展体系运动方程具有如下形式[27]，

$$
\begin{cases}
\dot{\mathbf{r}}_i = \dfrac{\mathbf{p}_i}{m_i} \\[2mm]
\dot{\mathbf{p}}_i = \mathbf{f}_i - \dfrac{p_{\eta_1}}{Q_1}\mathbf{p}_i \\[2mm]
\dot{\eta}_j = \dfrac{p_{\eta_j}}{Q_j}, \quad j = 1,\cdots,M \\[2mm]
\dot{p}_{\eta_1} = \left(\sum_{i=1}^{N} \dfrac{\mathbf{p}_i^2}{m_i} - 3Nk_{\mathrm{B}}T \right) - \dfrac{p_{\eta_2}}{Q_2}p_{\eta_1} \\[2mm]
\dot{p}_{\eta_j} = \left(\dfrac{p_{\eta_{j-1}}^2}{Q_{j-1}} - k_{\mathrm{B}}T \right) - \dfrac{p_{\eta_{j+1}}}{Q_{j+1}}p_{\eta_j}, \quad j = 2,\cdots,M-1 \\[2mm]
\dot{p}_{\eta_M} = \dfrac{p_{\eta_{M-1}}^2}{Q_{M-1}} - k_{\mathrm{B}}T
\end{cases}
\tag{7-47}
$$

可以证明，下列量守恒，

$$
H'(\mathbf{r},\mathbf{p},\eta,p_\eta) \equiv \sum_{i=1}^{N} \frac{\mathbf{p}_i^2}{2m_i} + \sum_{j=1}^{M} \frac{p_{\eta_j}^2}{2Q_j} + u(\mathbf{r}_1,\cdots,\mathbf{r}_N) + 3Nk_{\mathrm{B}}T\eta_1 + k_{\mathrm{B}}T\sum_{j=2}^{M}\eta_j
\tag{7-48}
$$

可以得到相空间的压缩率，

$$
\kappa(\mathbf{x},t) = -3N\dot{\eta}_1 - \sum_{j=2}^{M}\dot{\eta}_j
\tag{7-49}
$$

对应的相空间度量为

$$
\sqrt{g} = \exp\left(3N\eta_1 + \sum_{j=2}^{M}\eta_j\right)
\tag{7-50}
$$

4. 对元胞体积的各向同性调整实现 NPT 系综

NPT 系综是比正则系综更难实现的系综，在模拟过程中不但要调控温度，还必须通过调整体系的体积实现对压力的调控。因此，实现 NPT 系综 MD 模拟

的关键是把元胞体积作为动力学变量，实现对压力的调控。在下列运动方程中，通过对元胞体积作各向同性调整实现 NPT 系综[147]，

$$
\begin{cases}
\dot{\mathbf{r}}_i = \dfrac{\mathbf{p}_i}{m_i} + \dfrac{p_\varepsilon}{W}\mathbf{r}_i \\[3mm]
\dot{\mathbf{p}}_i = \mathbf{f}_i - \left(1 + \dfrac{1}{N}\right)\dfrac{p_\varepsilon}{W}\mathbf{p}_i - \dfrac{p_\eta}{Q}\mathbf{p}_i \\[3mm]
\dot{V} = \dfrac{3Vp_\varepsilon}{W} \\[3mm]
\dot{p}_\varepsilon = 3V(P_{\text{int}} - P_{\text{ext}}) + \dfrac{1}{N}\sum_{i=1}^{N}\dfrac{\mathbf{p}_i^2}{m_i} - \dfrac{p_\eta}{Q}p_\varepsilon \\[3mm]
\dot{\eta} = \dfrac{p_\eta}{Q} \\[3mm]
\dot{p}_\eta = \sum_{i=1}^{N}\dfrac{\mathbf{p}_i^2}{m_i} + \dfrac{p_\varepsilon^2}{W} - (3N+1)k_{\text{B}}T
\end{cases}
\tag{7-51}
$$

式中，p_ε 为与元胞体积的对数 $\varepsilon = \dfrac{1}{3}\ln(V/V_0)$ 关联的广义动量；W 为恒压器的广义质量；η、p_η、Q 分别为与热浴对应的广义坐标、广义动量和广义质量；P_{ext} 为施加的外压；P_{int} 为体系的内压，按照下面公式计算

$$
P_{\text{int}} \equiv \frac{1}{3V}\left(\sum_{i=1}^{N}\frac{\mathbf{p}_i^2}{2m_i} + \sum_{i=1}^{N}\mathbf{r}_i \cdot \mathbf{f}_i - (3V)\frac{\partial u(\mathbf{r},V)}{\partial V}\right)
\tag{7-52}
$$

可以证明，下列量守恒，

$$
H'(\mathbf{r},\mathbf{p},V,p_\varepsilon,\eta,p_\eta) = \sum_{i=1}^{N}\frac{\mathbf{p}_i^2}{2m_i} + \frac{p_\varepsilon^2}{2W} + \frac{p_\eta^2}{2Q} + u(\mathbf{r},V) + (3N+1)k_{\text{B}}T\eta + P_{\text{ext}}V
\tag{7-53}
$$

可以得到相空间的压缩率，

$$
\kappa(\mathbf{x},t) = \nabla \cdot \dot{\mathbf{x}} = -(3N+1)\dot{\eta}
\tag{7-54}
$$

对应的 Jacob 矩阵为

$$
J(\mathbf{x},t) = \exp(-(3N+1)\eta)
\tag{7-55}
$$

相空间度量为

$$
\sqrt{g} = \exp((3N+1)\eta)
\tag{7-56}
$$

7.7　演化算符与差分格式

利用差分法求解经典力学体系运动方程时，随着差分过程的不断推进，差分

轨迹并不收敛于实际轨迹,而是离开实际轨迹越来越远。虽然,差分轨迹的误差随时间步长 Δt 的缩短而降低,但缩短时间步长 Δt 需要以更多的差分步为代价,才能实现相同的实际演化时间。因此,在 MD 模拟中需要在可以容忍误差的前提下,尽可能地延长时间步长 Δt,以减少需要进行的差分步数。

在 MD 模拟发展的早期,普遍采用 Taylor 展开法设计差分格式,把坐标 $\mathbf{r}(t)$ 和速度 $\mathbf{v}(t)$ 在 $t=t_0$ 处展开成时间步长 Δt 的幂级数,导出差分格式。但是,采用这种方法设计的差分格式一般只能精确到时间步长 Δt 的两阶,而更高阶的差分格式不可避免地要求计算受力的空间导数,消耗大量计算时间。

在本节中,将介绍以 Liouville 算符表述的经典统计力学,并在此基础上引入演化算符,用于系统地设计 MD 模拟的差分格式。

7.7.1　Liouville 算符与演化算符

在经典统计力学中,Liouville 算符被定义为

$$i\mathbf{L} \equiv \sum_{i=1}^{N}\left(\frac{\partial H}{\partial \mathbf{p}_i}\frac{\partial}{\partial \mathbf{q}_i} - \frac{\partial H}{\partial \mathbf{q}_i}\frac{\partial}{\partial \mathbf{p}_i}\right) \tag{7-57}$$

相应地,Liouville 方程形式可以表达为

$$i\frac{\partial f}{\partial t} = \mathbf{L}f \tag{7-58}$$

体系的广义坐标和广义动量随时间的演化服从

$$\dot{\mathbf{x}} = i\mathbf{L}\mathbf{x} \tag{7-59}$$

如果已知体系的初始条件 $\mathbf{x}(0)$,则 Liouville 方程的形式解为

$$\mathbf{x}(t) = e^{i\mathbf{L}t}\mathbf{x}(0) \tag{7-60}$$

由于算符

$$\mathbf{U}(t) \equiv e^{i\mathbf{L}t} \tag{7-61}$$

与量子力学传播子 $e^{-i\hat{H}t/\hbar}$ 对应,$\mathbf{U}(t)$ 被称为经典传播子(classical propagator)或经典演化算符,简称传播子或演化算符。相应地,体系的广义坐标和广义动量的演化服从

$$\mathbf{x}(t) = \mathbf{U}(t)\mathbf{x}(0) \tag{7-62}$$

如果体系不是从 0 时刻开始演化,而是从 t_1 时刻演化到 t_2 时刻,则其演化算符可以写成

$$\mathbf{U}(t_2, t_1) \equiv \mathbf{U}(t_2 - t_1) \equiv e^{i\mathbf{L}(t_2 - t_1)} \tag{7-63}$$

演化算符具有一些特殊的性质，使得该算符成为 MD 模拟的理论基础。由于 Liouville 算符 **L** 为厄米算符，

$$\mathbf{L}^+ = \mathbf{L} \tag{7-64}$$

演化算符 $\mathbf{U}(t)$ 为酉算符，

$$\mathbf{U}^+(t)\mathbf{U}(t) = \mathbf{I} \tag{7-65}$$

且演化算符具有时间反演对称性，保证了力学体系微观过程的可逆性，

$$\mathbf{U}(-t) = \mathbf{U}^+(t) = \mathbf{U}^{-1}(t) \tag{7-66}$$

7.7.2　Trotter 定理

由于演化算符 $\mathbf{U}(t)$ 决定了体系状态随时间演化的规律，因此，任何经典力学问题都归结为从 Liouville 算符 **L** 求算演化算符 $\mathbf{U}(t)$。为了便于计算，把 Liouville 算符写成两项之和，

$$\mathbf{L} = \mathbf{L}_1 + \mathbf{L}_2 \tag{7-67}$$

但由于 Liouville 算符不具有对易性，

$$[\mathbf{L}_1, \mathbf{L}_2] \equiv \mathbf{L}_1\mathbf{L}_2 - \mathbf{L}_2\mathbf{L}_1 \neq 0 \tag{7-68}$$

演化算符不能因子化，

$$e^{i\mathbf{L}t} = e^{i(\mathbf{L}_1+\mathbf{L}_2)t} \neq e^{i\mathbf{L}_1 t}e^{i\mathbf{L}_2 t} \tag{7-69}$$

因此，无法直接利用演化算符推导 MD 模拟差分格式。幸运的是，数学中存在 Trotter 定理[148]，

$$e^{i(\mathbf{L}_1+\mathbf{L}_2)t} = \lim_{M\to\infty}(e^{\frac{i\mathbf{L}_2 t}{2M}}e^{\frac{i\mathbf{L}_1 t}{M}}e^{\frac{i\mathbf{L}_2 t}{2M}})^M \tag{7-70}$$

可用于设计差分格式。对有限的 M 值，得到

$$e^{i(\mathbf{L}_1+\mathbf{L}_2)t/M} \approx e^{\frac{i\mathbf{L}_2 t}{2M}}e^{\frac{i\mathbf{L}_1 t}{M}}e^{\frac{i\mathbf{L}_2 t}{2M}} \tag{7-71}$$

令 $\Delta t = t/M$ 为单步演化的时间步长，有

$$e^{i(\mathbf{L}_1+\mathbf{L}_2)\Delta t} \approx e^{i\mathbf{L}_2\Delta t/2}e^{i\mathbf{L}_1\Delta t}e^{i\mathbf{L}_2\Delta t/2} \tag{7-72}$$

由此得到 MD 模拟中的单个时间步的近似演化算符，

$$\widetilde{\mathbf{U}}(\Delta t) = e^{i\mathbf{L}_2\Delta t/2}e^{i\mathbf{L}_1\Delta t}e^{i\mathbf{L}_2\Delta t/2} \tag{7-73}$$

可以证明，近似演化算符 $\widetilde{\mathbf{U}}(\Delta t)$ 是酉算符，满足时间反演对称性条件，保证微观动力学过程的时间可逆性。同时，$\widetilde{\mathbf{U}}(\Delta t)$ 算符具有两阶精度，精确到 Δt^2。

7.7.3 Hamilton 体系的差分格式

1. 速度 Verlet 差分格式

利用近似演化算符式（7-73）可以系统地设计 MD 模拟差分格式，具有重要的意义。首先，把 Liouville 算符式（7-57）分解成两部分之和，

$$\mathrm{i}\mathbf{L}_1 \equiv \sum_{i=1}^{N} \frac{\partial H}{\partial \mathbf{p}_i} \frac{\partial}{\partial \mathbf{r}_i} = \sum_{i=1}^{N} \mathbf{v}_i \cdot \frac{\partial}{\partial \mathbf{r}_i} \tag{7-74}$$

$$\mathrm{i}\mathbf{L}_2 \equiv -\sum_{i=1}^{N} \frac{\partial H}{\partial \mathbf{r}_i} \frac{\partial}{\partial \mathbf{p}_i} = \sum_{i=1}^{N} \frac{\mathbf{f}_i}{m_i} \cdot \frac{\partial}{\partial \mathbf{v}_i} \tag{7-75}$$

这时，可以得到

$$\widetilde{\mathbf{U}}(\Delta t) = \exp\left(\frac{\Delta t}{2} \sum_{i=1}^{N} \frac{\mathbf{f}_i}{m_i} \cdot \frac{\partial}{\partial \mathbf{v}_i}\right) \exp\left(\Delta t \sum_{i=1}^{N} \mathbf{v}_i \cdot \frac{\partial}{\partial \mathbf{r}_i}\right) \exp\left(\frac{\Delta t}{2} \sum_{i=1}^{N} \frac{\mathbf{f}_i}{m_i} \cdot \frac{\partial}{\partial \mathbf{v}_i}\right)$$

$$\tag{7-76}$$

利用恒等式

$$\exp\left(c\frac{\partial}{\partial q}\right)g(q) = g(q+c) \tag{7-77}$$

以及近似演化算符的性质

$$\mathbf{r}_i(\Delta t) \approx \widetilde{\mathbf{U}}(\Delta t)\mathbf{r}_i(0) \tag{7-78}$$

$$\mathbf{v}_i(\Delta t) \approx \widetilde{\mathbf{U}}(\Delta t)\mathbf{v}_i(0) \tag{7-79}$$

可以得到

$$\mathbf{r}_i(\Delta t) = \mathbf{r}_i(0) + \Delta t \mathbf{v}_i(0) + \Delta t^2 \frac{\mathbf{f}_i(0)}{2m_i} \tag{7-80}$$

$$\mathbf{v}_i(\Delta t) = \mathbf{v}_i(0) + \frac{\Delta t}{2}(\mathbf{f}_i(0) + \mathbf{f}_i(\Delta t)) \tag{7-81}$$

上述两式虽与速度 Verlet 差分格式一致，但证明了这是满足辛对称性和时间反演对称性的差分格式。

2. 多重时间步长差分格式

下面利用 Trotter 定理推导具有多重时间步长的 MD 模拟差分格式[26]。首先，把分子体系的总势能写成快速变化的分子内势能 u_{intra} 和慢速变化的分子间势

能 u_{inter} 之和，

$$u = u_{intra} + u_{inter} \tag{7-82}$$

同时，相互作用力也可以写成分子间和分子内相互作用力之和，

$$\mathbf{f}_i = \mathbf{f}_i^{inter} + \mathbf{f}_i^{intra} \tag{7-83}$$

一般地，分子内相互作用和分子间相互作用分别对应高频运动和低频运动。这时，体系的 Liouville 算符可以写成

$$i\mathbf{L} = \sum_{i=1}^{N} \left(\mathbf{v}_i \frac{\partial}{\partial \mathbf{r}_i} + \left(\frac{\mathbf{f}_i^{inter}}{m_i} + \frac{\mathbf{f}_i^{intra}}{m_i} \right) \cdot \frac{\partial}{\partial \mathbf{v}_i} \right) \tag{7-84}$$

通过把总体 Liouville 算符写成没有分子间相互作用的参考态 $\mathbf{L}_{ref}$ 和分子间相互作用的校正项 $\Delta \mathbf{L}$ 之和，

$$\mathbf{L} = \mathbf{L}_{ref} + \Delta \mathbf{L} \tag{7-85}$$

$$i\mathbf{L}_{ref} = \sum_{i=1}^{N} \left(\mathbf{v}_i \frac{\partial}{\partial \mathbf{r}_i} + \frac{\mathbf{f}_i^{intra}}{m_i} \cdot \frac{\partial}{\partial \mathbf{v}_i} \right) \tag{7-86}$$

$$i\Delta \mathbf{L} = \sum_{i=1}^{N} \left(\frac{\mathbf{f}_i^{inter}}{m_i} \cdot \frac{\partial}{\partial \mathbf{v}_i} \right) \tag{7-87}$$

利用 Trotter 定理，演化算符可以写成

$$\widetilde{\mathbf{U}}(\Delta t) = e^{i\Delta \mathbf{L}\Delta t/2} e^{i\mathbf{L}_{ref}\Delta t} e^{i\Delta \mathbf{L}\Delta t/2} \tag{7-88}$$

式中

$$e^{i\Delta \mathbf{L}\Delta t/2} = \exp\left(\frac{\Delta t}{2} \sum_{i=1}^{N} \frac{\mathbf{f}_i^{inter}}{m_i} \cdot \frac{\partial}{\partial \mathbf{v}_i} \right) \tag{7-89}$$

通过令 $\Delta t \equiv n\delta t$（$n$ 为整数），将传播子的参考项 $e^{i\mathbf{L}_{ref}\Delta t}$ 因子化得到

$$e^{i\mathbf{L}_{ref}\Delta t} = \left(\exp\left(\frac{\delta t}{2} \sum_{i=1}^{N} \frac{\mathbf{f}_i^{intra}}{m_i} \frac{\partial}{\partial \mathbf{v}_i} \right) \exp\left(\delta t \sum_{i=1}^{N} \mathbf{v}_i \frac{\partial}{\partial \mathbf{r}_i} \right) \exp\left(\frac{\delta t}{2} \sum_{i=1}^{N} \frac{\mathbf{f}_i^{intra}}{m_i} \frac{\partial}{\partial \mathbf{v}_i} \right) \right)^n \tag{7-90}$$

这样就得到具有两种时间步长的传播子，短的时间步长 δt 对应快速变化的作用力，长的时间步长 $\Delta t = n\delta t$ 对应慢速变化的作用力。在 MD 模拟过程中，每更新快速变化的作用力 n 次，才更新慢速变化的作用力一次，使计算精度在两种具有不同变化速率的作用力之间达到平衡。

7.7.4　非 Hamilton 体系的差分格式

1. 正则系综的差分格式

利用 Nosé-Hoover 链算法的扩展 Hamilton 函数，可以得到体系的 Liouville

算符，

$$i\mathbf{L} = \sum_{i=1}^{N} \mathbf{v}_i \cdot \frac{\partial}{\partial \mathbf{r}_i} + \sum_{i=1}^{N} \frac{\mathbf{f}_i(\mathbf{r})}{m_i} \cdot \frac{\partial}{\partial \mathbf{v}_i} - \sum_{i=1}^{N} \upsilon_{\eta_1} \mathbf{v}_i \cdot \frac{\partial}{\partial \mathbf{v}_i}$$
$$+ \sum_{j=1}^{M} \upsilon_{\eta_j} \frac{\partial}{\partial \eta_j} + \sum_{j=1}^{M-1} (G_j - \upsilon_{\eta_j} \upsilon_{\eta_{j+1}}) \frac{\partial}{\partial \upsilon_{\eta_j}} + G_M \frac{\partial}{\partial \upsilon_{\eta_M}} \qquad (7\text{-}91)$$

其中，与热浴对应的广义力为

$$Q_1 G_1 = \sum_{i=1}^{N} m_i \mathbf{v}_i^2 - 3N k_{\mathrm{B}} T \qquad (7\text{-}92)$$

$$Q_j G_j = Q_{j-1} \upsilon_{\eta_{j-1}}^2 - k_{\mathrm{B}} T, \quad j > 1 \qquad (7\text{-}93)$$

把 Liouville 算符写成三项和的形式，

$$\mathbf{L} = \mathbf{L}_1 + \mathbf{L}_2 + \mathbf{L}_{\mathrm{NHC}} \qquad (7\text{-}94)$$

再利用 Trotter 定理，得到

$$\exp(i\mathbf{L}\Delta t) \approx \exp\left(i\mathbf{L}_{\mathrm{NHC}} \frac{\Delta t}{2}\right) \exp\left(i\mathbf{L}_1 \frac{\Delta t}{2}\right) \exp(i\mathbf{L}_2 \Delta t) \exp\left(i\mathbf{L}_1 \frac{\Delta t}{2}\right) \exp\left(i\mathbf{L}_{\mathrm{NHC}} \frac{\Delta t}{2}\right)$$
$$(7\text{-}95)$$

由此可以推导 MD 模拟的差分算法。

2. NPT 系综的差分格式（各向同性算法）

与 Nosé-Hoover 链算法类似，利用 NPT 系综的扩展 Hamilton 函数，可以得到体系的 Liouville 算符，

$$i\mathbf{L} = i\mathbf{L}_{\mathrm{NHC}} - \left(1 + \frac{1}{N}\right) \sum_{i=1}^{N} \upsilon_\varepsilon \mathbf{v}_i \cdot \frac{\partial}{\partial \mathbf{v}_i} + (G_\varepsilon - \upsilon_\varepsilon \upsilon_\eta) \frac{\partial}{\partial \upsilon_\varepsilon}$$
$$+ \upsilon_\varepsilon \frac{\partial}{\partial \varepsilon} + \sum_{i=1}^{N} (\mathbf{v}_i + \upsilon_\varepsilon \mathbf{r}_i) \cdot \frac{\partial}{\partial \mathbf{r}_i} + \sum_{i=1}^{N} \frac{\mathbf{f}_i(\mathbf{r})}{m_i} \cdot \frac{\partial}{\partial \mathbf{v}_i} \qquad (7\text{-}96)$$

式中

$$\mathbf{v}_i = \mathbf{p}_i / m_i \neq \dot{\mathbf{r}}_i \qquad (7\text{-}97)$$

$$G_\varepsilon = \frac{1}{W} \left(\left(1 + \frac{1}{N}\right) \sum_{i=1}^{N} m_i \mathbf{v}_i^2 + \sum_{i=1}^{N} \mathbf{r}_i \cdot \mathbf{f}_i(\mathbf{r}) - 3V \frac{\partial u(\mathbf{r}, V)}{\partial V} - 3 P_{\mathrm{ext}} V \right)$$
$$(7\text{-}98)$$

$$\varepsilon = \frac{1}{3} \lg(V/V_0) \qquad (7\text{-}99)$$

$i\mathbf{L}_{\mathrm{NHC}}$ 与正则系综的差分格式定义相同，但

$$G_1 = \frac{1}{Q_1} \Big(\sum_{i=1}^{N} m_i \mathbf{v}_i^2 + W v_\varepsilon^2 - (3N+1) k_{\mathrm{B}} T \Big) \tag{7-100}$$

体系的运动方程可以通过下列演化算符差分计算，

$$\exp(\mathrm{i}L\Delta t) \approx \exp\Big(\mathrm{i}\mathbf{L}_{\mathrm{NHCP}}\, \frac{\Delta t}{2}\Big) \exp\Big(\mathrm{i}\mathbf{L}_1\, \frac{\Delta t}{2}\Big) \exp\big(\mathrm{i}\mathbf{L}_2 \Delta t\big) \exp\Big(\mathrm{i}\mathbf{L}_1\, \frac{\Delta t}{2}\Big) \exp\Big(\mathrm{i}\mathbf{L}_{\mathrm{NHCP}}\, \frac{\Delta t}{2}\Big)$$

$$\tag{7-101}$$

$$\mathrm{i}\mathbf{L}_{\mathrm{NHCP}} = \mathrm{i}\mathbf{L}_{\mathrm{NHC}} + \mathrm{i}\mathbf{L}_{\mathrm{P}} \tag{7-102}$$

$$\mathrm{i}\mathbf{L}_{\mathrm{P}} = -\Big(1 + \frac{1}{N}\Big) \sum_{i=1}^{N} v_\varepsilon \mathbf{v}_i \cdot \nabla_{\mathbf{v}_i} + (G_\varepsilon - v_\varepsilon v_\eta) \frac{\partial}{\partial v_\varepsilon} \tag{7-103}$$

$$\mathrm{i}\mathbf{L}_1 = \sum_{i=1}^{N} \frac{\mathbf{f}_i(\mathbf{r})}{m_i} \cdot \frac{\partial}{\partial \mathbf{v}_i} \tag{7-104}$$

$$\mathrm{i}\mathbf{L}_2 = \sum_{i=1}^{N} (\mathbf{v}_i + v_\varepsilon \mathbf{r}_i) \cdot \frac{\partial}{\partial \mathbf{r}_i} + v_\varepsilon \frac{\partial}{\partial \varepsilon} \tag{7-105}$$

由此可以推导 MD 模拟的差分算法。

3. NPT 系综的差分格式（各向异性算法）

下面是允许元胞体积和形状作各向异性波动的 Liouville 算符，

$$\mathrm{i}L = \mathrm{i}\mathbf{L}_{\mathrm{NHC}} - \sum_{i=1}^{N} \Big(\Big(\overset{\leftrightarrow}{\mathbf{v}}_g + \frac{\mathrm{Tr}[\overset{\leftrightarrow}{\mathbf{v}}_g]}{3N} \overset{\leftrightarrow}{\mathbf{I}} \Big) \mathbf{v}_i \Big) \cdot \frac{\partial}{\partial \mathbf{v}_i} + \sum_{\alpha\beta} \big((\overset{\leftrightarrow}{\mathbf{G}}_g)_{\alpha\beta} - (\overset{\leftrightarrow}{\mathbf{v}}_g)_{\alpha\beta} v_{\eta_1} \big) \frac{\partial}{\partial (\overset{\leftrightarrow}{\mathbf{v}}_g)_{\alpha\beta}}$$

$$+ \sum_{\alpha\beta} (\overset{\leftrightarrow}{\mathbf{v}}_g \overset{\leftrightarrow}{\mathbf{h}})_{\alpha\beta} \frac{\partial}{\partial (\overset{\leftrightarrow}{\mathbf{h}})_{\alpha\beta}} + \sum_{i=1}^{N} (\mathbf{v}_i + \overset{\leftrightarrow}{\mathbf{v}}_g \mathbf{r}_i) \cdot \frac{\partial}{\partial \mathbf{r}_i} + \sum_{i=1}^{N} \frac{\mathbf{f}_i(\mathbf{r})}{m_i} \cdot \frac{\partial}{\partial \mathbf{v}_i} \tag{7-106}$$

式中

$$\mathbf{v}_i = \mathbf{p}_i / m_i \neq \dot{\mathbf{r}}_i \tag{7-107}$$

$$(\overset{\leftrightarrow}{\mathbf{G}}_g)_{\alpha\beta} = \frac{1}{W_g} \sum_{i=1}^{N} m_i (\mathbf{v}_i)_\alpha (\mathbf{v}_i)_\beta$$

$$+ \frac{1}{W_g} \Big(\Big(\frac{1}{3N} \sum_{i=1}^{N} m_i \mathbf{v}_i^2 - P_{\mathrm{ext}} V \Big) \delta_{\alpha\beta} + \sum_{i=1}^{N} (\mathbf{f}_i)_\alpha (\mathbf{r}_i)_\beta - (\overset{\leftrightarrow}{\mathbf{u}}' \overset{\leftrightarrow}{\mathbf{h}}{}^{\mathrm{t}})_{\alpha\beta} \Big)$$

$$\tag{7-108}$$

$\mathrm{i}\mathbf{L}_{\mathrm{NHC}}$ 与正则系综的差分格式定义相同，但

$$G_i = \frac{1}{Q_1} \Big(\sum_{i=1}^{N} m_i \mathbf{v}_i^2 + W_g \mathrm{Tr}(\overset{\leftrightarrow}{\mathbf{v}}_g{}^{\mathrm{t}} \overset{\leftrightarrow}{\mathbf{v}}_g) - (3N+9) k_{\mathrm{B}} T \Big) \tag{7-109}$$

体系的运动方程可以通过下列演化算符差分计算，

$$\exp(\mathrm{i}\mathbf{L}\Delta t) = \exp\left(\mathrm{i}\mathbf{L}_{\mathrm{NHCP}}\frac{\Delta t}{2}\right)\exp\left(\mathrm{i}\mathbf{L}_1\frac{\Delta t}{2}\right)\exp(\mathrm{i}\mathbf{L}_2\Delta t)\exp\left(\mathrm{i}\mathbf{L}_1\frac{\Delta t}{2}\right)\exp\left(\mathrm{i}\mathbf{L}_{\mathrm{NHCP}}\frac{\Delta t}{2}\right)$$

$$(7\text{-}110)$$

$$\mathrm{i}\mathbf{L}_{\mathrm{NHCP}} = \mathrm{i}\mathbf{L}_{\mathrm{NHC}} + \mathrm{i}\mathbf{L}_{\mathrm{P}} \tag{7-111}$$

$$\mathrm{i}\mathbf{L}_{\mathrm{P}} = \sum_{\alpha\beta}\left((\overset{\leftrightarrow}{\mathbf{G}}_g)_{\alpha\beta} - (\overset{\leftrightarrow}{\mathbf{v}}_g)_{\alpha\beta}\upsilon_{\eta_1}\right)\frac{\partial}{\partial(\overset{\leftrightarrow}{\mathbf{v}}_g)_{\alpha\beta}} - \sum_{i=1}^{N}\left(\left(\overset{\leftrightarrow}{\mathbf{v}}_g + \frac{\mathrm{Tr}[\overset{\leftrightarrow}{\mathbf{v}}_g]}{3N}\overset{\leftrightarrow}{\mathbf{I}}\right)\mathbf{v}_i\right)\cdot\frac{\partial}{\partial\,\mathbf{v}_i}$$

$$(7\text{-}112)$$

$$\mathrm{i}\mathbf{L}_1 = \sum_{i=1}^{N}\frac{\mathbf{f}_i(\mathbf{r})}{m_i}\cdot\frac{\partial}{\partial\mathbf{v}_i} \tag{7-113}$$

$$\mathrm{i}\mathbf{L}_2 = \sum_{i=1}^{N}(\mathbf{v}_i + \overset{\leftrightarrow}{\mathbf{v}}_g\mathbf{r}_i)\cdot\frac{\partial}{\partial\mathbf{r}_i} + \sum_{\alpha\beta}(\overset{\leftrightarrow}{\mathbf{v}}_g\overset{\leftrightarrow}{\mathbf{h}})_{\alpha\beta}\frac{\partial}{\partial(\overset{\leftrightarrow}{\mathbf{h}})_{\alpha\beta}} \tag{7-114}$$

由此可以推导 MD 模拟的差分算法。

第 8 章　第一性原理分子动力学模拟

8.1　经典 MD 模拟的局限性

经典 MD 模拟是一种计算原子、分子体系在相空间中运动轨迹的重要方法，在研究原子、分子体系的行为和性质方面具有重要的应用。但是，由于进行经典 MD 模拟，必须预先构建模拟体系的分子力场，限制了经典 MD 模拟的应用范围。事实上，如果没有模拟体系的分子力场，就无法利用经典 MD 模拟进行研究。此外，经典 MD 模拟结果的可靠性，取决于分子力场模型的正确性。如果分子力场模型不正确，模拟结果就不能正确反映模拟体系的实际行为和性质。

为了克服经典 MD 模拟的局限性，可以把第一性原理或半经验的电子结构计算方法与 MD 模拟结合起来，实现第一性原理分子动力学模拟（*ab initio* molecular dynamics，AIMD）。目前，常用的 AIMD 模拟方法有三种，分别是 Born-Oppenheimer 分子动力学模拟（Born-Oppenheimer molecular dynamics，BOMD）、Car-Parrinello 分子动力学模拟（Car-Parrinello molecular dynamics，CPMD）和路径积分分子动力学模拟（path integral molecular dynamics，PIMD）。在 BOMD 和 CPMD 中，利用第一性原理方法（包括 Schrödinger 方程或密度泛函理论）计算原子间的相互作用力，仍用经典力学处理原子核的运动。在 PIMD 中，不但用第一性原理方法计算原子核间的相互作用力，还考虑原子核运动的量子效应，利用 Feynman 路径积分方法计算原子核的运动轨迹。

8.2　BOMD 和 CPMD 模拟方法

为了克服经典 MD 模拟必须预先给定分子力场模型的缺点，AIMD 模拟采取如下方法直接计算体系中原子核间的相互作用力及其位置演化，具体包括：①利用第一性原理计算模拟体系在某时间步的电子结构和能量；②计算体系中各原子核在该时间步的受力；③利用经典力学计算各原子核下一时间步的位置坐标；④重复上述过程，得到体系在相空间的运动轨迹。

在实践中，常用不同的方法计算体系的电子结构、总能量、原子核的受力等。在 BOMD 模拟中，首先假设体系符合 Born-Oppenheimer 近似，计算得到相应的基态电子波函数；其次，利用 Hellman-Feynman 定理计算原子核的受力；最后，根据经典力学计算原子核的运动轨迹。与 BOMD 模拟不同，CPMD 模拟充分利用了电子结构在每步计算前后变化很小的特点，通过在拉格朗日（Lagrangian）函数中引入扩展项的方法，使体系的电子结构也按一定的规律随时间演化，避免了电子波函数的直接计算，大大提高了模拟效率。

事实上，BOMD 模拟是一种拉格朗日方法，体系的拉格朗日函数与经典拉格朗日函数一致。相反，CPMD 模拟是一种扩展拉格朗日方法（extended Lagrangian），其拉格朗日函数与经典拉格朗日函数不同。此外，在 BOMD 模拟中，每步模拟多需要独立计算电子的基态波函数，电子的量子力学行为与原子核的经典力学行为相互独立；相反，在 CPMD 模拟中电子基态按一定规律演化，不需要独立计算基态波函数，电子的量子力学行为与原子核的经典力学行为相互关联。CPMD 模拟的计算量比 BOMD 模拟小许多，但是，由 CPMD 模拟得到的轨迹与 BOMD 模拟相似[52,53,149]。

8.2.1　基于 Schrödinger 方程 BOMD 模拟

Schrödinger 方程是量子力学的基础，

$$\hat{\mathbf{H}}\varphi = E\varphi \tag{8-1}$$

式中，$\hat{\mathbf{H}}$ 为体系的哈密顿算符；φ 为波函数；E 为能量。原子、分子体系的哈密顿算符 $\hat{\mathbf{H}}$ 包括原子核的动能、电子的动能、原子核与电子间的库仑吸引能、原子核间的库仑排斥能和电子间的库仑排斥能。在原子单位中，哈密顿算符可以写成

$$
\hat{\mathbf{H}} = -\sum_{a=1}^{N}\frac{1}{2M_a}\nabla_a^2 - \sum_{i=1}^{n}\frac{1}{2}\nabla_i^2 - \sum_{i=1}^{n}\sum_{a=1}^{N}\frac{Z_a}{|\mathbf{r}_i - \mathbf{R}_a|}
$$
$$
+ \sum_{a=1}^{N}\sum_{\beta>a}^{N}\frac{Z_aZ_\beta}{|\mathbf{R}_a - \mathbf{R}_\beta|} + \sum_{i=1}^{n}\sum_{j>i}^{n}\frac{1}{|\mathbf{r}_i - \mathbf{r}_j|} \tag{8-2}
$$

式中，n 和 N 分别为体系包含的电子和原子核的数目；下标 i，j 用于标记不同的电子；α，β 标记原子核；M_a 为原子核的质量；$\mathbf{r}_i$ 和 $\mathbf{r}_j$ 为电子的坐标矢量，$\mathbf{R}_a$ 和 $\mathbf{R}_\beta$ 为原子核的坐标矢量；Z_a 和 Z_β 为原子核的电荷数。Schrödinger 方程的形式虽然简单，但是求解非常困难。目前，除氢原子、类氢离子和氢分子离子等少数简单体系外，一般原子和分子体系的 Schrödinger 方程没有解析解，只能求得近似的数值解。

求解 Schrödinger 方程数值解的最常用方法是变分原理（variational principle）。根据变分原理，对于任意给定的近似波函数 φ，由式（8-3）计算得到的

近似能量 E 总是大于体系的基态能量 E_0,

$$E = \frac{\int \varphi^* \hat{\mathbf{H}} \varphi \mathrm{d}\tau}{\int \varphi^* \varphi \mathrm{d}\tau} \geqslant E_0 \tag{8-3}$$

并且, 当近似波函数 φ 趋近于精确的基态波函数 φ_0 时, 近似能量 E 趋近于基态能量 E_0。在量子化学中, 并不直接计算近似波函数, 而是用一组特别设计的特殊函数 (基组函数) 展开波函数, 把求解 Schrödinger 方程转化为求解展开系数。

除了变分原理和基组展开外, 在量子化学中还用到一个重要的近似, 即绝热近似或 Born-Oppenheimer 近似 (BO 近似)。最轻的 H 原子核的质量也是电子质量的 1836 倍以上, 原子核的运动速度比电子的运动速度慢许多。因此, 在原子核因运动而发生位置变化后, 电子可以很快地调整运动状态, 达到最终的平衡状态。据此, BO 近似假设, 根据 Schrödinger 方程计算电子波函数时可以固定或冻结原子核的坐标 $\mathbf{R}_\alpha$, 只计算电子波函数 φ_{el} 和能量 E_{el}。在 BO 近似下, 原子核的动能为 0, 体系的哈密顿算符被简化为

$$\hat{\mathbf{H}}_{\mathrm{el}} = -\frac{1}{2} \sum_{i=1}^{n} \nabla_i^2 - \sum_{i=1}^{n} \sum_{\alpha=1}^{N} \frac{Z_\alpha}{|\mathbf{r}_i - \mathbf{R}_\alpha|} + \sum_{\alpha=1}^{N} \sum_{\beta=\alpha+1}^{N} \frac{Z_\alpha Z_\beta}{|\mathbf{R}_\alpha - \mathbf{R}_\beta|} + \sum_{i=1}^{n} \sum_{j=i+1}^{n} \frac{1}{|\mathbf{r}_i - \mathbf{r}_j|} \tag{8-4}$$

此外, 原子核的坐标 $\mathbf{R}_\alpha$ 和 $\mathbf{R}_\beta$ 只是参数, 不是变量。电子波函数 φ_{el} 与原子核波函数 φ_{nu} 可以相互分离,

$$\varphi = \varphi_{\mathrm{el}} \varphi_{\mathrm{nu}} = \varphi_{\mathrm{el}}(\mathbf{r}_1, \mathbf{r}_2, \cdots, \mathbf{r}_n; \mathbf{R}_1, \mathbf{R}_2, \cdots, \mathbf{R}_N) \varphi_{\mathrm{nu}}(\mathbf{R}_1, \mathbf{R}_2, \cdots, \mathbf{R}_N) \tag{8-5}$$

由此得到的电子波函数 $\varphi_{\mathrm{el}}(\mathbf{r}_1, \mathbf{r}_2, \cdots, \mathbf{r}_n; \mathbf{R}_1, \mathbf{R}_2, \cdots, \mathbf{R}_N)$ 是所有电子坐标矢量和核坐标矢量的函数, 能量 $E(\mathbf{R}_1, \mathbf{R}_2, \cdots, \mathbf{R}_N)$ 是所有原子核坐标矢量的函数。对于任意给定的一组原子核坐标矢量 $(\mathbf{R}_1, \mathbf{R}_2, \cdots, \mathbf{R}_N)$, 都可以计算得到一个能量值 $E(\mathbf{R}_1, \mathbf{R}_2, \cdots, \mathbf{R}_N)$, 这就是势能函数或势能面。得到了势能函数 $E(\mathbf{R}_1, \mathbf{R}_2, \cdots, \mathbf{R}_N)$ 后, 就可以计算原子核所受的力矢量,

$$\mathbf{f}_\alpha = -\nabla_\alpha E(\mathbf{R}_1, \mathbf{R}_2, \cdots, \mathbf{R}_N) \tag{8-6}$$

根据经典力学, 原子核的运动轨迹可以由牛顿第二定律得到

$$\mathbf{f}_\alpha = M_\alpha \frac{\mathrm{d}^2 \mathbf{R}_\alpha}{\mathrm{d}t^2} \tag{8-7}$$

以上就是以 Schrödinger 方程为基础的 BOMD 模拟的基本原理。

8.2.2　基于密度泛函理论的 BOMD 模拟

引入 BO 近似后，求解原子、分子体系的 Schrödinger 方程的目标，是得到描写电子运动状态的波函数。一个包含 n 个电子的体系的波函数是 $3n$ 个坐标变量和 n 个自旋变量的 $4n$ 元函数；因此，随着电子数目的增加，体系的波函数将变得异常复杂，计算量迅速增大。相反，电子密度分布 $\rho(\mathbf{r})$ 只是一个三元函数，与电子的数目无关。如果存在一种理论，可以用电子密度分布 $\rho(\mathbf{r})$ 替代波函数描述微观体系的状态，将大大简化对微观体系的描述。

在 Kohn-Sham 密度泛函理论中，体系的总电子能量 E^{KS} 是电子密度分布 $\rho(\mathbf{r})$ 的泛函，

$$E^{KS}[\rho(\mathbf{r})] = T_e[\rho(\mathbf{r})] + E_{e\text{-}n}[\rho(\mathbf{r})] + E_{e\text{-}e}[\rho(\mathbf{r})] + E_{xc}[\rho(\mathbf{r})] \tag{8-8}$$

式中，电子密度分布 $\rho(\mathbf{r})$ 可以由体系的 Kohn-Sham 轨道 $\{\varphi_i(\mathbf{r}) \mid i=1, 2, \cdots, n\}$ 及其电子在轨道上布居数 $\{f_i \mid i=1, 2, \cdots, n\}$ 计算得到

$$\rho(\mathbf{r}) = \sum_i^{occ} f_i \mid \varphi_i(\mathbf{r}) \mid^2 \tag{8-9}$$

Kohn-Sham 轨道满足正交归一化条件，

$$\langle \varphi_i(\mathbf{r}) \mid \varphi_j(\mathbf{r}) \rangle = \delta_{ij} \tag{8-10}$$

式中，δ_{ij} 为 Kronecker delta 函数。

式 (8-8) 中的第一项为电子的动能，无相互作用体系的电子动能为

$$T_e[\rho(\mathbf{r})] = \sum_i^n f_i \int \varphi_i^* \left(-\frac{1}{2} \nabla^2 \varphi_i \right) d\mathbf{r} \tag{8-11}$$

根据 Thomas-Fermi 近似，电子的动能也可以直接由电子密度分布 $\rho(\mathbf{r})$ 计算得到

$$T_e[\rho(\mathbf{r})] = \frac{3}{10} (3\pi^2)^{2/3} \int \rho(\mathbf{r})^{5/3} d\mathbf{r} \tag{8-12}$$

第二项为电子与原子核之间的库仑吸引能，

$$E_{e\text{-}n}[\rho(\mathbf{r})] = \sum_{a=1}^N Z_a \int \frac{\rho(\mathbf{r})}{\mid \mathbf{r} - \mathbf{R}_a \mid} d\mathbf{r} \tag{8-13}$$

第三项是电子间的库仑排斥能，

$$E_{e\text{-}e}[\rho(\mathbf{r})] = \frac{1}{2} \int \frac{\rho(\mathbf{r})\rho(\mathbf{r}')}{\mid \mathbf{r} - \mathbf{r}' \mid} d\mathbf{r}d\mathbf{r}' \tag{8-14}$$

最后一项表示体系的交换-相关能，目前尚无精确的计算公式。

虽然 Kohn-Sham 的密度泛函理论为分子体系的理论计算提供了可靠的理论

基础，但精确的交换能和相关能的泛函仍然未知。因此，Kohn-Sham 密度泛函理论是不完备的，仅从该理论无法计算体系的总能量。

为了利用 Kohn-Sham 密度泛函理论进行分子体系的理论计算，人们已经发展了大量的近似泛函。其中，最基本的近似泛函是局域密度近似（local-density approximation，LDA），交换-相关泛函只与电子密度的空间分布 $\rho(\mathbf{r})$ 有关。LDA 近似有多种，最常用的是均匀电子气（homogeneous electron gas，HEG）模型。一般地，非自旋极化体系，LDA 的交换-相关能为

$$E_{xc}^{LDA}[\rho(\mathbf{r})] = \int \rho(r)\varepsilon_{xc}(\rho)\,\mathrm{d}\mathbf{r} \tag{8-15}$$

式中，$\rho(\mathbf{r})$ 为电子密度分布；$\varepsilon_{xc}(\rho)$ 为交换-相关能量密度，只与电子的密度有关。通常，把交换-相关能划分为交换能和相关能两个部分，

$$E_{xc}[\rho(\mathbf{r})] = E_x[\rho(\mathbf{r})] + E_c[\rho(\mathbf{r})] \tag{8-16}$$

在 HEG 模型中，交换能的解析式为

$$E_x^{LDA}[\rho(r)] = -\frac{3}{4}\left(\frac{3}{\pi}\right)^{1/3}\int \rho(\mathbf{r})^{4/3}\,\mathrm{d}\mathbf{r} \tag{8-17}$$

但是，除对应于无限弱（低密度极限）或无限强（高密度极限）相互作用的极限情况外，相关能的解析式是未知的。高密度极限为

$$\varepsilon_c = A\ln(r_s) + B + r_s(C\ln(r_s) + D) \tag{8-18}$$

低密度极限为

$$\varepsilon_c = \frac{1}{2}\left(\frac{g_0}{r_s} + \frac{g_1}{r_s^{3/2}} + \cdots\right) \tag{8-19}$$

式中，r_s 为 Wigner-Seitz 半径，与电子密度的关系为

$$\frac{4}{3}\pi r_s^3 = \frac{1}{\rho} \tag{8-20}$$

实际应用时，可以通过量子蒙特卡洛（quantum Monte Carlo，QMC）模拟，得到 HEG 模型不同密度下的相关能密度。然后，拟合 QMC 结果得到相关能密度的经验表达式。常见的经验相关能密度表达式有 Vosko-Wilk-Nusair（VWN）、Perdew-Zunger（PZ81）、Cole-Perdew（CP）、Perdew-Wang（PW92）等。

除最简单的 LDA 近似外，常用的还有自旋极化局域近似（local spin density approximation，LSDA）。LSDA 泛函包括两个自旋项，对应不同自旋的电子 $\rho = \rho_\uparrow + \rho_\downarrow$，

$$E_{xc}^{LSDA}[\rho_\uparrow, \rho_\downarrow] = \int \rho(\mathbf{r})\varepsilon_{xc}(\rho_\uparrow, \rho_\downarrow)\,\mathrm{d}\mathbf{r} \tag{8-21}$$

式中，精确的交换能为

$$E_x^{LSDA}[\rho_\uparrow,\rho_\downarrow] = \frac{1}{2}(E_x^{LDA}[2\rho_\uparrow] + E_x^{LDA}[2\rho_\downarrow]) \qquad (8\text{-}22)$$

依赖自旋的相关能可以通过引入相对自旋极化函数得到

$$\zeta = \frac{\rho_\uparrow(\mathbf{r}) - \rho_\downarrow(\mathbf{r})}{\rho_\uparrow(\mathbf{r}) + \rho_\downarrow(\mathbf{r})} \qquad (8\text{-}23)$$

当 $\zeta = 0$ 时，对应自旋非极化的状态；$\zeta = \pm 1$ 时，对应自旋完全极化状态。

利用 LDA 近似计算碱金属等电子密度变化不大的体系，相对比较成功，但对分子等电子密度变化很大的体系则不甚成功。比 LDA 近似更高一级的近似是，在能量密度函数中引入电子密度的梯度，称为广义梯度近似（generalized gradient approximation，GGA）。

$$\varepsilon_{xc}^{GGA}[\rho_\uparrow,\rho_\downarrow] = \int \rho(\mathbf{r})\varepsilon_{xc}(\rho_\uparrow,\rho_\downarrow,\nabla\rho_\uparrow,\nabla\rho_\downarrow)d\mathbf{r} \qquad (8\text{-}24)$$

GGA 近似是一种具有化学精度的近似，处理有机分子非常成功。比 GGA 近似更高一级的是，在交换-相关能密度函数中不但引入电子的密度梯度（一阶导数），还引入两阶导数（Laplacian），称为超广义密度梯度近似（meta-GGA）。

与基于 Schrödinger 方程的 BOMD 类似，如此计算得到的电子能量，也是原子核坐标位置的函数 $E^{KS}(\mathbf{R}_1, \mathbf{R}_2, \mathbf{R}_2, \cdots, \mathbf{R}_N)$。在此基础上，可以计算原子核所受的作用力，由此计算原子核的运动轨迹，实现 BOMD 模拟。由于 Gaussian、Gamess、Hyperchem、Dalton、DMol、NWChem 等程序多已实现了电子结构计算，通过调用这些程序作为子程序，就可以实现 BOMD 模拟。

8.2.3 CPMD 模拟方法

以上是 BOMD 模拟的基本概念，实际程序中的计算过程比这复杂得多。例如，电子结构的计算，可以使用量子化学中的多种方法计算；原子核的运动轨迹的计算，也可以使用经典 MD 模拟中的各种算法。但是，BOMD 模拟通常需要进行成千上万步的模拟，每步模拟均需要独立计算基态波函数或基态电子密度分布函数，且要保证每步计算具有基本相同的计算精度，这样的模拟计算量巨大，大多数实验室难以实现。此外，BOMD 模拟的基础是 BO 近似，必须保证基态为非简并态。对于绝缘体、半导体等，基态与第一激发态之间具有较大的能隙，大于与原子核运动有关的能量，能满足 BO 近似。相反，金属的基态是简并态，难以满足 BO 近似。

为了克服 BOMD 模拟计算量巨大的缺点，Car 和 Parrinello 提出了一种新的

AIMD 模拟方法，不但让体系中的原子核坐标按经典力学随时间演化，还引入虚拟的电子动力学，让电子的基态波函数也按一定的规律随时间演化，克服了 BOMD 模拟的每一步都必须独立计算基态波函数的困难，大大降低了计算工作量，使 AIMD 模拟得以实现。目前，在许多场合 CPMD 模拟几乎成了 AIMD 模拟的同义词。

根据经典力学，在 BO 近似下原子、分子体系的拉格朗日函数是原子核动能和势能之和，

$$L = \frac{1}{2}\sum_{\alpha=1}^{N} M_\alpha \dot{\mathbf{R}}_\alpha^2 - E^{\mathrm{KS}}(\mathbf{R}_1, \mathbf{R}_2, \mathbf{R}_3, \cdots, \mathbf{R}_N) \tag{8-25}$$

因此，拉格朗日函数 L 为原子核坐标和速度的函数，可以写成 $L(\mathbf{R}_1, \mathbf{R}_2, \cdots, \mathbf{R}_N; \dot{\mathbf{R}}_1, \dot{\mathbf{R}}_2, \cdots, \dot{\mathbf{R}}_N)$。由此，可以根据经典力学中的拉格朗日方程组确定体系的运动方程组。与 BOMD 不同，CPMD 模拟是一种典型的扩展拉格朗日方法，在经典拉格朗日函数中引入了附加项，用于描述电子状态随时间的演化。Car 和 Parrinello 给出的拉格朗日函数为

$$L^{\mathrm{CP}} = \sum_{\alpha=1}^{N} \frac{1}{2} M_\alpha \dot{\mathbf{R}}_\alpha^2 + \sum_{i=1}^{n} \int \frac{1}{2}\mu \dot{\varphi}_i^* \dot{\varphi}_i \, \mathrm{d}^3\mathbf{r} - E^{\mathrm{KS}}(\mathbf{R}_1, \mathbf{R}_2, \cdots, \mathbf{R}_N; \varphi_1, \varphi_2, \cdots, \varphi_n) \tag{8-26}$$

式中，μ 为电子的虚拟质量，与 Kohn-Sham 轨道对应，其单位为能量乘以时间的平方。拉格朗日函数 L^{CP} 不仅与原子核坐标及运动速度有关，还与 Kohn-Sham 轨道及对时间的一阶导数有关，可以写成 $L_{\mathrm{CP}}(\mathbf{R}_1, \mathbf{R}_2, \cdots, \mathbf{R}_N; \dot{\mathbf{R}}_1, \dot{\mathbf{R}}_2, \cdots, \dot{\mathbf{R}}_N; \varphi_1, \varphi_2, \cdots, \varphi_n; \dot{\varphi}_1, \dot{\varphi}_2, \cdots, \dot{\varphi}_n)$。体系的拉格朗日方程组为

$$\frac{\mathrm{d}}{\mathrm{d}t}\frac{\partial L^{\mathrm{CP}}}{\partial \dot{\mathbf{R}}_\alpha} = \frac{\partial L^{\mathrm{CP}}}{\partial \mathbf{R}_\alpha} \tag{8-27}$$

$$\frac{\mathrm{d}}{\mathrm{d}t}\frac{\delta L^{\mathrm{CP}}}{\delta \dot{\varphi}_i} = \frac{\delta L^{\mathrm{CP}}}{\delta \varphi_i} \tag{8-28}$$

由拉格朗日方程组，可以得到体系的运动方程。与经典力学不同，这里的力既作用于原子核，又作用于 Kohn-Sham 轨道，

$$M_\alpha \ddot{\mathbf{R}}_\alpha(t) = -\frac{\partial E^{\mathrm{KS}}}{\partial \mathbf{R}_\alpha} + \sum_{i=1}^{n}\sum_{j>i}^{n} \lambda_{ij} \frac{\partial}{\partial \mathbf{R}_\alpha}\int \varphi_i^* \varphi_j \, \mathrm{d}\mathbf{r} \tag{8-29}$$

$$\mu\ddot{\varphi}_i(\mathbf{r},t) = -\frac{\delta E^{\mathrm{KS}}}{\delta \varphi_i^*} + \sum_{j=1}^{n} \lambda_{ij}\varphi_j(\mathbf{r},t) \tag{8-30}$$

式中，λ_{ij} 为拉格朗日乘子。由此可知，CPMD 是 BOMD 的近似，当电子的虚拟质量趋于 0 时，CPMD 以 BOMD 为极限。

下面，用更形象的语言说明 CPMD。在经典力学中，势能函数对核坐标的

偏导数的负值，就是作用于原子核的力，

$$\mathbf{f}_\alpha = -\frac{\partial E^{\mathrm{KS}}}{\partial \mathbf{R}_\alpha} \tag{8-31}$$

以此类推，势能函数对 Kohn-Sham 轨道偏导数的负值，可以说是作用于 Kohn-Sham 轨道的力，

$$\mathbf{f}_i = -\frac{\partial E^{\mathrm{KS}}}{\delta \varphi_i^*} \tag{8-32}$$

此外，作用于原子核和 Kohn-Sham 轨道的约束力分别为

$$\mathbf{f}_\alpha^c = \sum_{i=1}^n \sum_{j>i}^n \lambda_{ij} \frac{\partial}{\partial \mathbf{R}_\alpha} \int \varphi_i^* \varphi_j \, \mathrm{d}\mathbf{r} \tag{8-33}$$

$$\mathbf{f}_i^c = \sum_{j=1}^n \lambda_{ij} \varphi_j \tag{8-34}$$

8.3　平面波基函数

不管是基于 Schrödinger 方程的电子结构计算，还是基于密度泛函理论的电子结构计算，其核心问题是求解体系的近似波函数。在实际计算中，总是用一组经过精心设计、被称为基函数的已知函数展开体系的波函数，

$$\varphi_i(\mathbf{r}) = \sum_{j=1}^{N_b} c_{ij} \phi_j(\mathbf{r}) \tag{8-35}$$

式中，$\phi_j(\mathbf{r})$ 为基函数，它们的集合 $\{\phi_j(\mathbf{r}) \mid j=1, 2, \cdots, N_b\}$ 被称为基组；c_{ij} 为展开系数。引入波函数的基组展开后，电子结构计算的任务就转化为展开系数 c_{ij} 的计算。理论上，为了以任意精度展开波函数，基组必须包含无穷多个基函数，这样的基组在数学上被称为完备基组。但是，任何实际的电子结构计算都不可能用无限基组展开波函数，只能用有限基组展开波函数，得到近似波函数。

常用的基组包括以原子核为中心的定域基组和具有周期性边界条件的平面波基组两大类型。其中，常用的定域基组包括 STO 型（Slater type orbital）基组和 GTO 型（Gaussian type orbital）基组两类，被广泛用于分子结构的计算。平面波基组可以满足研究对象所具有的周期性边界条件，被广泛用于晶体结构的计算。由于 AIMD 模拟的研究对象，即中心元胞，也具有周期性边界条件；因此，在 AIMD 模拟中也普遍采用平面波基组，较少采用以原子核为中心的定域基组。与 STO 型和 GTO 型定域基组相比，平面波基组具有如下优点：①同一组平面波基组可以适用于任何种类的原子，基组的选取只与体系的周期性有关，与体系中原

子的种类无关；②基组的完备性容易检验；③不存在基组叠加误差（basis-set superposition error，BSSE）；④平面波基组与原子核的位置无关，因此，没有 Pulay 力作用于原子核，不需要对计算得到的力进行修正；⑤可以利用快速傅里叶变换进行数值运算，运算速度快、效率高。

8.3.1　中心元胞与正格子空间

与经典 MD 模拟类似，为了克服有限体系的边界效应，常在 AIMD 模拟中引入周期性边界条件。在实施 AIMD 模拟时，通过在空间各个方向无限重复中心元胞的方法，使模拟体系具有赝无穷大的空间尺度，但仍然只需模拟中心元胞中的原子和分子。为了便于数学处理，引入矢量 $\mathbf{a}_1$，$\mathbf{a}_2$ 和 $\mathbf{a}_3$ 分别表示中心元胞的三个方向，构成正格子空间的基矢，而中心元胞则是由三个基矢定义的平行六面体。如果令基矢组成 3×3 矩阵 $\mathbf{h}$，

$$\mathbf{h} = \left[\mathbf{a}_1, \mathbf{a}_2, \mathbf{a}_3\right] \tag{8-36}$$

则，中心元胞的体积 Ω 等于矩阵 $\mathbf{h}$ 的行列式的值，

$$\Omega = \det \mathbf{h} \tag{8-37}$$

在正格子空间中，任意位置矢量 $\mathbf{r}$ 都能用该矢量在基矢 $\mathbf{a}_1$，$\mathbf{a}_2$ 和 $\mathbf{a}_3$ 上的三个投影长度 s_1，s_2 和 s_3 表示，或简写为矢量的形式，

$$\mathbf{s} = \left[s_1, s_2, s_3\right]^{\mathrm{T}} \tag{8-38}$$

式中，上标 T 表示横矢量与列矢量之间的转置；s_1，s_2 和 s_3 为以基矢度量的坐标值。在正格子空间中，中心元胞内的点，s_1，s_2 和 s_3 的值小于 1；中心元胞外的点，s_1，s_2 和 s_3 的值大于 1。

正格子空间中的矢量 $\mathbf{s}$ 与原坐标空间矢量 $\mathbf{r}$ 可以通过如下方式联系在一起，

$$\mathbf{r} = \mathbf{h}\mathbf{s} = s_1\mathbf{a}_1 + s_2\mathbf{a}_2 + s_3\mathbf{a}_3 \tag{8-39}$$

利用周期性边界条件，中心元胞外的任意空间点（s_1，s_2 和 s_3 的值大于等于 1），可以转化为中心元胞中的一个点（s_1，s_2 和 s_3 的值小于或等于 1），

$$\mathbf{r}^{\mathrm{PBC}} = \mathbf{r} - \mathbf{h}\left[\mathbf{h}^{-1}\mathbf{r}\right]_{\mathrm{INT}} \tag{8-40}$$

式中，下标 INT 表示截取数值的整数部分。在正格子空间中，任意两个元胞中的对应点相差平移矢量 $\mathbf{L}$，

$$\mathbf{L} = n_1\mathbf{a}_1 + n_2\mathbf{a}_2 + n_3\mathbf{a}_3 \tag{8-41}$$

式中，n_1、n_2 和 n_3 为任意整数。

8.3.2　倒格子空间

利用基矢 $\mathbf{a}_1$，$\mathbf{a}_2$ 和 $\mathbf{a}_3$ 定义的正格子空间，可以描述空间的任意一个点。在物理学中，还定义倒格子空间，其基矢为 $\mathbf{b}_1$，$\mathbf{b}_2$ 和 $\mathbf{b}_3$。倒格子空间的基矢与正格子空间的基矢有如下关系，

$$\mathbf{b}_i \cdot \mathbf{a}_j = 2\pi\delta_{ij} \tag{8-42}$$

由倒格子空间基矢组成的 3×3 矩阵

$$[\mathbf{b}_1, \mathbf{b}_2, \mathbf{b}_3] = 2\pi(\mathbf{h}^{\mathrm{T}})^{-1} \tag{8-43}$$

相应地，也定义倒格子空间中的平移矢量 $\mathbf{G}$，

$$\mathbf{G} = n_1\mathbf{b}_1 + n_2\mathbf{b}_2 + n_3\mathbf{b}_3 \tag{8-44}$$

式中，n_1，n_2 和 n_3 为任意整数。

8.3.3　平面波基组

完备、正交平面波基函数集合为

$$f_{\mathbf{G}}^{\mathrm{PW}}(\mathbf{r}) = \frac{1}{\sqrt{\Omega}}\mathrm{e}^{i\mathbf{G}\cdot r} = \frac{1}{\sqrt{\Omega}}\mathrm{e}^{2\pi i\mathbf{g}\cdot\mathbf{s}} \tag{8-45}$$

式中，$\mathbf{g}=[n_1, n_2, n_3]$ 的三个分量都是整数，与倒格子空间中的平移矢量 $\mathbf{G}$ 存在如下关系

$$\mathbf{G} = 2\pi(\mathbf{h}^{\mathrm{T}})^{-1}\mathbf{g} \tag{8-46}$$

利用完备、正交平面波基组，可以展开与正格子空间具有相同周期性的波函数，

$$\varphi(\mathbf{r}) = \varphi(\mathbf{r}+\mathbf{L}) = \frac{1}{\sqrt{\Omega}}\sum_{\mathbf{G}}\varphi(\mathbf{G})\mathrm{e}^{i\mathbf{G}\cdot r} \tag{8-47}$$

式中，$\varphi(\mathbf{r})$ 和 $\varphi(\mathbf{G})$ 可以通过三维 Fourier 变换进行相互转换。

8.3.4　Bloch 定理

具有周期性边界条件的体系，系统的势函数也具有相同的周期性边界条件，

$$V^{\mathrm{KS}}(\mathbf{r}+\mathbf{L}) = V^{\mathrm{KS}}(\mathbf{r}) \tag{8-48}$$

根据 Bloch 定理，具有周期性势函数体系的 Kohn-Sham 波函数可以表示为具有与势函数相同周期性的函数 $u_i(\mathbf{r}, \mathbf{k}) = u_i(\mathbf{r}+\mathbf{L}, \mathbf{k})$，即 Bloch 函数，与平面波

函数 $e^{i\mathbf{k}\cdot\mathbf{r}}$ 的乘积,

$$\varphi_i^{KS}(\mathbf{r},\mathbf{k}) = e^{i\mathbf{k}\cdot\mathbf{r}}u_i(\mathbf{r},\mathbf{k}) \tag{8-49}$$

式中, 下标 i 表示不同的状态; $\mathbf{k}$ 为第一 Brillouin 区的矢量, 称为波矢。Bloch 函数 $u_i(\mathbf{r},\mathbf{k})$ 可以用平面波基组展开,

$$u_i(\mathbf{r},\mathbf{k}) = \frac{1}{\sqrt{\Omega}}\sum_{\mathbf{G}}c_i(\mathbf{G},\mathbf{k})e^{i\mathbf{G}\cdot\mathbf{r}} \tag{8-50}$$

式中, 展开系数 $c_i(\mathbf{G},\mathbf{k})$ 为复数。这样, Kohn-Sham 波函数可以写成

$$\varphi_i^{KS}(\mathbf{r},\mathbf{k}) = \frac{1}{\sqrt{\Omega}}\sum_{\mathbf{G}}c_i(\mathbf{G},\mathbf{k})e^{i(\mathbf{G}+\mathbf{k})\cdot\mathbf{r}} \tag{8-51}$$

相应地, 电子密度分布的平面波基组展开式为

$$\rho(\mathbf{r}) = \frac{1}{\Omega}\sum_i\int d^3\mathbf{k}f_i(\mathbf{k})\sum_{\mathbf{G},\mathbf{G}'}c_i^*(\mathbf{G}',\mathbf{k})c_i(\mathbf{G},\mathbf{k})e^{i(\mathbf{G}-\mathbf{G}')\cdot\mathbf{r}} \tag{8-52}$$

$$\rho(\mathbf{r}) = \sum_{\mathbf{G}}\rho(\mathbf{G})e^{i\mathbf{G}\cdot\mathbf{r}} \tag{8-53}$$

式 (8-52) 中, $f_i(\mathbf{k})$ 为轨道布居数, 求和遍及矢量 $\mathbf{G}$。式 (8-53) 的求和范围是式 (8-52) 的两倍。由此可知, 用于描述电子密度分布所需的平面波基组函数的数量随系统的规模呈线性增加, 相反, 用于描述电子密度分布所需的以原子核为中心的 STO 型或 GTO 型基组函数的数量随系统的规模呈平方增加, 这也是使用平面波基组的主要优点之一。

在实际计算中, 对第一 Brillouin 区内 $\mathbf{k}$ 的积分, 被用少量的离散 $\mathbf{k}$ 点近似,

$$\int d\mathbf{k} \rightarrow \sum_{\mathbf{k}}w_{\mathbf{k}} \tag{8-54}$$

式中, $w_{\mathbf{k}}$ 为权重因子。甚至, 在后面的讨论中假设对第一 Brillouin 区内 $\mathbf{k}$ 的积分, 可以用 $\mathbf{k}=0$ 这个单一的点近似 (即 Γ 点)。此外, 任何计算只能将波函数在有限平面波基组上展开, 必须适当截断求和矢量 $\mathbf{G}$。由于 Kohn-Sham 势能随矢量 $\mathbf{G}$ 的模的大小迅速收敛, 只要

$$\frac{1}{2}\mid\mathbf{G}\mid^2 \leqslant E_{cut} \tag{8-55}$$

就可以保证计算的精度。计算所需要的平面波基组的大小约为

$$N_{PW} = \frac{1}{2\pi^2}\Omega E_{cut}^{3/2} \tag{8-56}$$

由于计算电子密度分布的截断能量是计算 Kohn-Sham 轨道的截断能量的 4 倍, 因此, 展开电子密度分布所需的平面波基组是展开 Kohn-Sham 轨道的 8 倍。

8.3.5　能量表达式

用平面波展开 Kohn-Sham 轨道时，对应的动能为

$$-\frac{1}{2}\nabla^2 e^{i\mathbf{G}\cdot\mathbf{r}} = \frac{1}{2}\mid\mathbf{G}\mid^2 e^{i\mathbf{G}\cdot\mathbf{r}} \tag{8-57}$$

利用 Fourier 变换，可以得到倒格子空间的动能表达式

$$K = \sum_i \sum_{\mathbf{G}} \frac{1}{2} f_i \mid\mathbf{G}\mid^2 \mid c_i(\mathbf{G})\mid^2 \tag{8-58}$$

类似地，体系的静电能为

$$E_{\text{el}} = 2\pi\Omega \sum_{\mathbf{G}\neq 0} \frac{\mid n_{\text{tot}}(\mathbf{G})\mid^2}{G^2} + E_{\text{ovrl}} - E_{\text{self}} \tag{8-59}$$

式中

$$E_{\text{ovrl}} = \sum_{\alpha,\beta}{}' \sum_{\mathbf{L}} \frac{Z_\alpha Z_\beta}{\mid\mathbf{R}_\alpha-\mathbf{R}_\beta-\mathbf{L}\mid} \text{erfc}\left(\frac{\mid\mathbf{R}_\alpha-\mathbf{R}_\beta-\mathbf{L}\mid}{\sqrt{R_\alpha^{c^2}+R_\beta^{c^2}}}\right) \tag{8-60}$$

$$E_{\text{self}} = \sum_\alpha \frac{1}{\sqrt{2\pi}} \frac{Z_\alpha^2}{R_\alpha^c} \tag{8-61}$$

交换-相关能为

$$E_{\text{xc}} = \int d\mathbf{r}\varepsilon_{\text{xc}}(n,\nabla n)n(\mathbf{r}) = \Omega \sum_{\mathbf{G}} \varepsilon_{\text{xc}}(\mathbf{G})n^*(\mathbf{G}) \tag{8-62}$$

8.3.6　Car-Parrinello 运动方程

用平面波基组展开的 Car-Parrinello 扩展拉格朗日函数及其运动方程，

$$L = \mu\sum_i\sum_{\mathbf{G}}\mid\dot{c}_i(\mathbf{G})\mid^2 + \frac{1}{2}\sum_\alpha M_\alpha\dot{\mathbf{R}}_\alpha^2 - E^{\text{KS}}(\mathbf{G},\mathbf{R}_\alpha)$$

$$+ \sum_{ij}\mathbf{\Lambda}_{ij}\left(\sum_{\mathbf{G}}c_i^*(\mathbf{G})c_j(\mathbf{G}) - \delta_{ij}\right) \tag{8-63}$$

原子核和波函数随时间演化的运动方程为

$$\mu\ddot{c}_i(\mathbf{G}) = -\frac{\partial E^{\text{KS}}}{\partial c_i^*(\mathbf{G})} + \sum_j\mathbf{\Lambda}_{ij}c_j(\mathbf{G}) \tag{8-64}$$

$$M_\alpha\ddot{\mathbf{R}}_\alpha = -\frac{\partial E^{\text{KS}}}{\partial\mathbf{R}_\alpha} \tag{8-65}$$

由于 Kohn-Sham 波函数被展开为平面波基函数的线性组合，只要求得展开系数 $c_i(\mathbf{G})$ 随时间的演化，就可以得到波函数的演化。求解 CPMD 运动方程的大致过程如图 8-1 所示。

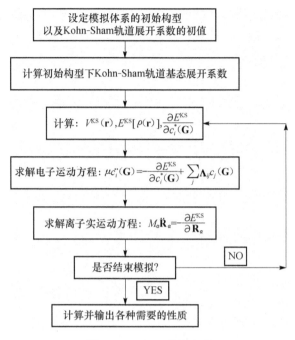

图 8-1 CPMD 模拟流程

8.4 赝 势

当使用平面波基组时，波函数在靠近原子核附近（芯域）的展开很不理想，需要特别注意。首先，电子-原子核的库仑吸引势在原子核处发散，因此，波函数必须在原子核处趋向 0。其次，内层电子被束缚在芯域，需要很大的平面波基组才能较好地展开波函数。再次，Pauli 不相容原理要求价电子波函数与内层电子波函数相互正交，因此，价电子波函数在芯域反复振荡，需要很大的平面波基组才能展开。

在 AIMD 模拟中，把原子核和内层电子对价电子的作用以虚拟的静电势或赝势（pseudopotential）替代（图 8-2），避免了上述困难。一方面，物质的大多数物理、化学性质由价电子的行为决定，内层电子在这些过程中的变化不大。另一方面，由于内层电子对原子核的屏蔽作用，赝势比裸露的原子核的势能弱许多，价电子波函数在芯域被变化缓慢、没有节点的伪波函数（pseudo-wave function）取代，而在远离芯域的区域，伪波函数与全电子波函数一致。

引入赝势近似后，在计算中研究的不再是实际的全电子原子，而是只有价电子在赝势中运动的伪原子。一方面，内层电子被赝势替代，体系的总电子数减少，复杂性降低，计算速度加快，可以模拟更大的体系。另一方面，引入赝势后价电子的伪波函数成为无节点函数，允许进一步减少基组函数。此外，如果在赝势中引入与内层电子有关的相对论效应的贡献，可以在不增加计算复杂性的条件下充分考虑相对论效应。

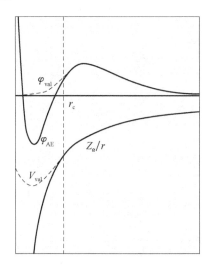

图 8-2　原子核势函数和赝势、全电子原子波函数和伪波函数示意图

8.4.1　范数不变赝势

首先，赝势必须是可移植的、可加和的，每个元素原子的赝势，可以适用于任何包含该元素原子的体系，多个原子的总赝势是各个组成原子的赝势之和。具有可移植性的赝势，适用于各种不同的化学环境，这对模拟化学反应或相变等化学环境发生改变的体系，非常必要。此外，不需要为每次计算或模拟重新生成赝势，只需要利用被证明有效的赝势直接进行计算或模拟。

其次，为了保证引入赝势后的计算结果与全电子模型计算一致，伪波函数与全电子波函数在芯域外的区域必须一致，计算得到的能量也必须一致，这就是范数不变条件（norm-conservation），相应的赝势称为范数不变赝势（norm-conserving pseudopotential）。

根据赝势的可移植性条件，只要生成游离的单个元素原子的赝势，就可以把该赝势应用于任何包含该元素原子的体系。为此，建立全电子原子的 Schrödinger 方程

$$(\hat{\mathbf{T}} + \hat{\mathbf{V}}_{AE})\varphi_l^{AE} = \varepsilon_l^{AE}\varphi_l^{AE} \qquad (8\text{-}66)$$

和只包括价电子的伪原子 Schrödinger 方程

$$(\hat{\mathbf{T}} + \hat{\mathbf{V}}_{\text{val}})\varphi_l^{\text{val}} = \varepsilon_l^{\text{val}}\varphi_l^{\text{val}} \tag{8-67}$$

式中，$\hat{\mathbf{T}}$ 为电子的动能算符；$\hat{\mathbf{V}}_{\text{AE}}$ 为全电子原子的势能算符，可以根据 Kohn-Sham 密度泛函理论得到；$\hat{\mathbf{V}}_{\text{val}}$ 为只包括价电子的伪原子的势能算符；φ_l^{AE} 和 φ_l^{val} 分别为全电子原子波函数和对应的伪原子波函数（伪波函数）；$\varepsilon_l^{\text{AE}}$ 和 $\varepsilon_l^{\text{val}}$ 分别为对应的本征能量。基于范数不变条件，Hamann、Schlüter 和 Chiang 提出赝势和伪波函数必须满足条件（HSC 条件）[150]：

（1）全电子原子和伪原子的对应态的能量本征值必须相等，即 $\varepsilon_l^{\text{AE}} = \varepsilon_l^{\text{val}}$；

（2）全电子原子波函数和伪波函数在芯域以外的区域相等，若 r_c 为芯域半径，则 $r > r_c$ 时，$\varphi_l^{\text{AE}}(r) = \varphi_l^{\text{val}}(r)$；

（3）全电子原子波函数和伪波函数在芯域以外的区域形成相同的电子密度分布 $\rho_l(R) = 4\pi \int_0^R r^2(\varphi_l(r))^2 dr$，即 $R > r_c$ 时，$\rho_l^{\text{AE}}(R) = \rho_l^{\text{val}}(R)$；

（4）实际波函数和伪波函数的对数对 r 的一阶导数及其对能量的一阶导数，在芯域以外的区域相等；

（5）全电子原子波函数和伪波函数及其一阶和两阶导数在芯域的截断半径处连续且相等。

8.4.2　范数不变赝势的生成

根据范数不变条件，可以设计各种赝势生成方案，生成各种范数不变赝势。常用的赝势有 Kleinman-Bylander 赝势[151]、Vanderbilt 超软赝势[152]、Hamann-Schlüter-Chiang 赝势等[150]。下面是生成范数不变赝势的 HSC 方案：

（1）计算 $V_l^{(1)}(r) = V^{\text{AE}}(r)(1 - f_1(r/r_{cl}))$，其中 r_{cl} 为芯域半径，取 $r_{cl} = 0.4 \sim 0.6 R_{\max}$，$R_{\max}$ 为全电子原子波函数最外面的极值点的位置；

（2）计算 $V_l^{(2)}(r) = V_l^{(1)}(r) + c_l f_2(r/r_{cl})$，其中的 c_l 值由以下条件确定，$(\hat{\mathbf{T}} + V_l^{(2)}(r))w_l^{(2)}(r) = \varepsilon_l^{\text{val}} w_l^{(2)}(r)$ 和 $\varepsilon_l^{\text{AE}} = \varepsilon_l^{\text{val}}$；

（3）计算 $\varphi_l^{\text{val}}(r) = \gamma_l(w_l^{(2)}(r) + \delta_l r^{l+1} f_3(r/r_{cl}))$，其中的 γ_l 和 δ_l 由以下两个方程确定，$r > r_{cl}$ 时，$\varphi_l^{\text{val}} \to \varphi_l^{\text{AE}}$ 和 $\gamma_l^2 \int |w_l^{(2)}(r) + \delta_l r^{l+1} f_3(r/r_{cl})|^2 dr = 1$；

（4）将 $\varepsilon_l^{\text{val}}$ 和 $\varphi_l^{\text{val}}(r)$ 代入 Schrödinger 方程，计算得到 $V_l^{\text{val}}(r)$；

（5）计算得到 $V_l^{\text{ps}}(r) = V_l^{\text{val}}(r) - V^{\text{H}}(\rho_v) - V^{\text{xc}}(\rho_v)$，其中 $V^{\text{H}}(\rho_v)$ 和 $V^{\text{xc}}(\rho_v)$ 是伪价电子态电荷密度分布的 Hartree 交换能和交换-相关能。

Hamann，Schlüter 和 Chiang 采用 $f_1(r/r_{cl}) = f_2(r/r_{cl}) = f_3(r/r_{cl}) = \exp(-(r/r_{cl})^4)$ 作截断函数[150]。应该注意，由此生成的范数不变赝势与角动量有关，任意一个角动量态对应一与其他赝势无关的赝势。这样，每个角动量态都

可以对应一个不同的参考态，这就允许构建激发态和离子态等的赝势。在模拟中，总赝势为

$$V^{ps}(r) = \sum_L V_L^{ps}(r)\mathbf{P}_L \tag{8-68}$$

式中，L 为角量子数和磁量子数的组合 (l, m)；$\mathbf{P}_L$ 为在角动量态的投影算符。

8.4.3 Bachelet-Hamann-Schlüter 赝势（BHS 赝势）

Bachelet 等利用解析函数拟合由 HSC 方案得到的赝势的解析式，

$$V^{ps}(r) = V^{core}(r) + \sum_L \Delta V_L^{ion}(r) \tag{8-69}$$

$$V^{core}(r) = -\frac{Z_v}{r}\sum_{i=1}^{2} c_i^{core} \operatorname{erf}(\sqrt{\alpha_i^{core}}r) \tag{8-70}$$

$$\Delta V_L^{ion}(r) = \sum_{i=1}^{3}(A_i + r^2 A_{i+3})\exp(-\alpha_i r^2) \tag{8-71}$$

选取的截断函数为 $f_1(r/r_{cl}) = f_2(r/r_{cl}) = f_3(r/r_{cl}) = \exp(-(r/r_{cl})^{3.5})$，与 HSC 模型略有不同。根据上述方法，生成了 LDA 近似下周期表中几乎所有原子的赝势，同时列出对应的参考态。但是，A_i 值通常是很大的数，BHS 赝势通过给出另一个系数 C_i 间接给出 A_i 值。A_i 和 C_i 这两个数之间的关系为

$$C_i = -\sum_{l=1}^{6} A_l Q_{il} \text{ 和 } A_i = -\sum_{l=1}^{6} C_l Q_{il}^{-1} \tag{8-72}$$

式中

$$Q_{il} = \begin{cases} 0, & i > l \\ \left(S_{il} - \sum_{k=1}^{i-1} Q_{ki}^2\right)^{1/2}, & i = l \\ \frac{1}{Q_{ii}}\left(S_{il} - \sum_{k=1}^{i-1} Q_{ki}Q_{kl}\right)^{1/2}, & i < l \end{cases} \tag{8-73}$$

$$S_{il} = \int_0^\infty r^2 \varphi_i(r)\varphi_l(r)\mathrm{d}r \tag{8-74}$$

$$\varphi_i(r) = \begin{cases} \exp(-\alpha_i r^2), & i = 1,2,3 \\ r^2\exp(-\alpha_i r^2), & i = 4,5,6 \end{cases} \tag{8-75}$$

8.4.4 Kerker 赝势

Kerker 采用稍微不同的方法生成赝势[153]，但仍然满足 HSC 条件。该方法

不采用截断函数构建伪波函数，而是利用全电子波函数直接构建伪波函数，在芯域用一光滑函数代替全电子波函数，在截断半径处伪波函数与实际函数满足匹配条件。根据这个方案，HSC 条件被转化为具有解析式的一系列参数方程。通过求解这些参数方程，可以得到相应的参数，也就是伪波函数。将伪波函数代入 Schrödinger 方程，可以求得赝势。采用这种方法时，截断半径被取为略小于全电子波函数最外面的极值位置，明显大于 HSC 方法中的截断半径。Kerker 的伪波函数的解析式为

$$\varphi_l^{\mathrm{val}}(r) = r^{l+1}\,\mathrm{e}^{p(r)} \tag{8-76}$$

式中，$p(r) = \alpha r^4 + \beta r^3 + \gamma r^2 + \delta$，系数 α，β，γ，δ 由 HSC 条件确定。

8.4.5　Troullier-Martins 赝势

Troullier 和 Martins 为了构建更光滑的赝势，推广了 Kerker 的方法，利用更高次幂的多项式 $p(r)$ 函数[154]。Troullier 和 Martins 的伪波函数具有如下形式

$$\varphi_l^{\mathrm{val}}(r) = r^{l+1}\,\mathrm{e}^{p(r)} \tag{8-77}$$

式中

$$p(r) = c_0 + c_2 r^2 + c_4 r^4 + c_6 r^6 + c_8 r^8 + c_{10} r^{10} + c_{12} r^{12} \tag{8-78}$$

并根据下面条件确定系数 c_i：

(1) 范数不变条件；

(2) $\left.\dfrac{\mathrm{d}^n \varphi^{\mathrm{val}}}{\mathrm{d} r^n}\right|_{r=r_c} = \left.\dfrac{\mathrm{d}^n \varphi^{\mathrm{AE}}}{\mathrm{d} r^n}\right|_{r=r_c}$　$(n=0,\ \cdots,\ 4)$；

(3) $\left.\dfrac{\mathrm{d}^n \varphi^{\mathrm{val}}}{\mathrm{d} r}\right|_{r=0} = 0$。

8.4.6　Kleinman-Bylander 赝势

Kleinman-Bylander 形式的赝势可以把一个双重求和转化为两个单重求和的乘积，具体为

$$V_{\mathrm{ion}}^{\mathrm{ps}} = V_{\mathrm{loc}} + \sum_{lm} \frac{(\varphi_{lm}^{\mathrm{ps}} \delta V_l)^{*}\, \varphi_{lm}^{\mathrm{ps}} \delta V_l}{\int \varphi_{lm}^{\mathrm{ps}} \delta V_l \varphi_{lm}^{\mathrm{ps}}\, \mathrm{d}^3\mathbf{r}} \tag{8-79}$$

式中

$$\delta V_l = V_{l,\mathrm{nonloc}} - V_{\mathrm{loc}} \tag{8-80}$$

$V_{l,\mathrm{nonloc}}$ 为非局域赝势角动量的 l 分量；V_{loc} 为任意的局域势能；$\varphi_{lm}^{\mathrm{ps}}$ 为伪波函数。

利用式（8-79），计算量随系统平面波基组大小呈线性变化。

8.5 PIMD 模拟

不管是 BOMD 模拟，还是 CPMD 模拟，总是假设原子核的运动遵守经典力学规律。对于大多数物理化学过程，原子核运动的量子效应并不明显，可以用经典力学很好地近似，这样的假设是合理的，也是合适的。但是，当模拟水分子等氢键系统、质子迁移、酸碱复合系统、CH_4 等的转动现象时，氢原子核运动的量子效应显著，必须在氢原子核的运动中引入量子效应，否则模拟结果与实际偏差较大，有时甚至会得到错误的结论。在物理学中，处理原子核运动的量子效应是量子统计问题，其中，Feynman 路径积分是一种成功的处理方法。

PIMD 是一种重要的 AIMD 模拟方法，该方法利用 Feynman 路径积分处理原子核运动的量子效应。PIMD 采用 Born-Oppenheimer 近似将体系的总波函数分解成电子波函数和原子核波函数两个部分。在与原子核运动相关的处理中，把每个具有量子效应的原子核投影到一组虚拟的经典粒子，这些粒子间由弹簧连接，并由 Feynman 路径积分导出一有效的哈密顿算符描述。经过这样的处理，量子力学体系转化成一虽然复杂但可以快速求解的经典力学体系。

目前，常用的 PIMD 方法包括中心分子动力学模拟（centroid molecular dynamics）方法，环状聚合物分子动力学模拟（ring polymer molecular dynamics）、路径蒙特卡洛模拟（path integral Monte Carlo，PIMC）等[54,149,155-159]。

8.6 质子在甲醇分子和水分子之间迁移过程的 AIMD 模拟

8.6.1 研究背景

甲醇水溶液是直接甲醇燃料电池的燃料（direct methanol fuel cell，DMFC），甲醇水溶液在质子交换膜中的迁移过程是影响 DMFC 性能的重要因素。在甲醇水溶液的水化作用下，质子交换膜的磺酸基电离，生成的氢离子可以与甲醇结合形成质子化的甲醇分子，也可以与水结合形成质子化的水分子。当质子与甲醇形成质子化的甲醇分子时，质子化甲醇分子被电场拖动，电渗迁移到正极，直接被氧气氧化，不能形成电流，不但浪费燃料，而且影响 DMFC 的正常工作。相反，如果质子优先与水分子结合，则甲醇的电渗迁移现象得到抑制，有利于 DMFC 的正常工作和燃料利用效率的提高。

质子在甲醇分子和水分子之间的迁移现象，牵涉氢氧键的生成和断裂，经典

MD 模拟，不能模拟质子在水分子和甲醇分子之间的跳跃迁移现象，必须通过 AIMD 研究[160,161]。利用 CPMD 方法研究质子化甲醇水溶液中质子在水分子和甲醇分子间的迁移过程，具有重要的实际意义。

8.6.2　AIMD 模拟方法

为了取得合理的初始构型，先进行经典 MD 模拟，取得平衡构型，然后在此构型基础上进行 CPMD 模拟。模拟体系包括 5 个甲醇分子、11 个水分子和 1 个质子。在经典 MD 模拟中水分子采用刚性的 TIP3P 力场模型[28]，水合氢离子采用类刚性 TIP3P 力场模型[162]，甲醇分子采用全原子力场模型[106]。模拟中心元胞是边长约 8Å 的立方体，采用 Nosé-Hoover 算法调控温度和压力，实现 NPT 系综[21,22]。模拟采用 DL_POLY 程序[163]，利用 Verlet 算法进行数值积分[8]，时间步长为 1fs，总共进行 1 000 000 步模拟。

完成经典 MD 模拟取得体系的平衡构型后，转入 AIMD 模拟步骤。在 AIMD 模拟中采用 CPMD 程序[164]，利用 BLYP 交换和相关密度泛函计算交换能和相关能，电子波函数的虚拟质量取 600a.u.[165,166]。模拟采用 Troullier-Martins 赝势，平面波基函数，截断能量为 136.06eV[154]。模拟体系被施加周期性边界条件，中心元胞的边长约 7.99Å。模拟时，采用 Nosé-Hoover 链算法调控温度以实现 NVT 系综，模拟温度为 400K[27]。为了降低氢原子核的量子效应，所有氢原子都采用其同位素氘。数值积分采用蛙跳算法，积分时间步长为 3.5a.u. (0.084 66fs)。总共模拟 200 000 步，前 100 000 步为准备步，使体系达到平衡，后 100 000 步为计算步，用于统计系统的性质。

8.6.3　研究结果

甲醇分子与水分子结构相似，不但可以与水分子形成氢键，还可以发生快速的质子交换。图 8-3 显示质子化甲醇水溶液中，甲醇氧原子（OM）与质子（H）和水分子的氧原子（OW）与质子的径向分布函数。从中可以发现，OM 与 H 之间的径向分布函数，形成两个特征距离，第一个特征距离在 0.975Å 附近，配位数等于 1，对应 OM—H 键；第二个特征距离在 2.075Å 附近，质子的数目约为 3，对应甲基上的质子；在第一个特征距离与第二个特征距离之间，OM 周围的质子数目从 1 增加到 2，对应与 OM 形成氢键的质子。相反，OW 与 H 之间的径向分布函数，只形成一个特征峰，也在 0.975Å 附近，对应的配位数为 2，对应水分子的两个质子，形成 OW—H 键；但在 1.5~2.0Å，径向分布函数还形成一个不显著的宽峰，质子数约为 1，对应 OW 与其他分子形成的氢键。理论上，甲醇分子可以接受两个质子，贡献一个质子，共形成三个氢键。从这些模拟可以推断，质子化甲醇水溶液中，形成氢键网络结构，但甲醇同时形成三个氢键的概率较低，一般只能接受一个质子，贡献一个质子，形成两个氢键。

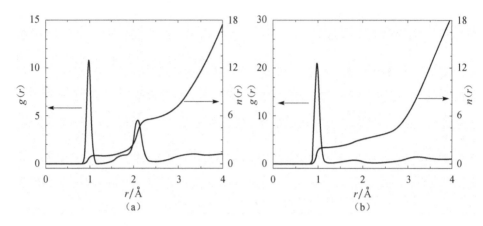

图 8-3　质子化甲醇水溶液中与质子迁移有关的径向分布函数
(a) OM-H；(b) OW-H

事实上，甲醇分子不但与水分子结构相似，可以在甲醇水溶液中与水分子一起形成氢键，还可以在甲醇和水分子之间进行快速的质子交换。当甲醇水溶液被质子化后，额外的质子既可以在两个水分子之间来回振动，形成类似 Zundel 离子的结构，也可以在三个水分子之间振动，形成类似 $(H_2O)_3H^+$ 的复杂离子；此外，额外质子还在一个甲醇分子和一个水分子之间，形成类似 $(CH_3OH)H^+(H_2O)$ 的复杂离子，或在一个甲醇分子和两个水分子之间，形成类似 $(CH_3OH)H^+(H_2O)_2$ 的复杂离子。图 8-4 (a) 的质子化甲醇水溶液的结构快照显示，一个水分子和一个甲醇分子共享一个质子，形成 $(CH_3OH)H^+(H_2O)$ 复杂离子。

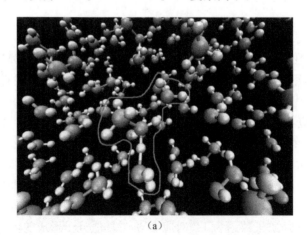

(a)

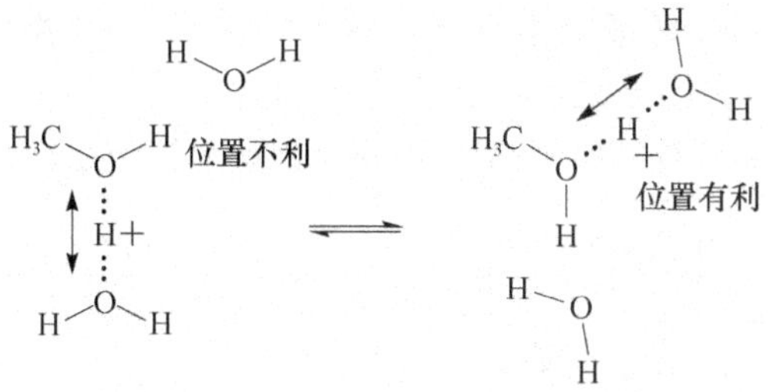

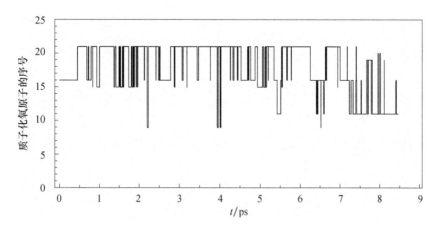

图 8-4　AIMD 模拟质子化甲醇水溶液的结构快照（a）及质
子在三个分子之间跃迁与共享（b）

通过 AIMD 模拟的动态结构还发现，当质子与三个分子形成复杂离子时，既不同时为三个分子共享，也不在三个分子之间来回振动，而总是在两个分子之间振动。如图 8-4（b）所示，受热运动影响，在经过一段时间后，被甲醇分子和水分子共享的质子可能因被甲醇分子吸引而更靠近甲醇氧原子；这时，甲醇的另一个羟基质子因静电排斥力而转移到甲醇分子与另一个水分子的中间位置，形成新的共享结构，与酸性溶液中质子的交换迁移相似。但是，AIMD 模拟还显示，质子从第一个位置交换迁移到第二个位置后，还有很大的概率从新交换迁移回到第一个位置，而不会很快交换迁移到第三个位置。从图 8-5 所显示的额外质子在不同的氧原子（甲醇或水分子）之间不断交换迁移的情形可以发现，质子一般只在若干个分子之间短距离跳跃迁移，较少长距离跳跃迁移。

图 8-5　质子化甲醇水溶液中酸性质子在氧原子之间的跳跃迁移

通过统计额外的质子在水分子之间和甲醇与水分子之间的交换迁移（图 8-6）发现，在约 8.5ps 的 CPMD 模拟过程中，共发生了 123 次质子交换迁移，其中 115 次交换迁移在两个水分子之间进行，4 次从水分子交换迁移到甲醇分子，又有 4 次从甲醇分子交换迁移到水分子。即使考虑体系中水的浓度是甲醇的 2.2 倍，也可以表明额外的质子更容易与水分子结合，质子的跳跃迁移也主要在水分子之间进行。或者说，酸性质子与甲醇结合的概率较与水分子结合的概率更低。

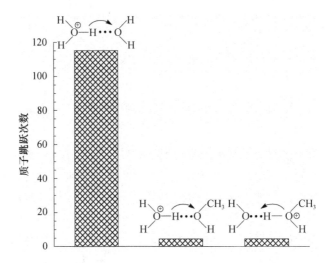

图 8-6　质子化甲醇水溶液中酸性质子在水分子与甲醇分子之间的迁移

第 9 章　分子动力学模拟的应用

9.1　MD 模拟的计算机软硬件

计算机软硬件条件的建立，是开展 MD 模拟的基础。MD 模拟的研究对象不同、目的不同，对计算机软硬件条件的要求也不同。因此，在建立 MD 模拟的计算机软硬件设施前，必须明确 MD 模拟研究的对象及其特点，以及开展 MD 模拟研究的目的。在此基础上，选择合适的计算机软硬件，达到以有限的研究经费，在有限时间内取得最佳效果的目的。

9.1.1　MD 模拟的软件

根据其来源，MD 模拟软件可以分为商业软件和开源软件两大类型。一般来说，商业软件具有更好的图形界面，使用更加方便；相反，开源软件的图形界面可能较差，使用不够方便。但是，商业软件一般不提供源代码，用户不能修改或改进程序；而开源软件提供源代码，用户可以自行改进程序，甚至进行二次开发。因此，以 MD 模拟作为实验研究辅助手段的用户，可以选购合适的商业软件，以提高工作效率。但是，科研经费不十分充裕的用户，完全可以选择开源软件开展工作；或者，在开展 MD 模拟的起始阶段选择开源软件进行工作，待积累足够的工作经验和研究成果后，再选购合适的商业软件。这样，可以节省科研经费，减少浪费。

衡量 MD 模拟软件的第二个要素指标是程序运行的操作系统。运行于 Windows 操作系统的 MD 模拟软件，一般具有优秀的图形界面，使用方便，特别适合初学者和偶然使用者使用。相反，运行于 Linux 操作系统的 MD 模拟软件，有时没有图形界面或图形界面较差，使用不够方便，尤其是对初学者和偶然使用者。但是，在 Linux 操作系统下用户不需要在计算机的本地使用系统，可以通过互联网远程登录计算机系统，十分方便。在 Windows 操作系统下，用户虽可以通过远程桌面登录计算机系统，但终究没有使用 Linux 操作系统的远程终端方便。此外，Linux 操作系统是多用户系统，当多个用户同时使用计算机系统时，相互间没有任何干扰，有利于系统管理。事实上，大多数 MD 模拟软件具备不同版本，可以分别运行于不同的操作系统。

　　衡量 MD 模拟软件的第三个要素指标是软件的应用领域。许多 MD 模拟软件，如生物化学中常用的 AMBER 程序和 CHARMM 程序等，专门为某一应用领域开发，功能强大，使用方便。但是，当将这些程序应用于其他领域时，常显得不够灵活，难以适应用户的需要。与专用 MD 模拟程序主要适用于某些领域的模拟对象不同，通用 MD 模拟程序不是针对某些应用领域的模拟对象而专门开发，可以方便地应用于各种模拟对象的模拟。通用 MD 模拟程序一般具有更多、更灵活的势函数形式，可以自行设置各种势函数参数等，适用性更强。但是，在使用通用 MD 模拟程序时，用户通常需要输入几乎所有势函数参数及其他模拟参数，没有专用程序方便。

　　以上是有关 MD 模拟程序的要素指标，下面介绍 MD 模拟程序的效率指标。

　　并行计算及其加速比是与 MD 模拟效率关系最大的指标。目前，几乎所有的 MD 模拟程序都可以并行运行，但也有少数 MD 模拟程序仍发布串行版程序。特别是一些商业 MD 程序，常发行免费的串行版程序供用户试用。用户必须注意，如果在开始阶段试用了免费的串行版商业 MD 程序，但串行版 MD 程序又不能满足实际模拟需要，同时又没有充足的经费购置并行版的 MD 程序，那么这时，不得不切换到其他 MD 程序，浪费很多时间。

　　MD 模拟算法可扩展性良好，非常容易并行运行。大多数 MD 模拟程序具有很高的并行加速比，有的程序，即使在上千个 CPU 上并行运行，也具有相当高的并行效率。

　　目前，常用的 MD 模拟程序包括 AMBER，CHARMM，GROMACS，NAMD，TINKER，DL _ POLY，Materials Studio 等。

9.1.2　MD 模拟的硬件

　　在计算机技术高度发达的今天，计算机已经渗透到现代社会的各个角落。因此，MD 模拟用户经常可以不消耗或只消耗很少的经费就能得到一定的计算资源，用于 MD 模拟。

　　MD 模拟用户最容易得到的计算资源是个人计算机（PC）。目前，个人计算机的功能已经相当强大，一般能够满足 MD 模拟的初步需求。一台最新的具有八核芯 CPU 的个人计算机，已比十年前的一台工作站（workstation）或服务器（server）的计算速度更快。

　　如果个人计算机无法满足用户开展 MD 模拟研究的要求，可以考虑购置计算性能更优的工作站，专门用于 MD 模拟研究。具有多个多核芯 CPU 的工作站，性能比一般个人计算机优许多倍，但价格比个人计算机高更多倍。目前，一台工作站的 CPU 数量常为 2~8，而一个 CPU 的核芯数为 4~8。这样，一台配置 8 个八核芯 CPU 的工作站，拥有 64 个核芯，其计算性能已经十分强大，可以满足大多数 MD 模拟工作的需求。

除单台多核芯多 CPU 的工作站外，小型研究组也可以考虑购置集群式计算机系统（cluster）。一个集群式计算机系统一般由一台主机或主节点（master）和多台计算节点（node）组成，通过内部网络系统实现节点间的通信和数据传输，构成灵活的计算机系统。由于单台服务器的价格，随配备的 CPU 数的增加呈非线性增加；因此，具有相同计算能力的集群式计算机系统与单台高性能服务器相比，集群式计算机系统的成本大大低于单台高性能服务器。集群式计算机系统的另一个好处是既可以在同一节点运行多个串行作业，又可以在同一节点上并行运行同一个作业，甚至可以在整个集群式计算机系统运行一个并行作业。这样的运行模式，对一个小型研究组来说非常灵活。当模拟计算工作需要时，整个集群系统可以并行运行同一作业，完成特定的大型模拟任务。当计算模拟工作不需要时，各个计算节点可以分别运行不同的作业，满足研究组内多人使用的需求。

最初步的集群式计算系统是 PC 集群，由若干台 PC 组成主节点和计算节点，各节点之间以千兆以太网连接，对外通过主节点与局域网连接。局域网与互联网相连，所有用户都通过互联网以远程登录的方式使用集群系统。为了节省空间，PC 集群常做成机架式样，在一个机架上放置约 10 台 PC。

这样的 PC 集群，可以实验室自己装配，价格低廉。实验室自己装配的 PC 集群的缺点是总节点数不能太多，一般限制在 32 台以下，以 20 台左右的并行效果最好。当 PC 集群拥有更多的节点时，受节点间通信带宽的限制，并行效率明显下降。特别是，MD 模拟等计算化学作业，各个计算节点之间的通信量比其他计算作业大，大集群的并行效率降低明显，加速比的提高受到限制。在工程、物理、力学、数学等领域广泛应用的有限元计算中，各个计算节点之间的通信相对较少，可以利用更大的计算机集群。因此，在计算化学工作者和主要使用有限元计算的工程、物理、力学、数学工作者共同建设计算机集群时，相互之间往往有不同的需求，计算化学工作者希望把较大的集群拆分成若干中等规模的集群，相反，使用有限元计算的用户希望把集群做得越大越好，以满足并行计算的需要。

PC 集群的另一个缺点是占用的实验室空间比较大、噪声和发热也比较大。因此，需要一个配备空调设备的计算机房，以放置 PC 集群。特别是，我国的大部分地区，夏天炎热，如果没有配置空调设备，PC 集群可能因过热而不能正常使用，甚至停止工作。

比 PC 集群更稳定、性能更优的是服务器集群。服务器集群与 PC 集群具有相似的结构，只需把其中的部分或全部节点替换为服务器。服务器集群的性能优越、功能强大，可以满足大多数研究组的需求。但是，服务器集群的购置费用高昂，一般研究组的科研经费难以承担。

除了研究组自备的集群式计算系统外，学校、学院、研究所等机构配备计算速度更快的计算系统，通常也是服务器集群。大型集群的节点数在数百到数千之间，价格在数百万到数千万之间。如果研究组所在的机构拥有公用的大型计算系统，应该首先考虑使用公用资源。通过向计算系统的管理部门提出申请，往往可以免费或以很低的成本获得计算资源。在使用公用计算资源时，即使需要支付一定的机时费，总费用也往往是研究组自备计算系统的一小部分。另外，研究组自备的计算系统，包括空调等的维护费用也很高。相反，机构公用计算系统的维护，有专人负责，不需要研究组负责。

但是，研究组自备计算系统也有很多优点。一方面，研究组能够完全掌控计算系统，在工作需要时可以集中所有的计算资源完成重要的作业。另一方面，使用者可以学习计算系统的日常管理和维护技能，对以后的工作帮助巨大。

9.2　模拟体系分子模型的建立

建立 MD 模拟的计算机软硬件设施后，就可以开始实施 MD 模拟。实施 MD 模拟的第一步是建立模拟体系的分子模型，包括模拟体系的化学模型和分子力场模型两方面的内容。

9.2.1　物理化学过程的参数空间

尽管现代实验技术取得了巨大的发展，但所能利用的技术手段仍然十分有限。在大多数实验室，实验工作者通常只能开展常温、常压附近条件下的物理、化学、生物等实验，难以开展超高温或超低温、超高压或高真空等极端条件下的实验。相反，利用 MD 模拟技术，模拟工作者可以模拟更广泛的外界条件下的物理、化学、生物过程，研究物质在极端条件下的性质。

在实验中，实验工作者经常改变的实验条件包括温度和压力等状态变量、电磁场和重力场等物理场变量。除此之外，实验工作者还常利用物质的不同存在状态，如气态、液态、固态以及它们的界面状态开展实验。当前，等离子态在科学和技术领域的重要性越来越大，等离子态下的物理化学过程正吸引越来越广泛的研究兴趣。在化学中，实验工作者常通过改变化学环境，研究物质在不同溶剂中的性质及其物理化学过程。这些状态变量、物理场变量、物质的存在状态、化学环境参数的集合，构成了实验工作者所能利用的参数空间。

与实验工作者所能利用的参数空间相比，MD 模拟可以在更宽广的参数空间研究物质的性质及其物理化学过程等。例如，在 MD 模拟中可以对体系施加任意强度的物理外场，不受实验技术的限制。但是，MD 模拟的参数空间仍相当有限，难以利用 MD 模拟方法研究稀薄气体、固体、稀溶液等状态下物质的性质及其物理化学过程等。

　　首先，时间参数是开展实验研究、设计实验方案最关键的参数，科学实验方法只能研究有限时间内发生的物理化学过程。如果物理化学过程的进展非常缓慢，在许可的实验时间内没有显著进展，而又不能采取适当的措施加速这些物理化学过程，则科学实验方法不能研究这些物理化学过程。在另一个极端，如果物理化学过程进展非常迅速，超过现代实验观察手段所能观察的时间范围，科学实验方法只能通过研究不同起始状态下的对应结果，推断物理化学的具体过程，不能直接研究这些过程。

　　利用 MD 模拟方法可以研究的时间参数范围与实验方法具有很大的互补性。一方面，MD 模拟不受现代实验观察技术的限制，可以直接研究实验方法无法观察的快速物理化学过程，是对实验观察方法的重要补充。另一方面，由于受计算机计算速度的限制，利用 MD 模拟方法能够模拟的现实世界的时间跨度为 1ns～1μs，很少能够超出 1ms。因此，除非能够采取适当的措施加速物理化学过程的进行，否则无法利用 MD 模拟方法研究那些慢速的物理化学过程。

　　其次，MD 方法也难以模拟研究极稀薄气体或稀溶液中的物理化学过程。在极稀薄气体中分子间的平均距离已经远大于分子间相互作用的范围，气体分子间几乎没有相互作用。特别是受数值计算相互作用力时截断近似的限制，只要气体分子间的距离超过截断半径，气体分子间的相互作用就被完全忽略。因此，气体分子间只有通过偶然发生的相互碰撞实现能量和动量的交换，系统在 MD 模拟过程中难以达到平衡状态。即使仍然利用 MD 模拟方法研究这样的体系，但气体分子间的碰撞频率很低，难以找到合理的统计规律，统计误差巨大。在极稀溶液中，大量的模拟时间消耗于溶剂分子相互作用力的计算，作为研究对象的溶质分子数量很少，MD 模拟结果的统计误差巨大。

　　类似地，当 MD 模拟固体的性质或固体中发生的物理化学过程时，固体中的原子在模拟时间内很少发生长距离的迁移，模拟结果的统计偏差很大，难以保证模拟结果的可靠性。

　　事实上，MD 模拟的基础是统计力学，模拟体系及其所模拟的物理化学过程受统计规律的约束。如果由于受时间和空间尺度的限制，所模拟的物理化学过程成为稀少事件，则 MD 模拟方法不合适。

　　最后，在高温条件下，现实世界中的化学键均会因高温断裂，引起分子的高温分解等。但是，除反应性分子力场模型外，大多数经典力场模型不允许化学键的断裂，因此，MD 模拟难以研究高温条件下发生的物理化学过程，以及其他存在化学反应的物理化学过程。

9.2.2　化学模型的建立

构建化学模型的目的是确定模拟体系的化学组成,包括体系所包含的分子种类及每种分子的数量两方面内容。根据 9.2.1 节讨论,模拟体系中每种分子的数目不能太少,太少就难以满足统计规律,难以得到可靠的模拟结果。当模拟体系包含生物大分子或合成高分子时,在任意空间方向这些分子的尺寸都不能超过中心元胞的尺度,分子与像分子之间的距离必须大于分子间力的截断距离,保证在 MD 模拟过程中一个分子与其像分子之间的物理和化学分离,不存在任何相互作用。

受模拟体系大小的限制,模拟时经常只能放入一个大分子,无法放入多个大分子,这是必须引起注意的问题。如果模拟的是合成高分子,应该适当确定合成高分子的聚合度,保证合成高分子的聚合度既不能太低,影响模拟结果的可靠性,又不能太高,影响模拟过程的顺利进行。

模拟体系包含的总分子数量由中心元胞的空间尺度或模拟体系的总规模决定,受物理和技术两方面的限制。物理方面,如果模拟体系存在超分子结构或其他有序结构,模拟体系的空间尺度必须大于这些结构的特征尺度,否则,在模拟过程中无法形成相应的结构。模拟体系中含量较少的组分,分子数不能太低,应具有一定的代表性。在技术方面,如果实验室的计算资源丰富、条件好,模拟体系可以适当大一点。相反,如果实验室计算条件不够理想、计算资源不足,模拟体系应该小一点,保证在合理的时间内取得有效的模拟结果。事实上,计算系统的计算能力决定了所能模拟的体系的总规模,模拟体系的规模太大,超过计算系统的计算能力,将使模拟过程无法完成。因此,在 MD 模拟中需要根据模拟体系的特点和拥有的计算设施,确定合适的中心元胞空间尺度或体系总规模。

9.2.3　模拟体系分子力场模型的建立

确定模拟体系的化学模型后,下一步的任务是建立模拟体系的分子力场模型。正如第 4 章所述,分子力场模型包括全原子力场模型、联合原子力场模型、粗粒度原子力场模型、可极化分子力场模型等多种类型。目前,全原子力场模型是最常用的一类分子力场模型,常用于无机分子、有机分子、生物分子、溶液、熔融盐等体系的模拟;联合原子力场模型具有比全原子力场模型更高的抽象程度,更节省计算时间,常用于有机分子、生物分子、合成高分子等的模拟;粗粒度原子力场模型具有最高的抽象度,常用于脂质体、表面活性剂溶液、液晶等体系的模拟;可极化分子力场模型具有比全原子力场模型更强的表现力,可用于水溶液体系电离现象等的模拟。

分子力场模型包括势函数形式及参数两方面的内容。从无到有建立分子力场模型是极其复杂的过程，因此，在实际模拟中经常利用已被广泛应用的分子力场模型。

如果所选择的力场参数集中缺少某些势参数，就必须采取适当方法定制这些势参数。其中，分子内相互作用势参数是分子结构和形貌的决定因素，常用量子化学计算、经验方法、红外光谱数据等确定。分子内相互作用包括化学键伸缩振动、键角弯曲振动、绕单键旋转或二面角扭曲运动、分子内非键相互作用等。化学键伸缩振动与键角弯曲振动对分子构型的影响不显著，对应的能量很高，力常数的变化对模拟结果的影响不大。相反，绕单键旋转或二面角扭曲运动对分子的构型，特别是对合成高分子和生物大分子的形貌影响巨大，对应的能量与热运动能处在同一范围，必须认真对待。

在许多情况下，需要利用不同来源的力场参数集，以满足实际 MD 模拟工作的需要。在划分不同的运动模式所对应的能量时，同一来源的力场参数采取的方案相同，各参数之间相互自洽。相反，不同来源力场参数，在划分不同的运动模式所对应的能量时采取的方案不同，各参数之间不能自洽。因此，混用不同来源的力场参数进行 MD 模拟，必须保证参数之间的自洽性，否则，难以得到合理的模拟结果。

在初步确定模拟需要的全部力场参数后，需要对这些参数进行最后的检查和优化，以保证力场模型的正确性。由于成键与非键相互作用之间的能量差巨大，对这两类相互作用参数的优化可以分别进行。成键相互作用主要决定分子的形状和形貌，如果在 MD 模拟中发现分子的形状和形貌偏离平衡状态，需要检查成键相互作用是否有误。非键相互作用决定密度、沸点等与体系状态方程有关的性质。通过适当调整非键相互作用参数，可以使 MD 模拟结果符合体系的状态方程。

9.3　MD 模拟的初始条件

根据经典力学理论，对于任何经典力学体系，只要确定体系的初始构型和初始速度，就可以计算体系在未来任何时刻的构型与速度。利用统计力学的概念，模拟体系的初始构型和初始速度，对应相轨迹在相空间中的起始点，而 MD 模拟就是计算由相空间中的起始点出发的一段相轨迹。任何 MD 模拟都只能得到体系相轨迹的一小段，为了保证 MD 模拟得到的这一小段相轨迹在相空间中的代表性，模拟的起始点必须接近平衡状态。相反，如果相轨迹的起始点远离平衡状态，不但会导致模拟得到的相轨迹没有代表性，而且还可能影响模拟过程的稳定性，导致模拟不能正常进行。下面是确定初始构型和初始速度的一般要求。

（1）对于单原子分子体系和小分子体系，只要模拟温度不太低，一般比较容易达到平衡状态。因此，可以随机地设定体系的初始构型。但是，必须注意分子的形状不能过分偏离平衡构型，分子间也不能互相靠得太近；否则，分子内应力和分子间排斥力太大，将使运动方程处在不稳定状态，导致 MD 模拟的失败。如果上述情况发生，可以利用构型优化技术，在 MD 模拟前先优化体系的构型，降低体系的势能，纠正被高度扭曲的构型，确保模拟过程的正常进行。

（2）对于晶体和玻璃态物质，必须确保初始构型处在平衡构型附近，否则永远无法通过模拟达到平衡构型。

（3）对于合成高分子、生物分子等大分子体系或大分子溶液，要根据大分子和溶剂的结构特征确定初始构型，否则模拟中大分子难以达到平衡构型。

（4）设定初始速度较初始构型方便和自由，通常可以根据 Maxwell 速度分布，随机地设定体系中各原子的初始速度。

9.4　MD 模拟技术参数的确定

确定模拟体系的分子模型、力场模型、初始条件后，就可以设定 MD 模拟的技术参数，进行正式模拟。这些参数包括以下几个方面。

（1）数值积分算法或差分格式，包括 Verlet 蛙跳算法、速度蛙跳算法等；

（2）数值积分时间步长；

（3）计算分子间相互作用力的算法，如计算库仑力的 Ewald 求和算法、计算非键相互作用的截断半径及其截断处理方法等；

（4）计算分子间相互作用力时的节省时间算法，如近邻列表算法、格子索引算法及与此相关的参数；

（5）模拟系综及其算法，模拟的统计系综（NVT、NPT 等），状态变量 P、V、T，实现统计系综的算法；

（6）模拟过程参数，包括准备和产出阶段的模拟步数、出错处理方法等；

（7）模拟输出开关，在模拟过程中需要计算的各种物理量、算法及其相关参数，需要输出的各种信息。

9.5　MD 模拟的过程

在完成上述工作后，就可以实施具体的 MD 模拟。模拟的第一步是将上述各种参数按 MD 模拟程序的要求格式，写入不同的输入文件，供 MD 模拟程序读取。第二步是确定输出信息、输出频率、输出文件的格式等。体系的构型和速度信息，即相轨迹文件（trajectory file）或历史文件（history file），将随模拟的进行而迅速积累，生成海量的数据。事实上，随着 MD 模拟的进行，相轨迹文件将迅速增大，稍不注意就会写满整个文件系统。因此，必须预先估计相轨迹文件的大小，避免写满整个文件系统。当然，如果输出的相轨迹数据太少，也不利于统计体系的各种性质。

由于种种原因，MD 模拟过程可能会在正常结束前终止，因此，必须设置断点处理方案，保证在模拟过程中断后不必从起始步开始模拟，可以从断点前的适当时间步继续进行模拟，节省计算时间。

最后，为了保证 MD 模拟结果的代表性与可靠性，必须从不同的初始条件反复多次重复模拟。根据热力学原理，任何热力学体系的平衡性质与初始构型无关；因此，如果从不同的初始条件模拟得到的结果不一致，则模拟结果不具代表性或不可靠。

9.6　MD 模拟结果的处理

MD 模拟的最后一步是模拟数据处理和结果分析。从 MD 模拟数据中可以得到体系的结构信息、热力学性质、迁移性质等，这些重要的物理化学性质，对了解体系的特征具有重要价值。

9.6.1　体系的结构信息

通过 MD 模拟，不但可以得到系统的多种热力学性质，还可以得到系统的结构性质。模拟体系的结构可以通过图形、径向分布函数、结构分布函数等多种方法表示。在以图形表示模拟体系结构时，既可以用模拟体系结构快照（snapshot），也可以用模拟体系的平均结构或与某个基准结构的比较表示模拟体系的结构，还可以用动画表示模拟体系结构的变化。

欲绘制高质量的分子结构快照，必须拥有优秀的化学图形软件。例如 Materials Studio 等商业分子模拟软件，其图形功能强大，一般不需要另外的化学图形软件绘制模拟体系的结构快照。如果所用的 MD 模拟软件没有图形界面或图形界面不够理想，可以利用第三方商业或免费化学图形软件。在互联网上，可以下载的化学图形软件有 VMD、MOLDY 等数十种之多。特别是 VMD 这个软件，不但包括了数十种不同的分子结构图形表示方法，还可以用不同的图形表示方法表达不同的原子、官能团、结构单元和分子等，完全达到大多数化学类刊物的出版要求[167]。VMD 软件的不足之处是图形捕捉功能较弱，图形格式较少。特别是当图形包含太多的原子或分子时，常常无法将图形从屏幕上捕捉下来。这时，如果利用 Windows 操作系统的截屏功能捕捉图形，捕捉到的图形的分辨率较低，有时不能满足刊物的出版要求。因此，需要更优秀的化学图形软件，甚至还需要价格很高的商业软件。

VMD 软件的另外一个常用功能是制作动画或电影。利用该功能，可以先截取模拟过程的一系列结构快照，生成一帧一帧的图像，然后把这些图像转换成动画，供 PowerPoint 等演示软件使用。这样制成的动画，可以直观地显示模拟过程中原子和分子的运动，对了解模拟体系的运动规律，具有重要意义。

VMD 软件的另一个特点是可以在 Windows 和 Linux 等多种平台使用。当在远程 Linux 环境使用 VMD 软件时，可以通过 Cygwin 软件在本地运行 Windows 操作系统的机器显示图形，实现既可以利用远程服务器的强大运算功能，又不需要通过网络移动巨大数据文件的目的。事实上，MD 模拟过程产生的相轨迹文件，常可以达到数十吉、上百吉甚至上千吉的数据量。目前，通过国内大学或研究机构的局域网传输这样大量数据，还是相当困难的。特别是当计算主机不在本机构内，需要通过互联网传送数据时，目前根本无法实现。此外，如果桌面系统也运行 Linux 操作系统，则根本不需要另外的软件就能在本地桌面显示远程机器上运行 VMD 软件产生的图形。

除了利用结构快照表示模拟体系的结构外，一种常用的方法是让模拟体系的结构与某个基准结构进行比较，或与某个虚拟结构（如模拟体系的平均结构）进行比较。这种比较分子结构的方法在研究蛋白质和 DNA 等生物大分子的结构，以及研究生物大分子与生物大分子或小分子配体之间的相互作用时特别有用。

在比较所研究的分子与该分子的基准构型时，需要计算该分子与其基准构型之间的均方偏差根（root mean square deviation，RMSD）。一般地，基准构型可以与所研究分子是同一个分子，也可以与所研究分子具有相似结构，但有部分不同的分子。另外，还可以比较模拟分子在不同时刻的构型，或者模拟分子在每一时刻的构型与其模拟过程的平均构型。

由于所研究的对象构型与其基准构型的质心不重叠、取向不同，必须对所研究的对象构型实施如下对齐操作（alignment）：①确定对齐操作所依据的参考原子集 S。②分别计算对象构型和基准构型的参考原子集质心位置，对对象构型实施平移对齐操作，使对象构型和基准构型的参考原子集的质心相互重叠。③对对象构型实施旋转对齐操作，使两个构型的参考原子集合间的均方偏差根达到最小值，

$$\text{RMSD}(\text{target},\text{ref}) = \left(\frac{1}{M}\sum_{i\in S}m_i(\mathbf{r}_i(\text{target})-\mathbf{r}_i(\text{ref}))^2\right)^{1/2} \tag{9-1}$$

式中，m_i 为第 i 个原子的相对原子质量；$M=\sum_{i\in S}m_i$ 为参考原子集的总的相对原子质量；$\mathbf{r}_i(\text{target})$ 和 $\mathbf{r}_i(\text{ref})$ 分别表示对象构型和参考构型的第 i 个原子的坐

标。④确定对比原子集 C，计算对象构型与基准构型的对比原子的均方偏差根。

$$\mathrm{RMSD}(\mathrm{target},\mathrm{ref}) = \left(\frac{1}{M} \sum_{i \in C} m_i \left(\mathbf{r}_i(\mathrm{target}) - \mathbf{r}_i(\mathrm{ref}) \right)^2 \right)^{1/2} \qquad (9\text{-}2)$$

在实际构型对比中，用来进行对齐操作的参考原子集 S 与进行对比的对比原子集 C，可以完全相同、部分相同或完全不同。例如，比较两个蛋白质构型时，一般只选蛋白质骨架上的 N、C_α 和 C 原子作为参考原子集，但进行对比的原子集可以是骨架原子集，也可以是其他原子集或官能团。另外，对于可自由旋转的甲基等基团，其氢原子的构型变化较大，不适合计算 RMSD。

　　分子构型的对比，在生物、医药领域应用广泛。常见的对比内容包括：两个功能相似的蛋白质分子之间的构型差异，蛋白质分子结合小分子配体前后的构型差异，同一蛋白质分子结合不同小分子配体时的构型差异等。这样的对比，对于了解蛋白质的生理活性、小分子配体的生理活性、药物分子的作用机理、药物分子的理性设计等具有重要意义。在图 9-1 中，通过以阿霉素的蒽环骨架为参考构型，比较了九位配基和六元胺糖的不同构型，显示出结构比较的价值[168]。

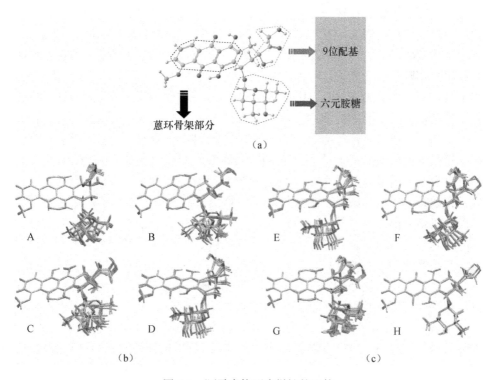

图 9-1　阿霉素构型多样性的比较

(a) 实施对齐操作的蒽环骨架部分；(b) A～D 显示九位配基的四种不同构型；

(c) E～H 显示六元胺糖的四种不同构型

9.6.2 径向分布函数

径向分布函数是描述液体和非晶体材料微观结构最常用的数学语言。径向分布函数 $g_{AB}(r)$ 表示与 A 类中心原子相距为 r、厚度为 δr 的球壳中发现 B 类原子的概率，与 B 类原子在整个模拟体系中均匀分布时的概率之比。利用简单的几何关系，可以计算球壳的体积，

$$\delta V = \frac{4}{3}\pi(r+0.5r)^3 - \frac{4}{3}\pi(r-0.5\delta r)^3 \approx 4\pi r^2 \delta r \tag{9-3}$$

如果模拟体系的总体积为 V，其中包含 n_A 个 A 类原子，n_B 个 B 类原子，则 A、B 两类原子在模拟体系中的平均数密度分别为 $\rho_A = \frac{n_A}{V}$ 和 $\rho_B = \frac{n_B}{V}$。当 A、B 类原子均匀分布时，球壳中发现 A、B 类原子的概率分别为为 $4\pi\rho_A r^2 \delta r$ 和 $4\pi\rho_B r^2 \delta r$。

径向分布函数是描述分子体系结构的一个重要函数，也是一个可以通过 X 射线衍射或中子衍射实验方法测量的函数。晶体的衍射谱是一系列细小亮点；相反，液体或非晶体的衍射谱是一系列光斑，中间亮、外面暗。通过分析这些光斑的位置分布及其亮度变化，可以计算待测体系的径向分布函数。实验测量径向分布函数，一方面被用于验证 MD 模拟结果，另一方面也用于建立和优化体系的分子模型，具有重要的实际意义。

气体、液体、晶体等物质具有显著不同的径向分布函数。气体特别是理想气体的径向分布函数，几乎没有任何结构。液体或非晶体的径向分布函数，在近距离时有少量的高低和尖锐程度不等的峰分布，但峰的高度随着距离的增大迅速降低。在远距离时，径向分布函数趋向于平均分布，即 $g_{AB}(r) = 1$。晶体物质的径向分布函数由一组非常尖锐的峰组成。从理论上说，这些峰的高度为无穷大，宽度为 0. 但实际峰高不可能是无穷大，宽度也不为 0。不管如何，峰下面积是一个与晶体结构有关的常数。不同于液体或非晶体的径向分布函数，晶体的径向分布函数在远距离仍保持尖锐的峰形，说明晶体具有长程有序结构，液体或非晶体具有近程有序、长程无序结构。

由 $g_{AB}(r)$ 可以了解分子体系的结构，特别是 A 类原子和 B 类原子间的相互关系。例如，$g_{AB}(r)$ 的峰的位置对应了 A—B 间的最可几距离，高度和尖锐程度对应 A—B 间的结构有序度。通过径向分布函数 $g_{AB}(r)$ 还可以定量计算 A 类原子周围 B 类原子的配位数 N_{AB}，

$$N_{AB} = 4\pi \int_0^{R_{\min}} \rho_B g_{AB}(r) r^2 \mathrm{d}r \tag{9-4}$$

式中，积分极限从 $r=0$ 到径向分布函数 $g_{AB}(r)$ 的第一个极小点的位置 R_{min}。由此，可以了解 A 类原子与 B 类原子相互作用的强弱，特别是与其他种类原子之间相互作用强弱的对比。

除表征模拟体系的结构，径向分布函数还与许多热力学函数直接相关。如果分子间相互作用是两体势，则可以用径向分布函数计算分子系统的所有热力学性质。以单原子分子流体为例，由径向分布函数可以计算总能量，

$$E = \frac{3}{2}Nk_BT + 2\pi N\rho \int_0^\infty r^2 u(r)g(r)\mathrm{d}r \tag{9-5}$$

式中，$u(r)$ 为分子间相互作用势能函数。也可以由径向分布函数得到状态方程，

$$PV = Nk_BT - \frac{2}{3}\pi N\rho \int_0^\infty r^3 \frac{\mathrm{d}u(r)}{\mathrm{d}r} g(r)\mathrm{d}r \tag{9-6}$$

除单原子分子体系外，多原子分子体系的径向分布函数由多种不同的形式：如按分子的质心位置统计径向分布函数，得到质心径向分布函数（center of mass radial distribution function，COM RDF）；也可以按分子中各个原子的位置统计径向分布函数，得到原子-原子径向分布函数（atom-atom radial distribution function），如图 9-2 所示。

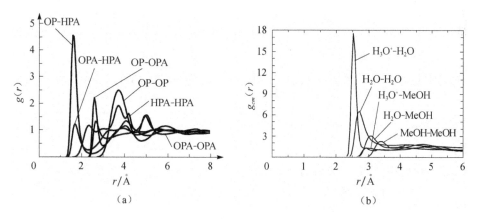

图 9-2　径向分布函数（a）和质心径向分布函数（b）示意图[169,170]

除原子-原子径向分布函数外，还有高阶的径向分布函数。例如，可以在固定 A—B 原子间距离的条件下，统计 C 类原子在 A—B 周围的分布。高阶径向分布函数较少用到，这里不详细介绍。

9.6.3　热力学性质

从 MD 模拟中可以得到的最直接结果是体系的动能和势能。根据体系中各

质点在某一时刻的速度，可以计算体系的总动能，

$$K = \sum_{i=1}^{N} \frac{1}{2} m_i (v_{ix}^2 + v_{iy}^2 + v_{iz}^2) = \sum_{i=1}^{N} \frac{1}{2} m_i \mathbf{v}_i \cdot \mathbf{v}_i \qquad (9\text{-}7)$$

总动能的时间平均为

$$\bar{K} = \frac{1}{1 + N_\tau} \sum_{\tau=0}^{N_\tau} \sum_{i=1}^{N} \frac{1}{2} m_i \mathbf{v}_i(\tau) \cdot \mathbf{v}_i(\tau) \qquad (9\text{-}8)$$

类似地，根据体系的分子力场及其各个质点在某一时刻的位置，可以计算体系的各种分子内、分子间相互作用的势能。体系的总势能是

$$U = \sum_{j=i+1}^{N} \sum_{i=1}^{N-1} u_{ij}(r_{ij}) \qquad (9\text{-}9)$$

总势能的时间平均为

$$\bar{U} = \frac{1}{1 + N_\tau} \sum_{\tau=0}^{N_\tau} \sum_{j=i+1}^{N} \sum_{i=1}^{N-1} u_{ij}(r_{ij}, \tau) \qquad (9\text{-}10)$$

总势能和总动能之和是体系的总热力学内能，

$$\bar{E} = \bar{K} + \bar{U} \qquad (9\text{-}11)$$

根据体系的总动能，可以直接计算体系的温度。值得注意的是，微正则系综的温度是波动的，正则系综和 NPT 系综的温度是固定不变的，

$$K = \frac{1}{2} k_B T (3N - N_c) \qquad (9\text{-}12)$$

式中，N 和 N_c 分别为系统的原子数和约束数。对于没有分子内约束的模拟体系，其平动动量被固定约束为零，$N_c = 3$。

除热力学内能和温度外，压力也是模拟体系的一个基本物理量。在 MD 模拟中，模拟体系的压力由维力（virial）定理计算得到

$$w = -PV = \overline{\frac{1}{3} \sum_{i=1}^{N} \mathbf{r}_i \cdot \mathbf{f}_i^{\text{ext}}} \qquad (9\text{-}13)$$

式中，$\mathbf{f}_i^{\text{ext}}$ 表示模拟体系所受的外力。如果把模拟体系的维力 w 分解为外维力 w^{ext} 和内维力 w^{int} 之和，

$$w = \frac{1}{3} \sum_{i=1}^{N} \mathbf{r}_i \cdot \mathbf{f}_i^{\text{tot}} = \frac{1}{3} \sum_{i=1}^{N} \mathbf{r}_i \cdot (\mathbf{f}_i^{\text{ext}} + \mathbf{f}_i^{\text{int}}) = w^{\text{ext}} + w^{\text{int}} \qquad (9\text{-}14)$$

由于

$$\bar{w} = \overline{\frac{1}{3}\sum_{i=1}^{N}\mathbf{r}_i \cdot \mathbf{f}_i^{\text{tot}}} = -Nk_{\text{B}}T \tag{9-15}$$

体系的状态方程为

$$PV = Nk_{\text{B}}T + \overline{\frac{1}{3}\sum_{i=1}^{N}\mathbf{r}_i \cdot \mathbf{f}_i^{\text{int}}} \tag{9-16}$$

由于 MD 模拟的每一步多需计算各原子的受力，利用式（9-13）计算压力并不增加多少额外的计算量。

9.6.4　热力学涨落与热力学参数

从统计系综的概率分布可以知道，系综中的几乎所有体系均处在平衡分布附近，相应的热力学量也处在平均值的附近。但是，系综中仍有一些体系偏离平衡状态，与这些体系相对应的热力学量也偏离平均值。这种热力学量偏离平均值的现象，称为热力学涨落。

在体系的各种热力学量中，只有不受约束的那些宏观量才存在围绕平均值的涨落。例如，微正则系综的能量 E，粒子数 N 以及体积 V 固定，不存在涨落；但是系统的压力不受约束，存在压力涨落。正则系综的 N、T、V 固定，不存在涨落；但是系统的能量 E 和压力 P 存在涨落。巨正则系综的 T、V、μ 固定，不存在涨落；但是系统的能量 E 压力 P 和粒子数 N 存在涨落。NPT 系综的 N、P、T 固定，不存在涨落；但体积 V 存在涨落。虽然一般情况下的涨落微小，没有多少直接意义；但是涨落与许多热力学参数相关联，涨落的计算具有重要的实际意义[79]。

1. 正则系综的能量涨落与恒容热容

热容是热力学系统的一个重要参数。特别是在相变点附近，热容与相变的种类密切相关。在一级相变点附近，热容趋于无穷大；在二级相变点附近，热容不随温度连续变化。因此，通过计算热容可以很容易地鉴别系统的相变及相变的种类。同时，热容是一个实验可测量，通过比较热容的实验值与 MD 模拟值，可以验证 MD 模拟结果的可靠性。热容是热力学内能对温度的偏导数，

$$C_V = \left(\frac{\partial E}{\partial T}\right)_V \tag{9-17}$$

因此，无法像计算热力学内能那样直接计算热容。计算热容的一种方法是在多个温度分别模拟同一个体系，得到不同模拟温度下的热力学内能，通过计算热力学

内能对温度的数值导数得到热容。但是，这种方法不但计算量大，而且需要计算不同温度下的热力学内能（两个大数）之差，计算误差巨大，结果不甚可靠。

在计算热容的另一种方法中，只需要进行单个温度下单次 MD 模拟，通过计算系统的热力学内能涨落，得到系统的热容，

$$C_V = \frac{1}{k_B T^2} \overline{(E - \bar{E})^2}_{\mathrm{NVT}} \tag{9-18}$$

通过热力学内能的涨落计算热容，只涉及系统总能量的计算，可以在模拟结束后利用模拟过程记录下来的总能量数值，计算热容。

2. 正则系综的压力涨落与等温压缩系数

正则系综的等温压缩系数（isothermal compressibility）定义为

$$\kappa_T = -V^{-1} \left(\frac{\partial V}{\partial P} \right)_T \tag{9-19}$$

如果定义高维力（hypervirial function）

$$X = \frac{1}{9} \sum_{i=1}^{N} \sum_{j=i+1}^{N} \sum_{k=1}^{N} \sum_{l=k+1}^{N} (\mathbf{r}_{ij} \cdot \nabla_{\mathbf{r}_{ij}})(\mathbf{r}_{kl} \cdot \nabla_{\mathbf{r}_{lk}} u(\mathbf{r}_1, \mathbf{r}_2, \cdots, \mathbf{r}_N)) \tag{9-20}$$

等温压缩系数与压力的涨落的关系为

$$\kappa_T^{-1} = \frac{2Nk_B T}{3V} + \bar{P}_{\mathrm{NVT}} + \frac{\bar{X}_{\mathrm{NVT}}}{V} - \frac{V}{k_B T} \overline{(P - \bar{P})^2}_{\mathrm{NVT}} \tag{9-21}$$

3. 正则系综的压力和势能的涨落与热压力系数

热压力系数（thermal pressure coefficient）定义为

$$\gamma_V = \left(\frac{\partial P}{\partial T} \right)_V \tag{9-22}$$

与压力和势能涨落的交叉项有关

$$\gamma_V = \frac{Nk_B}{V} + \frac{1}{k_B T^2} \overline{(U - \bar{U})(P - \bar{P})}_{\mathrm{NVT}} \tag{9-23}$$

4. 微正则系综中的涨落与热力学量的关系

在微正则系综中，恒容热容与系统动能或势能的涨落有关，

$$\overline{(U-\bar{U})^2}_{\text{NVE}} = \overline{(K-\bar{K})^2}_{\text{NVE}} = \frac{3}{2}N\,(k_\text{B}T)^2\left(1-\frac{3Nk_\text{B}}{2C_V}\right) \tag{9-24}$$

热压力系数与压力和动能或势能涨落的交叉项有关

$$\overline{(P-\bar{P})(K-\bar{K})}_{\text{NVE}} = \overline{(P-\bar{P})(U-\bar{U})}_{\text{NVE}} = \frac{N\,(k_\text{B}T)^2}{V}\left(1-\frac{3V\gamma_V}{2C_V}\right) \tag{9-25}$$

与式（9-21）类似，压力的涨落也与压缩系数有关，但这里对应的是绝热压缩系数

$$\kappa_{ad}^{-1} = \frac{2Nk_\text{B}T}{3V} + \bar{P}_{\text{NVE}} + \frac{\bar{X}_{\text{NVE}}}{V} - \frac{V}{k_\text{B}T}\overline{(P-\bar{P})^2}_{\text{NVE}} \tag{9-26}$$

5. NPT 系综中的涨落与热力学量的关系

在 NPT 系综中，系统的等温压缩系数、恒压热容和热膨胀系数分别与体积和焓的涨落及这两种涨落的交叉项有关，

$$\kappa_T = \frac{1}{k_\text{B}TV}\overline{(V-\bar{V})^2}_{\text{NPT}} \tag{9-27}$$

$$C_P = \frac{1}{k_\text{B}T^2}\overline{((E+PV)-\overline{(E+PV)})^2}_{\text{NPT}} \tag{9-28}$$

$$\alpha_P = \frac{1}{k_\text{B}T^2V}\overline{(V-\bar{V})((E+PV)-\overline{(E+PV)})}_{\text{NPT}} \tag{9-29}$$

式中，α_P 为热膨胀系数。

$$\alpha_P = V^{-1}\left(\frac{\partial V}{\partial T}\right)_P \tag{9-30}$$

9.6.5　迁移性质的计算

1. 时间相关函数

除了计算平衡性质外，通过 MD 模拟也可以得到体系的迁移性质。根据线性响应理论，分子体系的各种迁移系数与体系的时间相关函数（time correlation functions）关联[171-174]。时间相关函数是热力学体系的重要性质，表示当前时刻的特定物理量与早先某一时间某物理量之间的相关程度，体现了它们之间的因果关系。时间相关函数与热力学体系中的迁移过程、传递过程等密切相关。利用时

间相关函数，可以计算模拟体系的各种迁移性质。

对任意热力学体系，如果物理量 A 和 B 随时间变化，且可以通过 MD 模拟得到它们的时间序列 $A = \{a(\tau) | \tau = 1 \sim m\}$ 和 $B = \{b(\tau) | \tau = 1 \sim m\}$，则它们之间的时间相关函数通过下式计算

$$c_{AB}(\tau) = a(\tau + \tau_0) b(\tau_0) \tag{9-31}$$

通常，需要对时间相关函数取时间平均并归一化，

$$c_{AB}(\tau) = \sum_{\tau_0=1}^{m-\tau} \langle a(\tau + \tau_0) b(\tau_0) \rangle \Big/ \sqrt{\sum_{\tau_0=1}^{m-\tau} \langle a(\tau_0) a(\tau_0) \rangle \sum_{\tau_0=1}^{m-\tau} \langle b(\tau_0) b(\tau_0) \rangle} \tag{9-32}$$

2. 速度自相关函数

速度自相关函数（velocity autocorrelation function，VACF）是最重要的时间相关函数，被定义为模拟体系中特定的原子、分子的当前速度与早先某一时间的速度的相关程度，

$$\mathrm{VACF}(\tau) = \mathbf{v}_i(\tau_0) \cdot \mathbf{v}_i(\tau_0 + \tau) \tag{9-33}$$

但是，由此公式计算得到的速度自相关函数的波动很大，统计误差完全掩盖了其中的信息。因此，必须对模拟体系中同一类的分子（或原子）进行平均，以及利用模拟结果进行时间平均，方可得到平滑而稳定的速度自相关函数，

$$\mathrm{VACF}_A(\tau) = \frac{1}{N_A(m-\tau)} \sum_{\tau_0=1}^{m-\tau} \sum_{i=1}^{N_A} \mathbf{v}_i(\tau_0) \cdot \mathbf{v}_i(\tau_0 + \tau) \tag{9-34}$$

式中，不但对系统中所有的同类分子（或原子）进行平均，还对 $m - \tau$ 个起始时间进行平均。

从上述结果可以得到，当 $\tau = 0$ 时，

$$\mathrm{VACF}_A(0) = \frac{1}{N_A(m-\tau)} \sum_{\tau_0=1}^{m-\tau} \sum_{i=1}^{N_A} \mathbf{v}_i^2(\tau_0) \tag{9-35}$$

退化为 A 类分子（或原子）的均方速度。随着时间的推移，$\mathbf{v}_i(\tau_0)$ 与 $\mathbf{v}_i(\tau_0 + \tau)$ 之间的相关性越来越小，逐渐失去了对以往运动速度的记忆，变得越来越不相关，直到完全失去以前速度的记忆，变得完全无关。因此，$\mathrm{VACF}_A(\tau)$ 在起始时刻是一个迅速衰减函数；但是，随着时间的推移，$\mathrm{VACF}_A(\tau)$ 会很快衰减为零，直到不再有任何变化。有的模拟体系，$\mathrm{VACF}_A(\tau)$ 不但可以迅速衰减为零，并越过零值成为负相关，然后在零点附近反复振动多次，最后再衰减为零（图 9-3）。

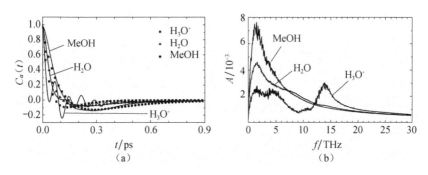

图 9-3　速度自相关函数（a）及其对应的 FFT 变换（b）[175]

速度自相关函数的衰减过程，与分子间的动量传递相关[170]。在开始时刻，由于与周围原子的碰撞，分子迅速把动量传递给周围的分子。一般情况下，分子只需与周围分子碰撞少数几次，就可以把大部分动量传递给周围分子。为了更好地研究动量耗散过程，常用指数衰减函数拟合速度自相关函数，得到分子失去动量的平均时间。如果速度自相关函数越过零点而成为负值，则表示分子在与周围分子的碰撞中，因反弹而向相反的方向运动，引起速度的负相关。如果分子的速度自相关函数反复振动多次才衰减为零，表明中心分子与周围分子间发生多次碰撞和动量转移。

速度自相关函数与分子的自扩散系数相关，可根据 Green-Kubo 公式计算得到自扩散系数，

$$D_s = \frac{1}{6} \int_0^\infty \mathrm{VACF_A}(\tau) \mathrm{d}\tau \tag{9-36}$$

应该注意，速度自相关函数在后期不但衰减缓慢，而且不断地波动；因此，速度自相关函数对时间的积分的收敛速度也非常缓慢，甚至发生随积分上限的变化不断波动而不能收敛的情况。

除了用直接方法计算速度自相关函数外，也可用快速傅里叶变换方法（fast Fourier transform，FFT）计算速度自相关函数。用 FFT 方法计算速度自相关函数，计算效率较直接法提高数十倍。由于在 MD 模拟过程中常记录了数十吉甚至数百吉的数据，即使从硬盘读取这些数据也将消耗长达数小时的时间。用 FFT 算法计算如此数据的速度自相关函数，往往只需数分钟时间。相反，利用直接法计算速度自相关函数，可能需要数小时。另外，由于计算速度自相关函数时需要移动和处理的数据量巨大，这不但是对计算机网络系统的巨大考验，也是对 Windows 操作系统下的编程技巧的一大考验。相反，如果直接在 Linux 系统处理这些数据，计算得到速度自相关函数，再在桌面系统对速度自相关函数作图处理，则过程非常顺利。

3. 速度互相关函数

速度自相关函数与分子的自扩散系数和动量的弛豫相关联，而速度互相关函数则与分子之间的动量传递和分子的互扩散系数相关联。速度互相关函数（velocity cross-correlation function，VCCF）被定义为

$$\text{VCCF}_{\text{AB}}(\tau) = \frac{1}{N_A N_B (m - \tau_0)} \sum_{\tau_0 = 1}^{m - \tau_0} \sum_{i=1}^{N_A} \sum_{j=1}^{N_B} \mathbf{v}_i(\tau_0) \cdot \mathbf{v}_j(\tau_0 + \tau) \qquad (9\text{-}37)$$

式中，i 标记 A 类分子，j 标记 B 类分子。根据上述公式，每计算一个时间 τ 的速度互相关函数共需计算 $N_A N_B$ 次矢量乘法和标量加法。为了得到光滑的速度互相关函数，一般需要计算大量时间点的速度互相关函数，总的计算量比速度自相关函数的计算量大 N_B 倍。因此，适当设定起始时间的间隔、并限定速度互相关函数起始时间点的数量，把 MD 模拟的每一步都作为一个起始时间点，速度互相关函数的计算量将比 MD 模拟还大。

快速傅里叶变换方法计算速度互相关函数是一种有效的算法，计算时间比直接法短得多，也很容易实现。可以证明，这两种方法计算速度互相关函数在数学上等价，结果一致。

由于 MD 模拟中模拟体系的总动量被约束，由上述方法计算得到的速度互相关函数与真实模拟体系的速度互相关函数存在差异。如果计算中心分子与离中心分子一定距离范围内的 B 类分子间的速度互相关函数，替代全局的速度互相关函数，就可以避免约束总动量引入的误差。例如，第一配位层速度互相关函数是指 A 类分子与处在 A 类分子的第一配位层中的 B 类分子之间的速度互相关函数，

$$\text{VCCF}_{\text{1st}}(\tau) = \frac{1}{N_A N_{B_{\text{1st}}} (m - \tau_0)} \sum_{\tau_0 = 1}^{m - \tau_0} \sum_{i=1}^{N_A} \sum_{j \in B_{\text{1st}}} \mathbf{v}_i(\tau_0) \cdot \mathbf{v}_j(\tau_0 + \tau) \qquad (9\text{-}38)$$

由于第一配位层只占模拟总分子数的很小一部分，受总动量约束条件的影响很小。因此，第一配位层的速度互相关函数，正确地反映了动量在第一配位层与中心分子间的传递，具有重要意义。类似地，也可以计算第二配位层速度互相关函数。但是，这种限定配位层的速度互相关函数，算法复杂，似乎也难以用快速傅里叶变换的方法计算，限制了它的推广和应用。

有趣的是，也可以计算 A 类中心分子与处在第一配位层或其他区域中的 A 类分子间的速度互相关函数。这样计算得到的速度互相关函数与 A 类分子的速度自相关函数大不相同。速度自相关函数是某个分子速度与该分子自身速度的相关，速度互相关函数则度量某个分子的速度与周围分子的速度相关。由于在任一时间，模拟体系中一个分子的速度与其他分子的速度之间是相互独立的，因此

VCCF(0) = 0。但是，随着时间的推移，当该分子在碰撞中把动量传递给周围分子时，不同分子间的速度逐渐相关，速度互相关函数不再等于零（图 9-4）。

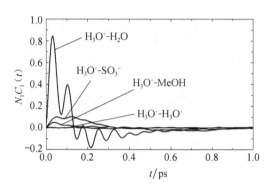

图 9-4　速度互相关函数[170]

4. 均方位移

早在 1828 年，植物学家 Robert Brown 就发现后来以他的名字命名的"布朗运动"现象。布朗通过仔细观察发现，浸泡在水中的花粉粒子（布朗粒子）在不停地做无规则运动。布朗在排除了因水的流动、蒸发等原因而引起布朗运动后，把布朗运动归结为布朗粒子的本质属性。现在已经知道，布朗运动的真正根源是周围水分子对布朗粒子的永不停息且强度不同的随机碰撞。爱因斯坦利用"无规行走"方法分析了布朗运动，不但为布朗运动提供了理论基础，也将布朗运动与扩散现象联系起来。

根据爱因斯坦的分析，布朗粒子的运动是由周围液体分子对布朗粒子的反复撞击而引起的一种随机运动。布朗粒子每次因受撞击而发生的运动，与前次运动的方向和距离无关。因此，足够长的时间后，布朗粒子的净位移为零，但布朗粒子的均方位移（mean square displacement）却正比于所经历的时间，

$$\overline{\mathbf{r}(t)} = 0 \tag{9-39}$$

$$\Delta \mathbf{r}^2(t) = \frac{1}{N} \sum_{i=1}^{N} (\mathbf{r}_i(t) - \mathbf{r}_i(0))^2 \tag{9-40}$$

$$\Delta \mathbf{r}^2(t) \propto t \tag{9-41}$$

进一步分析表明，模拟体系中的液体分子也在发生无规则的行走运动，其均方位移遵守下列经验关系，

$$\lim_{t \to \infty} \overline{\Delta \mathbf{r}^2(t)} = C + 6D_s t \tag{9-42}$$

式中，C 为常数；D_s 为分子的自扩散系数。

第 10 章　分子力场的构建与 MD 模拟的应用实例

10.1　聚炔分子力场的构建

聚炔（polyyne，$C_{2n}H_n$）是一种富含碳元素的直线形分子，广泛存在于星际环境及不完全燃烧产生的灰烬之中[176-179]。聚炔不仅属于有机分子，也被认为属于碳的同素异形体，是碳的同素异形体的最后研究疆域。在包括 3D 结构的金刚石、2D 结构的石墨烯和石墨、1D 结构的纳米碳管和聚炔、0D 结构的富勒烯等已知的碳的同素异形体中，纳米碳管介于 1D 和 2D 之间，只有直线形的聚炔具有真正的 1D 结构[180]。虽然目前还难以在实验室得到游离的聚炔，但理论计算表明，聚炔可以作为分子电子器件的原子导线和非线性光学材料等，具有巨大的潜在应用价值[181-183]。

在观察和验证聚炔的存在和尝试实验合成聚炔很久以前，理论工作者就已开始研究聚炔分子。早期利用 MHMO 和 EHMO 方法研究表明，聚炔拥有单键和叁键交替结构[184,185]。近年来，由于聚炔在理论上的重要性和潜在的应用价值的显现，吸引了大量的理论和实验研究[186-189]。但是，聚炔既容易聚合、又容易被氧化，难以实验合成和分离，一般只能在稀溶液[190-192]、真空或气相[193]、冷的稀有气体介质[194]之中合成和表征聚炔。考虑到合成和分离聚炔的困难及其巨大的潜在应用价值，通过分子模拟方法研究聚炔以弥补实验数据的不足，显得尤为重要。

本节将利用第一性原理计算聚炔分子间的相互作用势能，并将计算结果用于拟合分子间相互作用势函数，得到力场参数，建立聚炔的分子力场模型，作为分子模拟的基础[195]。

10.1.1　研究方法

考虑到聚炔分子的高度对称性和刚性，固定聚炔分子内的所有键长和键角，把聚炔分子近似为没有内部自由度、只存在分子间相互作用的刚体模型。同时假设，聚炔分子间的相互作用势能可以分解为库仑相互作用和具有 Lennard-Jones 势函数形式的 van der Waals 相互作用，

$$u = \frac{1}{4\pi\varepsilon_0} \sum_{i=1}^{n} \sum_{j=1}^{m} \frac{q_i q_j}{r_{ij}} + \sum_{i=1}^{n} \sum_{j=1}^{m} 4\varepsilon_{ij} \left(\left(\frac{\sigma_{ij}}{r_{ij}}\right)^{12} - \left(\frac{\sigma_{ij}}{r_{ij}}\right)^{6} \right) \tag{10-1}$$

式中，u 为总的分子间相互作用势能；下标 i 和 j 分别标记相互作用的两个聚炔分子中的原子；n 和 m 分别为相互作用的两个聚炔分子所包含的原子数；q_i 和 q_j 为原子 i 和 j 的残余电荷；ε_0 为真空介电常数；r_{ij} 为原子 i 和 j 之间的距离；ε_{ij} 和 σ_{ij} 为原子 i 和 j 之间的 Lennard-Jones 势参数。

为了得到聚炔分子的力场参数，首先利用第一性原理计算确定 C_6H_2、C_8H_2 和 $C_{12}H_2$ 三种聚炔分子中各原子的残余电荷；其次，计算不同构型下两个聚炔分子间的相互作用势能；最后，利用最小二乘法拟合得到 Lennard-Jones 势参数。具体的计算过程包括：①在 B3LYP/6-311G(d, p) 理论水平上优化三种聚炔分子，并利用频率计算验证优化构型具有局部极小能量；②在 MP2/6-311G (d, p) 理论水平上计算三种孤立聚炔分子的能量；③利用 ChelpG 算法计算三种聚炔分子的各个原子的残余电荷；④在 MP2/6-311G(d, p) 理论水平上计算具有不同构型的聚炔分子体系的总能量，得到包括肩并肩（side-by-side）、平行（parallel）、交叉（cross-over）、头对头（head-to-head）等四种类型（图 10-1）共 420 个聚炔分子体系的相互作用势能；⑤扣除库仑相互作用对分子间相互作用势能的贡献，得到聚炔分子间的 van der Waals 相互作用势能；⑥利用聚炔分子间的 van der Waals 相互作用势能，拟合经验势函数方程（10-1），得到 Lennard-Jones 势参数。事实上，从分子间相互作用势能中扣除库仑相互作用的贡献后，可以得到关于 Lennard-Jones 势参数的线性方程组，很容易确定 Lennard-Jones 势参数。

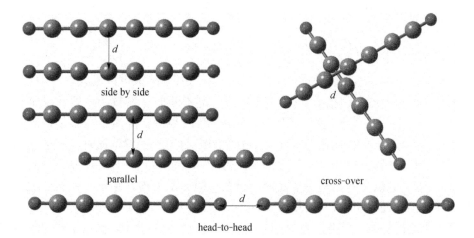

图 10-1　用于拟合聚炔分子间相互作用势参数的四种类型位置关系

10.1.2 研究结果

对于刚性直线形分子，分子内相互作用参数只有键长一种。图 10-2 显示 C_6H_2、C_8H_2 和 $C_{12}H_2$ 三种聚炔分子的键长参数。其中，C—H 键长是 1.065Å，与文献报道的 $1.061\sim1.062$Å 一致[196]。$C_{12}H_2$ 中的 C≡C 叁键和 C—C 单键的键长分别为 $1.228\sim1.246$Å 和 $1.342\sim1.359$Å，与文献报道的 $1.208\sim1.227$Å 和 $1.333\sim1.368$Å 相当[183,196,197]。与烃类分子相比，C—C 单键的键长比烷烃分子对应的键长短许多，但 C≡C 叁键的键长比乙炔对应的键长稍长[198,199]。

三种聚炔分子的残余电荷如图 10-2 所示。从中可以发现，末端 C—H 键具有极性，但极性随聚炔分子链长的增长略有降低。C_6H_2、C_8H_2 和 $C_{12}H_2$ 中 H 原子的残余电荷从 0.310 降低到 0.307 和 0.299，末端 C 原子的残余电荷从 -0.406 升高到 -0.401 和 -0.375。但是，非末端 C—C 单键和叁键几乎不显示极性，且非末端 C 原子的残余电荷随分子链长的变化不显著。

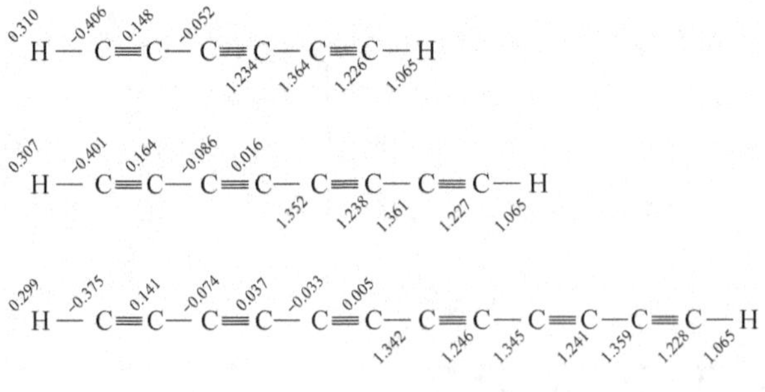

图 10-2　聚炔的残余电荷（上，单位 $|e|$）和键长（下，单位 Å）

聚炔分子的 Lennard-Jones 势参数列于表 10-1。从中可以看出，C—C 原子间的势参数与一般文献报导相似，但 H—H 原子间的势参数与一般文献报导显著不同[33]。在聚炔分子之间，H—H 原子间势阱很深、碰撞半径很小，这与聚炔分子具有很大极化率的性质一致。当两个聚炔分子头-头靠近时，因极化而产生强烈的相互吸引作用。C—H 原子间的势参数显示与 Berthelot 混合规则不同的特征[200]，它们之间的碰撞半径远大于两者的算术平均，甚至大于两者之中相对大的碰撞半径；相反，它们之间的势阱却远小于两者的几何平均，甚至远小于两者之中小的势阱。因此，在聚炔分子间的相互作用势能中，异种原子之间的势参数不能用一般的混合规则估算。

表 10-1　聚炔分子的 Lennard-Jones 势参数

聚炔分子	$\varepsilon/(\text{kcal/mol})$	$\sigma/\text{Å}$
C—C	0.1830	3.113
C—H	0.0382	3.264
H—H	4.7741	1.100

　　为了评估由经验势函数方程（10-1）与第一性原理计算得到的理论势能的预报误差，计算预报值与理论势能之间的均方误差的平方根（root mean square errors），

$$\text{rms} = \sqrt{\frac{1}{N_\alpha}\sum_\alpha \overline{(u_\alpha(\text{eq1}) - u_\alpha(\text{MP2}))^2}} \tag{10-2}$$

式中，$u_\alpha(\text{eq1})$ 和 $u_\alpha(\text{MP2})$ 分别为经验势函数方程（10-1）的预报势能和 MP2/6-311G(d, p) 计算的理论势能；$N_\alpha = 420$，表示全部 420 个分子体系。从图 10-3 所显示的两个 C_6H_2 分子间势能的预报值和理论值的比较，发现吸引势的预报值与理论值吻合，预测效果满意；排斥势的预报值与理论值之间的偏差较大，预测结果不够满意。定量地，当只计入吸引势部分时，预报值与理论值之间的均方误差平方根只有 0.4825kcal/mol；但是，当计入所有小于10kcal/mol的势能时（其中也包括所有的吸引势），预报的均方误差平方根升高到 1.7953kcal/mol。考虑到实际分子体系中大多数分子处在平衡位置附近，而处在排斥势范围的概率很低，排斥势对 MD 模拟结果的影响并不显著；因此，本节的预报结果令人满意。

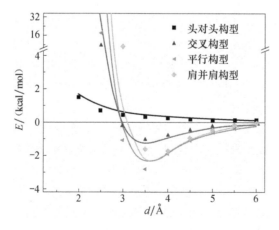

图 10-3　C_6H_2 分子间相互作用势的第一性原理计算值
（数据点）与经验势预报值（曲线）的对比

10.1.3 研究结论

本节首先利用第一性原理计算聚炔分子体系的分子间相互作用势能，然后利用最小二乘法拟合得到分子间相互作用势参数。结果表明，聚炔分子间的相互作用势可以分解为库仑相互作用和 Lennard-Jones 形式的 van der Waals 相互作用之和。聚炔的端基 C—H 高度极性，非端基 C—C 极性很小。与 H 有关的 Lennard-Jones 势参数与一般有机分子体系显著不同，H—H 相互作用的势阱很深，碰撞半径很小。C—H 混合相互作用势参数，不符合常用的 Berthelot 混合规则。总的来说，势能吸引部分的预报结果与第一性原理计算结果符合良好，可以用于 MD 模拟或基于经验力场模型的其他分子模拟。

10.2 锂离子电池电解液的 MD 模拟

锂离子电池是在 20 世纪 90 年代实现商品化的新型电池，具有工作电压高、比能量大、循环寿命长、对环境影响小等优点。目前，锂离子电池已经成为移动电话、便携式计算机、数码相机等移动式电子设备的主流电源。但是，锂离子电池仍是热点研究课题，其技术仍在飞速发展，应用范围期望继续扩大，成为混合动力和电动汽车的动力电源。

电解质溶液是包括锂离子电池在内的任何电化学器件不可或缺的重要组成部分，其基本功能是在电化学器件的正负极（或阴阳极）之间传输电荷，组成电化学器件的内回路。虽然，一种电解质溶液常可以用于不同的电化学器件，但电解质溶液必须与电极材料匹配，才能成为合格的电池电解液。在锂离子电池中，电解质溶液的主要作用是在正负电极之间输送或传导 Li^+，并在碳表面形成钝化层或固体电解质界面（solid electrolyte interface，SEI）。电解质溶液性能的好坏与电池的储存与使用寿命、内阻与功率特性、充放电效率、自放电速率、工作温度范围和安全性能等密切相关。

用于锂离子电池的电解质溶液虽然多种多样，但总是由可以电离的锂盐及其溶剂组成。常用的锂盐包括六氟磷酸锂（lithium hexafluorophosphate，$LiPF_6$）、四氟硼酸锂（lithium tetrafluoroborate，$LiBF_4$）、高氯酸锂（lithium perchlorate，$LiClO_4$）等，常用的溶剂包括有机溶剂和高分子物质等。由于金属锂的化学性质活泼，以水溶液作电解质的锂离子电池，仍然处在研究阶段，有许多技术难题需要克服。有机溶剂目前是锂离子电池中应用最广的溶剂，常用的有机溶剂包括碳酸二甲酯（dimethyl carbonate，DMC）、碳酸二乙酯（diethyl carbonate，DEC）、碳酸甲乙酯（ethyl-methyl carbonate，EMC）、碳酸乙烯酯（ethylene carbonate，EC）、碳酸丙烯酯（propylene carbonate，PC）等。有机电解质溶液更确切的名称应该是非质子电解质溶液。醇类等有机质子溶剂，可以与金属锂反应，不能用于锂离子电池。因此，用于锂离子电池电解质溶液的溶剂，必须是非质子溶剂，化学性质稳定，不与金属锂发生反应。聚醚等高分子固体或高分子胶体，也能溶解和电离锂盐，也可以用于锂离子电池。电解质溶液在锂离子电池中的作用极其重要，常根据电解质溶剂的种类，对锂离子电池进行分类。例如，在水性锂离子电池中，以锂盐的水溶液作为电解质；在全固体锂离子电池中，以锂盐在聚醚中等固溶体作为电解质。目前，有机电解质溶液仍是锂离子电池中应用最广泛的电解质。

用于锂离子电池的电解质，对溶剂的性质有很高的要求。第一，要求溶剂分子有很大的极性和介电常数，对锂盐具有良好的溶解性，保证电解质溶液的浓度和电导率。第二，溶剂的黏度不能太高，否则难以润湿电极，造成电极与电解质溶液之间的接触不良。第三，溶剂的液态温度区间广泛，蒸气压低，保证电解质溶液在电池工作的温度范围内不凝固、不气化。第四，溶剂化学和电化学性质稳定，具有足够宽的电化学窗口，不与其他电池材料发生化学和电化学反应。第五，溶剂热稳定性高、在空气中稳定、毒性低、对环境无危害或危害很小。目前，单一的有机溶剂，难以满足全部上述要求，只有通过几种非质子溶剂的配合，组成混合溶剂，才能满足锂离子电池对电解液的严格要求。

10.2.1　化学模型

EC 虽然具有很高的介电常数（25℃，89.78），化学和电化学稳定性，但熔点较高（36.4℃），黏度较大（40℃，1.90cP），单独使用难以满足锂离子电池的严格要求。相反，DMC、DEC 和 EMC 等虽然介电常数较小（25℃，约 3.0），沸点和闪点也较低，但熔点低（−74.3～4.6℃），黏度小（25℃，约 0.60cP）[201]。在实际应用中，常利用不同碳酸酯的混合液，作为电解质溶液的溶剂，取得较好的综合性能。此外，LiPF$_6$ 在极性非质子有机溶剂中具有良好的溶解性和解离度，电离生成的阴离子 PF$_6^-$ 具有良好的化学和电化学稳定性。当利用 LiPF$_6$ 作为电解质、多种碳酸酯作为混合溶剂时，高介电常数的 EC 主要起溶解和解离作用，DMC、DEC 和 EMC 等起降低电解液的黏度和凝固点的作用，这些成分的合理搭配直接影响锂离子电池的综合性能。

本节将利用 MD 模拟方法研究由 DMC、EC、EMC 和 LiPF$_6$ 构成的不同组成的电解质溶液在不同温度下的结构与性质，探讨电解质溶液组成和温度对体系性质的影响规律。

MD 模拟的第一步是建立模拟体系的化学模型，包括体系的组成、各组分的含量或浓度、体系的总体规模或包含的分子数目等。为了便于对比，本节首先模拟各个溶剂组分及其混合溶剂，得到溶剂的结构和性质；其次模拟不同浓度的电解质溶液，得到溶液结构和性质随浓度的变化；最后，改变模拟温度，得到电解质溶液性质与温度的关系。各模拟体系的具体化学组成见表 10-2，模拟温度范围 250～375K，压力 1atm（1atm＝101 325Pa）。

表 10-2　MD 模拟体系的化学组成

模拟体系	EC	EMC	DMC	LiPF$_6$
EC	343	0	0	0
EMC	0	343	0	0
DMC	0	0	343	0
LiPF$_6$	0	0	0	343
Solv	100	100	100	0
Solu-6	100	100	100	6
Solu-12	100	100	100	12
Solu-18	100	100	100	18
Solu-24	100	100	100	24
Solu-30	100	100	100	30
Solu-36	100	100	100	36

10.2.2　分子力场模型

实施 MD 模拟的第二步是建立模拟体系的分子力场模型。不失一般性，分子体系的总势能总可以分解为分子内和分子间相互作用势能两个部分，其中分子内相互作用势能又可分解为成键相互作用势能和非键相互作用势能。

根据 DMC、EC、EMC 和 LiPF$_6$ 等分子的特点，假设 LiPF$_6$ 在溶液中完全电离成 Li$^+$ 和 PF$_6^-$。这样，MD 模拟体系包含三种溶剂分子、一种阴离子、一种阳离子（图 10-4）。在这些分子和离子中，Li$^+$ 球形对称，可以近似为质点；PF$_6^-$ 具有良好的刚性，可以近似为没有内部自由度的刚体。三种溶剂分子中共有的碳酸根结构，在锂离子电池工作条件下保持平面构型，也可约束为刚体。溶剂分子的其他化学键、键角、二面角等，不受约束，允许自由变化。

本节将按照键伸缩势、键角弯曲势、二面角扭曲势、静电相互作用势和 van der Waals 相互作用势的顺序，确定各种相互作用的势函数类型及势参数。第一，利用 GAUSSIAN 03 程序[202]，在 B3LYP/6-311＋＋G(d，p) 理论水平上优化各分子和离子[166,203]，得到各组成分子和离子的稳定构型及结构参数。虽然，在

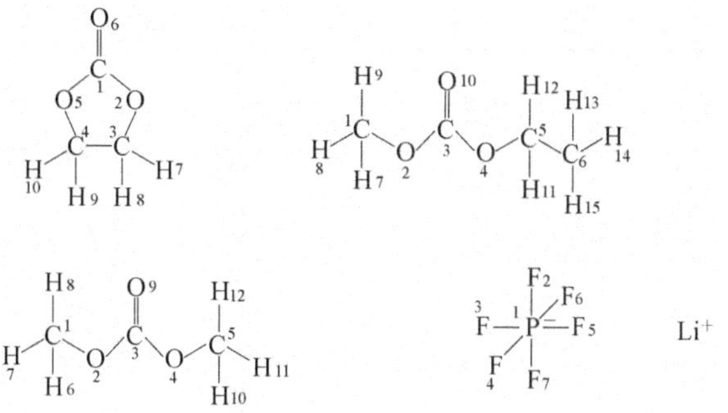

图 10-4　MD 模拟体系的组成分子或离子及其原子的编号

B3LYP/6-311＋＋G(d,p) 理论水平上优化得到的分子结构参数具有良好的精确度，但不能直接作为分子力场模型中的参考键长和参考键角。例如，根据化学直观和分子对称性，DMC 中的两个甲基完全等价，每个甲基上的三个 C—H 键也完全等价，具有相同的键长。但是，根据密度泛函理论优化得到的 DMC 分子结构，两个甲基并不完全等价，C—H 键也不完全等价。因此，在建立 DMC 分子的力场模型时，必须充分考虑化学直观和分子对称性，将密度泛函理论优化得到的甲基 C—H 键长进行平均化处理，得到 C—H 键伸缩势的参考键长。类似地，利用密度泛函理论优化得到 DMC、EC、EMC 和 PF_6^- 中的有关键长，也作平均化处理，得到有关键伸缩势的参考键长，具体见表 10-3。除被约束固定的化学键外，所有化学键伸缩势，均取谐振子势函数模型。相应的力常数也列于表 10-3。

表 10-3　键伸缩势函数的参考键长 l_0 和力常数 k_s

键	$l_0/\text{Å}$	$k_s/[\text{kcal}/(\text{mol}\cdot\text{Å}^2)]$
EC		
C1—O2, O5	1.361	固定
O2—C3；O5—C4	1.437	320
C3—C4	1.531	310
C1—O6	1.188	固定
C3—H7, H8；C4—H10, H11	1.090	340
DMC		
C1—O2；C5—O4	1.441	320
C3—O2, O4	1.344	固定
C3—O9	1.201	固定
C1—H6, H7, H8；C5—H10, H11, H12	1.090	340
EMC		
C1—O2	1.440	320
O4—C5	1.452	320

续表

键	$l_0/\text{Å}$	$k_s/[\text{kcal}/(\text{mol} \cdot \text{Å}^2)]$
EMC		
O2—C3	1.340	固定
C3—O4	1.348	固定
C5—C6	1.514	310
C3—O10	1.201	固定
C1—H7，H8，H9	1.090	340
C5—H11，H12	1.092	340
C6—H13，H14，H15	1.092	340
PF_6^-		
P1—F2，F3，F4，F5，F6，F7	1.646	固定

第二，对密度泛函理论优化得到的键角，也进行平均化处理，使得有关键角弯曲势函数的参考键角也符合化学直观和分子对称性。键角弯曲势函数，均取谐振子势函数形式，具体的参考键角和力常数，列于表 10-4。

表 10-4　键角弯势函数的参考键角 θ_0 与力常数 k_b

键角	$\theta_0/(°)$	$k_b/[\text{kcal}/(\text{mol} \cdot \text{rad}^2)]$
EC		
C1—O2—C3；C1—O5—C4	109.47	60
O2—C3—C4；O5—C4—C3	102.65	50
O2—C3—H7，H8；O5—C4—H9，H10	108.68	35
C4—C3—H7，H8；C3—C4—H9，H10	113.27	50
H7—C3—H8；H9—C4—H10	109.88	35
其他键角		固定
DMC		
O2—C1—H6，H7，H8；O4—C5—H10，H11，H12	108.77	35
H6—C1—（H7，H8）；H10—C5—(H11，H12)	109.99	35
C1—O2—C3；C5—O4—C3	112.76	60
其他键角		固定
EMC		
O2—C1—H7，H8，H9	108.91	35
H7—C1—H8，H9	110.01	35
C1—O2—C3；C3—O4—C5	117.97	60
O4—C5—C6	107.56	50
O4—C5—H11，H12	108.41	35
C6—C5—H11，H12	112.17	50
H11—C5—H12	108.00	35

键角	$\theta_0/(°)$	$k_b/[\text{kcal}/(\text{mol} \cdot \text{rad}^2)]$
EMC		
C5—C6—H13, H14, H15	110.57	50
H13—C6—H15, H16	108.34	35
其他键角		固定
PF_6^-		
所有键角	90.00	固定

第三，二面角扭曲势，只与旋转轴上两个原子的种类有关，与其他两个原子无关。或者说，二面角 X—A—B—Y 的扭曲势能，只与 A 原子和 B 原子的种类有关，与 X 和 Y 的种类无关。在本节，取余弦形式二面角扭曲势函数 [式 (2-9)]，三个力场参数参考 DREIDING 力场模型确定，详见表 10-5[141]。

表 10-5　二面角扭曲势函数的力场参数

二面角	n	$\delta/(°)$	$V/[(\text{kcal/mol})]$
EC			
X—C1—O2，O5—X	2	0	0.5000
X—O2—C3—X	3	180	0.6667
X—O5—C4—X	3	180	0.6667
X—C3—C4—X	3	180	0.2222
DMC			
X—C1—O2—X	3	180	0.6667
X—O2—C3—X	2	0	0.5000
X—C3—C4—X	2	0	0.5000
X—O5—C4—X	2	0	0.5000
EMC			
X—C1—O2—X	3	180	0.6667
X—O2—C3—X	2	0	0.5000
X—C3—O4—X	2	0	0.5000
X—O4—C5—X	3	0	0.3333
X—C5—C6—X	3	180	0.2222

第四，确定分子内和分子间的静电相互作用势。本节利用库仑势近似静电相互作用，通过 ChelpG 算法拟合从密度泛函理论计算得到的分子静电势 (molecular electrostatic potential)，得到各个原子所带的残余电荷 (图 10-5)[204]。

第五，将确定分子间和分子内的 van der Waals 相互作用势函数及其参数。在电解质溶液中，常用的 van der Waals 相互作用势函数取 Buckingham 势函数形式 [式 (3-43)]。Buckingham 势函数中参数 A 和 B 分别表示指数排斥项的指

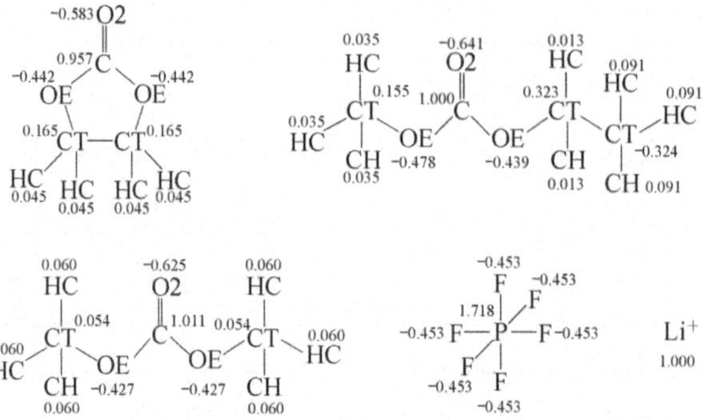

图 10-5　MD 模拟体系组成分子的原子名称及其残余电荷

前因子及其指数中的系数，C 是吸引项系数，具体参数列于表 10-6。这些力场参数采用 Borodin 等所用数值[205-207]，异种原子之间的 Buckingham 参数由 Waldman-Hagler 组合规则估算[138]。虽然非键相互作用存在于任何一对原子之间，但与成键相互作用相比，非键相互作用相对较小。在本节的 MD 模拟中，将只计算不存在成键相互作用的原子对之间的非键作用，不计算存在成键相互作用的 1—2、1—3 和 1—4 原子之间的非键相互作用。

表 10-6　Buckingham 相互作用势参数

力点 A	力点 B	$A/[\times 10^3\ (\text{kcal/mol})]$	$B/\text{Å}^{-1}$	$C/(\text{kcal} \cdot \text{Å}^6/\text{mol})$
CT, C	CT, C	165.7	3.887	332.4
CT, C	OE, O2	89.85	3.854	321.0
CT, C	HC	41.73	4.189	98.96
CT, C	P	700.6	4.219	883.8
CT, C	F	134.8	4.129	163.1
CT, C	Li$^+$	25.49	4.346	18.77
OE, O2	OE, O2	48.83	3.824	310.0
OE, O2	HC	22.01	4.136	95.57
OE, O2	P	368.3	4.163	853.5
OE, O2	F	71.57	4.080	157.5
OE, O2	Li$^+$	13.20	4.277	18.13
HC	HC	15.48	4.815	29.46
HC	P	276.4	4.902	263.1
HC	F	45.17	4.666	48.55
HC	Li$^+$	13.99	5.333	5.588
P	P	5000	5.000	2350
P	F	791.5	4.735	433.6
P	Li$^+$	275.9	5.519	49.91
F	F	135.8	4.545	80.00
F	Li$^+$	35.65	5.053	9.209
Li$^+$	Li$^+$	44.20	7.278	1.060

10.2.3　MD 模拟方法

建立研究体系的化学模型和分子力场模型后，就可以开始实施具体的 MD 模拟。首先，本节选择通用型 MD 模拟程序 DL＿POLY 进行模拟[163]。其次，建立或生成模拟体系的初始构型。本节利用周期性边界条件，把具有无限尺度的宏观体系中的一个基本重复单元（元胞），作为实际宏观体系的近似。操作时，根据表 10-2 中的具体分子和离子数目，在长方体元胞中依次随机插入 EMC、DMC、EC、PF_6^- 和 Li^+ 等分子或离子。但此时体系的分子结构松散，初始密度很低，远没有达到平衡密度。因此，在实际 MD 模拟前先对体系进行结构优化，降低体系的总势能，提高体系的密度。在结构优化过程中，体系的总势能逐渐降低，松散结构逐渐收缩，最后达到平衡结构，密度接近实验密度。最后，设定体系的初始速度。即使模拟体系的速度分布远离平衡分布，MD 模拟也可以使体系的速度分布很快接近或达到平衡分布。因此，本节在保证体系的初始速度分布符合 Maxwell 分布，初始温度等于设定温度的前提下，给体系中的每一个原子随机地赋予一个初始速度。

在确定模拟体系的初始构型和初始速度后，还需要确定模拟的统计系综、模拟过程所采用的算法、各种截断半径及其模拟参数等。本节模拟采用 Nosé-Hoover 算法实现 NPT 系综，压力取 1.0atm，温度取 300K 或其他设定值，温度和压强的弛豫时间均取 0.2ps[21,22]，数值积分采用蛙跳算法[8]，积分时间步长取 1.0fs。静电势计算采用 Ewald 算法，van der Waals 相互作用的截断半径取 10.0Å。为了提高模拟效率，采用 Verlet 近邻列表算法计算原子间非键相互作用力，近邻球的半径取 12.0Å。

实际 MD 模拟时，首先在设定模拟温度和压力下进行 300 万步模拟，使体系达到平衡。然后，再进行 100 万步模拟，记录于相轨迹文件之中，用于统计体系的各种性质，并进一步计算有关的速度自相关函数和均方位移，确定 Li^+ 和 PF_6^- 的迁移性质。

10.2.4　模拟体系的结构

1. 碳酸酯混合溶剂的结构

结构快照是从 MD 模拟可以得到的最直观、最直接的结构信息。从图 10-6 所显示的 EC、DMC 和 EMC 三种碳酸酯的等物质的量混合溶剂的结构快照可以发

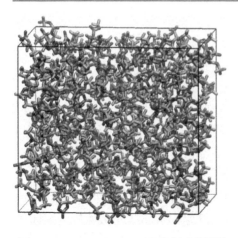

图 10-6　EC、DMC 和 EMC 等物质的量混
合溶剂的结构快照
（NPT 系综、300K、1atm）

现，溶剂分子均随机而均匀地分散在体系中，未显示任何有序结构特征。

2. LiPF$_6$ 溶液的结构

从图 10-7 显示的不同浓度时 LiPF$_6$ 的混合碳酸酯溶液的结构快照可以发现，尽管 Li$^+$ 和 PF$_6^-$ 之间存在静电相互作用，但这两种离子还是均匀地分散在混合碳酸酯溶剂中，没有明显的空间关联。由此表明，Li$^+$ 和 PF$_6^-$ 被混合碳酸酯溶剂很好地溶剂化，屏蔽了两种离子间的静电相互作用，使两种离子独立地分散于溶剂之中。

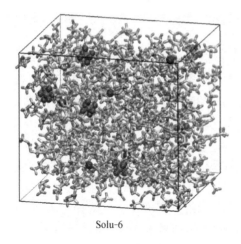

Solu-6

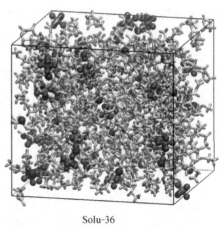

Solu-36

图 10-7　不同浓度的 LiPF$_6$ 的混合碳酸酯溶液的结构快照，
其中的 Li$^+$ 和 PF$_6^-$ 用球棍模型，溶剂分子用荆棘条模型表示（NPT 系综、300K、1atm）

3. 径向分布函数与配位数

为了进一步定量地研究 LiPF$_6$ 的混合碳酸酯溶液的结构特征，本节统计了若干与 Li$^+$ 的配位结构有关的径向分布函数 $g(r)$，包括 Li$^+$ 与两种氧原子 O2 和 OE 以及 F 原子的配位情况（图 10-8）。从中可以发现，Li$^+$ 主要与羰基氧原子 O2 和 F 原子配位，第一配位峰的位置分别为 1.78Å 和 1.84Å。由表 10-7 所显

示的径向分布函数的特征数据可以发现，Li$^+$-O2 径向分布函数的第一峰高在 54 左右，几乎不随 LiPF$_6$ 的浓度变化。相反，Li$^+$-F 径向分布函数的第一峰高随浓度呈系统变化，从浓度最低的 Solu-6 的 1.59 升高到浓度最高的 Solu-36 的 5.34，表明提高电解质的浓度，将不利于溶剂分子对 Li$^+$ 的屏蔽作用，Li$^+$ 和 PF$_6^-$ 之间更容易形成离子对。从 Li$^+$-OE 径向分布函数也可以发现，Li$^+$ 与 OE 的第一峰位置在 3.91Å，远大于 Li$^+$ 与 O2 的第一峰位置，说明 OE 不与 Li$^+$ 配位。Li$^+$-OE 径向分布函数的第一峰位置较 Li$^+$-O2 的相应位置大 2.13Å，与三种碳酸酯分子中 O2 与 OE 之间的平均距离约为 2.25Å 一致，说明 Li$^+$-OE 径向分布函数的第一峰也对应 O2 与 Li$^+$ 的配位关系。根据以上分析可以得出，在 LiPF$_6$ 的混合碳酸酯溶液中，Li$^+$ 主要与 O2 原子配位，少量与 F 原子配位，不与 OE 原子配位。

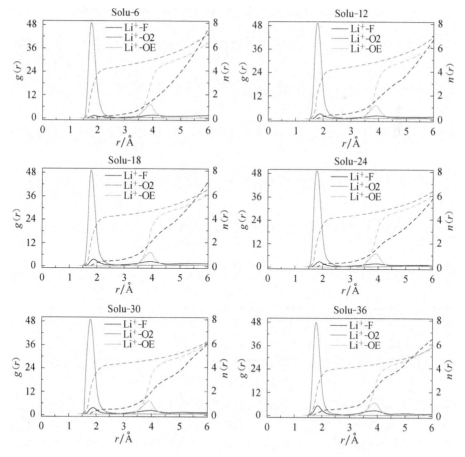

图 10-8 不同浓度的 LiPF$_6$ 溶液中，与 Li$^+$ 配位结构有关的径向分布函数（直线）及其配位数随 r 的变化（虚线）（NPT 系综、300K、1atm）

图 10-8 同时也显示了 Li^+ 的配位数 $n(r)$ 随 r 的变化，根据径向分布函数第一峰位置向外 0.5Å 处的 $n(r)$ 值，计算得到的配位数也列于表 10-7。从图 10-8 和表 10-7 可以发现，Li^+ 平均约与 4 个 O2 配位，但平均只与 $0.21\sim0.52$ 个 F 原子配位。说明 Li^+ 可以被混合碳酸酯溶剂很好地溶剂化，反离子 PF_6^- 被挤出了第一配位层。O2 带有约 0.6 个负电荷，与 Li^+ 之间存在较强的库仑相互作用，同时，作为羰基氧原子，O2 的空间位置凸出，与 Li^+ 配位时没有空间位阻，有利于形成配位结构。相反，PF_6^- 虽然带一个负电荷，但被分散到整个离子，定域在 F 原子上的负电荷只有 0.45 个电子。同时，PF_6^- 中 F 的位置比羰基中 O2 位置空间不够凸出，具有一定的位阻，不利于与 Li^+ 形成配位结构。最后，虽然 OE 原子也带有约 0.45 个电子的负电荷，但空间位置内凹，不能与 Li^+ 配位，被 O2 和 F 从 Li^+ 的第一配位层排除。

表 10-7 温度为 T、压力为 1atm 时与 Li^+ 配位结构有关的径向分布函数的峰高及 Li^+ 的配位数*

	T/K	$g(r_p)$			$n(r_p+0.5)$		
		Li^+-O2	Li^+-F	Li^+-OE	Li^+-O2	Li^+-F	Li^+-OE
Solu-6	300	54.6	1.59	7.40	4.20	0.21	4.54
Solu-12	300	54.4	2.80	7.37	4.13	0.32	4.46
Solu-18	300	54.5	3.70	7.37	4.07	0.41	4.38
Solu-24	300	54.4	2.76	7.41	4.06	0.31	4.39
Solu-30	300	54.0	3.59	7.37	4.00	0.38	4.31
Solu-36	300	53.1	5.34	7.16	3.84	0.52	4.13
Solu-36	250	54.0	3.41	7.41	4.04	0.37	4.36
Solu-36	275	54.6	2.77	7.36	4.02	0.34	4.33
Solu-36	300	53.1	5.34	7.16	3.84	0.52	4.13
Solu-36	325	53.7	4.33	7.27	3.87	0.44	4.14
Solu-36	350	52.4	6.60	7.15	3.71	0.61	3.96
Solu-36	375	51.6	7.65	7.08	3.62	0.70	3.85

* 配位数为峰位置外 0.5Å 处的 $n(r)$ 值。

总的来说，电解质溶液的浓度对 Li^+ 的配位结构的影响并不显著。例如，从 Solu-6 体系到 Solu-36 体系，Li^+ 的浓度提高了 6 倍，各径向分布函数第一峰的位置并没有任何变化。与 Li^+ 配位的 O2 原子的数目，也只是从 Solu-6 的 4.20 略微降低到 Solu-36 的 3.84。与 Li^+ 配位的 F 原子的数目，也只是从 Solu-6 的 0.21 略微升高到 Solu-36 的 0.52。如果把 O2 和 F 原子联合起来考虑，在模拟浓度范围内 Li^+ 周围始终约有 4.4 个配位原子，几乎没有变化。虑到 Li^+ 的半径较小，配体 O2 原子和 F 原子都是较大基团的一部分，而非独立原子，在 Li^+ 的第一配位层平均挤入 4.4 个配位原子已经相当拥挤。

模拟体系的温度变化时，虽然 Li^+ 与 O2 或 F 的径向分布函数第一峰的位置并没有任何变化，但是，Li^+ 与 O2 的径向分布函数第一峰的峰高从 275K 的 54.6 降低到 375K 的 51.6，呈系统性降低；Li^+ 与 F 的径向分布函数第一峰的峰高从 275K 的 2.77 升高到 375K 的 7.65，呈系统性升高。同时，第一配位数也明显随温度变化，275K 时，Li^+ 周围约有 4.02 个 O2 原子，当温度升高到 375K 时，相应的配位数降低到 3.62；相反，275K 时，Li^+ 周围只有 0.34 个 F 原子，但当温度升到 375K 时，却有 0.70 个 F 原子。综合考虑两种不同的配位原子 O2 和 F，总配位数约从 275K 时的 4.4，降低到 375K 时的 4.3，变化幅度很小。由此说明，低温时 Li^+ 倾向于与 O2 配位，高温时 Li^+ 更倾向于与 F 配位。事实上，低温时形成配位结构的熵变起主要作用，高温时焓变起主要作用。Li^+ 与 O2 配位，空间位阻较小，有利于降低系统的熵。Li^+ 与 F 配位，空间位阻较大，不利于降低系统的熵，但 Li^+ 和 PF_6^- 之间的静电相互作用较大，有利于降低系统的焓。

10.2.5 模拟体系的热力学性质

除各种结构信息外，从 MD 模拟可以得到的第二类性质是体系的热力学性质，包括密度、各种能量、热容、膨胀系数等。从表 10-8 所显示的 MD 模拟得到的纯溶剂、混合溶剂、各 $LiPF_6$ 混合碳酸酯溶液的密度 ρ_{MD} 及其由等体积混合规则估计得到的估计密度 ρ_{appr} 可以发现，两组数据一致性良好。同时，随着电解质溶液的浓度升高，体系的密度升高；随着温度的升高，体系的密度降低。混合碳酸酯溶剂和稀溶液的 MD 模拟密度较估算密度略低，但较高浓度时两者趋于一致。

此外，表 10-8 还统计了系统的总能量、元胞体积和等温压缩系数 κ_T 等。从中可以发现，模拟体系的总能量随着模拟温度的升高而降低，元胞体积随温度的升高而增大，表明模拟体系分子间距离随温度的升高而增加。等温压缩系数随模拟温度的升高而增大，表明模拟体系的分子间相互作用随温度的升高而减小。这些充分显示 MD 模拟在计算模拟体系的热力学性质方面的作用。

表 10-8 MD 模拟体系的平衡密度、估计密度、总能量、体积和等温压缩系数*

模拟体系	T/K	$\rho_{MD}/$ (g/cm³)	$\rho_{appr}/$ (g/cm³)	$\overline{E}/$ (×10³ kcal/mol)	$\overline{V}/$ (×10⁴ Å³)	$\kappa_T /$ (×10⁻⁴ atm⁻¹)
EC	313	1.155	1.321	−12.86	4.344	0.944
EMC	300	0.931	1.063	−10.75	6.362	1.266
DMC	300	0.975	1.006	−24.81	5.258	1.555
Solv	300	1.013	1.107	−14.04	4.626	1.065

模拟体系	T/K	$\rho_{MD}/$ (g/cm^3)	$\rho_{appr}/$ (g/cm^3)	$\overline{E}/$ ($\times 10^3 kcal/mol$)	$\overline{V}/$ ($\times 10^4 \text{Å}^3$)	$\kappa_T/$ ($\times 10^{-4} atm^{-1}$)
Solu-6	300	1.037	1.116	-15.14	4.666	1.140
Solu-12	300	1.059	1.125	-16.40	4.711	1.034
Solu-18	300	1.079	1.134	-17.51	4.762	0.979
Solu-24	300	1.103	1.142	-18.66	4.795	0.951
Solu-30	300	1.123	1.149	-19.89	4.849	0.862
Solu-36	300	1.143	1.156	-20.88	4.896	0.849
Solu-36	250	1.208	1.149	-19.72	4.630	0.589
Solu-36	275	1.175	1.149	-20.53	4.762	0.680
Solu-36	325	1.111	1.149	-21.65	5.034	1.108
Solu-36	350	1.077	1.149	-22.26	5.194	1.207
Solu-36	375	1.040	1.149	-22.83	5.378	1.408

* 估计密度 ρ_{appr} 根据组成体系的各种组分的密度按照等体积混合规则估算，EC、DMC、EMC 和 LiPF$_6$ 的实验密度分别取 1.321g/cm³、1.063g/cm³、1.006g/cm³ 和 1.500g/cm³[201]。

10.2.6　模拟体系的迁移性质

从第 9 章介绍可以知道，在 MD 模拟中可以利用速度自相关函数和均方位移两种方法计算粒子的自扩散系数。这两种方法在理论上等价，没有本质的区别，但在实际计算时，这两种方法的数值结果往往有很大的不同。

1. 速度自相关函数

图 10-9 分别显示 Solu-6 体系中 Li^+ 和 PF_6^- 的归一化速度自相关函数，简称速度自相关函数。从图中可以发现，在 0 时刻粒子的速度完全自相关，速度自相关函数值等于 1。当 t 大于 0 时，粒子速度的自相关性迅速消失，很快降低至 0.1 以下。但是，时间继续延长时，粒子的速度自相关函数在 0 值上下反复振荡，收敛缓慢。具体地，PF_6^- 的速度自相关函数衰减迅速，在约 0.36ps 内衰减为 0，并越过 0 点成为负值，在 0 附近小幅度缓慢振荡。说明 PF_6^- 在经过少数几次碰撞后，其动量就迅速耗散于周围环境之中。Li^+ 的速度自相关函数的衰减过程显示出与 PF_6^- 显著不同的特征：首先，Li^+ 的速度自相关函数在约 0.02ps 时间内很快衰减为 0，但随后却以较大幅度快速振荡，而不是小幅度缓慢振荡。表明 Li^+ 在一次强烈碰撞中失去全部动量，并以超过 70% 的碰撞前动量向相反方向反弹。其次，Li^+ 的速度自相关函数在衰减到较小幅度前在 0 点上下以约 17THz 的频率反复振荡，表明 Li^+ 被配位原子 O2 和 F 紧密包围在中心位置，并以很高频

率振荡，难以脱离配位原子形成的包围圈。相反，PF_6^- 不被任何配体包围，与周围分子间的碰撞作用较弱，碰撞后反弹动量微弱。再次，Li^+ 的速度自相关函数的振荡峰值，不超过 PF_6^- 的速度自相关函数，说明虽然 Li^+ 反弹速度很大，但其总体动量耗散快于 PF_6^- 的动量耗散。最后，不管是 Li^+，还是 PF_6^-，它们的速度自相关函数在衰减至 0.05 以下后收敛异常缓慢，给自扩散系数的计算带来了很大的困难。

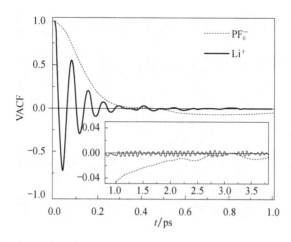

图 10-9　电解质溶液中 Li^+ 和 PF_6^- 的速度自相关函数（NPT 系综、300K、1atm）

　　根据式（9-36），可以由速度自相关函数对时间的积分计算 Li^+ 和 PF_6^- 的自扩散系数，有关结果总结于表 10-9。由于速度自相关函数在衰减至 0.05 以下后收敛缓慢，即使在经过很长时间后，该部分速度自相关函数对自扩散系数的贡献仍然显著，不能忽略，限制了自扩散系数的计算精度。

表 10-9　电解质溶液中 Li^+ 和 PF_6^- 的自扩散系数（$\times 10^{-5}\,cm^2/s$）

体系	T/K	PF_6^-		Li^+	
		MSD	VACF	MSD	VACF
Solu-6	300	1.63	0.56	1.02	0.48
Solu-12	300	0.43	0.48	0.26	0.44
Solu-18	300	0.42	0.45	0.23	0.39
Solu-24	300	0.55	0.40	0.27	0.39
Solu-30	300	0.48	0.32	0.22	0.34
Solu-36	300	0.20	0.27	0.24	0.31
Solu-36	250	0.051	0.087	0.046	0.15
Solu-36	275	0.22	0.17	0.090	0.21
Solu-36	300	0.20	0.27	0.24	0.31
Solu-36	325	0.60	0.42	0.27	0.44
Solu-36	350	0.73	0.62	0.61	0.58
Solu-36	375	1.31	0.84	0.66	0.76

　　本节还计算了不同浓度的电解质溶液中 Li$^+$ 和 PF$_6^-$ 的速度自相关函数，以及对应的自扩散系数。有趣的是，不管电解质溶液的浓度如何变化，Li$^+$ 的速度自相关函数几乎没有变化［图 10-10（a）和图 10-10（b）］。速度自相关函数反映了粒子与周围粒子碰撞时的动量交换，只与第一配位层中有直接碰撞和动量交换的粒子的特性有关，与没有直接动量交换、只有间接动量交换的第一配位层外的粒子的特性关系较小。根据图 10-8 和表 10-7 可知，Li$^+$ 的配位结构与电解质溶液的浓度没有显著关系，因此，Li$^+$ 的速度自相关函数也与电解质溶液的浓度没有显著关系。但是，PF$_6^-$ 的速度自相关函数随着电解质溶液浓度的提高，衰减速度略有加快［图 10-10（c）和图 10-10（d）］，从另一角度反映了 PF$_6^-$ 的周围环境有了较大的变化。

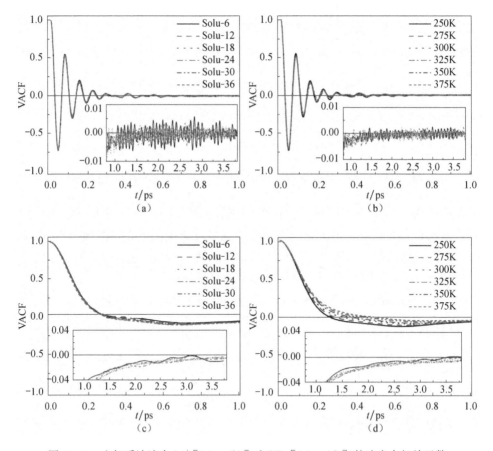

图 10-10　电解质溶液中 Li$^+$［(a)，(b)］和 PF$_6^-$［(c)，(d)］的速度自相关函数

　　虽然，Li$^+$ 和 PF$_6^-$ 的速度自相关函数随电解质溶液浓度的变化并不显著，但由此计算得到自扩散系数，却随电解质溶液浓度的增加，有显著降低，这也反映了自扩散系数随速度自相关函数的变化敏感（表 10-9）。

　　为了研究 Li$^+$ 和 PF$_6^-$ 的迁移性质随温度的变化，本节还计算了不同模拟温度下 Li$^+$ 和 PF$_6^-$ 的速度自相关函数（图 10-10）及其对应的自扩散系数（表 10-9）。可以发现，即使模拟温度有了很大的变化，Li$^+$ 的速度自相关函数仍没有显著变化。特别是在最初的几次碰撞之中，速度自相关函数没有可以觉察的变化，说明温度对 Li$^+$ 的配位结构的影响并不显著。对于 PF$_6^-$ 的速度自相关函数，其衰减速度随温度的提高略有降低，说明低温下 PF$_6^-$ 的动量耗散较高温更为迅速。

　　由于实际速度自相关函数是归一化的速度自相关函数与均方速度的乘积，由速度自相关函数计算得到的自扩散系数随温度的提高而增大，主要由均方速度随温度的提高而增大引起。表 10-9 中，Li$^+$ 和 PF$_6^-$ 的自扩散系数均随温度的提高而增大，说明自扩散是一活化过程。

2. 均方位移

　　计算自扩散系数的另一种方法是利用式（9-42），由粒子的均方位移对时间的导数得到。从图 10-11 所显示的均方位移随时间的变化可以发现，Li$^+$ 和 PF$_6^-$ 的均方位移随时间的推移缓慢增大，但略有波动。在 250K 的低温下，Li$^+$ 和 PF$_6^-$ 的均方位移随时间增加缓慢，几乎成一水平线，表明溶液呈固溶体，离子的扩散很慢。高温度时，均方位移随时间几乎呈线性增加，由其斜率可以计算得到离子的自扩散系数。

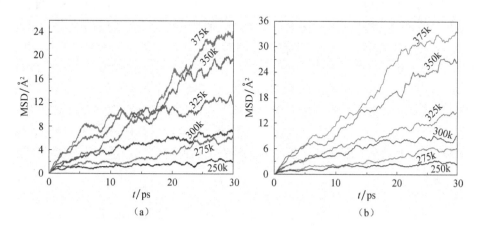

图 10-11　不同模拟温度下，Solu-36 体系中 Li$^+$（a）和 PF$_6^-$（b）的均方位移

　　根据 Li$^+$ 和 PF$_6^-$ 的均方位移计算得到的自扩散系数（表 10-9）与根据速度自相关函数计算得到的自扩散系数，存在较大差别。特别是 300K 时的 Solu-6 体系和 375K 时的 Solu-36 的体系，一方面，Solu-6 体系中分别只有 6 个 Li$^+$ 和 PF$_6^-$，

统计误差巨大，结果没有代表性；另一方面，375K 时，体系已接近气液相变，结果也不具代表性。总的来说，自扩散系数随电解质溶液的浓度变化不显著，没有显著的相关关系，但随温度的升高而迅速增大，符合活化过程规律。

10.2.7　结论

本节利用 MD 模拟方法研究了 EC、DMC 和 EMC 等三种碳酸酯分子液体，以及这三种碳酸酯的混合液和 LiPF$_6$ 的碳酸酯混合溶剂溶液的结构、热力学性质和迁移性质。结果表明，由 MD 模拟得到的体系密度，与实验密度或根据等体积混合规则得到的估算密度一致，说明本节所用的分子力场模型比较合理。

MD 模拟还表明，Li$^+$ 在溶液中被充分溶剂化，平均约与 4 个 O2 原子配位，随浓度的增大略有降低；同时，Li$^+$ 的第一配位层中约有 0.21～0.52 个 F 原子，随浓度的提高略有增大。当把两种配位原子综合起来时，Li$^+$ 的第一配位层中的配位原子始终稳定在约 4.4 左右，几乎不随溶液的浓度变化。有趣的是，Li$^+$ 的第一配位层中的 O2 原子数目与 F 原子数目随温度的变化呈相反方向变化。温度升高时，O2 原子被 F 原子从 Li$^+$ 的第一配位层挤出，表明 Li$^+$ 与 O2 配位时熵变有利，与 F 原子配位时焓变有利。

本节还利用 MD 模拟结果计算了体系的总能量、体积和等温压缩系数等，充分显示了 MD 模拟在研究电解质溶液性质中的重要作用。

最后，本节利用 MD 模拟结果计算了 Li$^+$ 和 PF$_6^-$ 的速度自相关函数和均方位移，并用两种方法分别计算了 Li$^+$ 和 PF$_6^-$ 的自扩散系数。Li$^+$ 的速度自相关函数显示，Li$^+$ 与配位原子之间存在反复的动量交换，交换频率约 17THz，约经 4 次交换后才衰减到 0.05 以下。由此表明，Li$^+$ 被严密地包围在由 O2 和 F 配位原子构筑的笼中，难以脱离。但是，PF$_6^-$ 的动量耗散符合阻尼耗散过程，速度自相关函数不存在振荡，与周围环境之间不存在动量的反复交换。分别利用速度自相关函数和均方位移计算得到的自扩散系数，一致性不够理想。自扩散系数受电解质溶液浓度的影响不显著，但随温度升高而迅速增大，符合活化过程机理。

第 11 章　与 MD 模拟有关的其他分子模拟方法

11.1　非平衡分子动力学模拟

虽然利用线性响应理论或时间相关函数，可以根据平衡分子动力学（equilibrium molecular dynamics，EMD）模拟结果计算热导率、扩散系数和黏度系数等多种迁移系数，但这样的计算误差较大、精确度不高。线性响应理论是从研究偏离平衡不远的非平衡状态中得到的规律，不适用于远离平衡的非平衡状态。或者说，线性响应理论只适用于外界扰动较小的靠近平衡的线性响应区域，但不适用于扰动较大的远离平衡的非线性响应区域。当利用时间相关函数计算迁移系数时，时间相关函数只反映体系性质对体系中广泛存在的微小涨落或信号的响应，这种涨落相对广泛存在于体系中的各种随机扰动或噪声的信噪比（signal-to-noise）很小，限制了时间相关函数的计算精度。特别是在时间相关函数的长时间相关区域，虽对迁移系数仍有较大的贡献，但计算误差已很显著，甚至超过时间相关函数所包含的实际信息，已很难用于迁移系数的计算。此外，EMD 模拟体系的空间尺度，也限制了时间相关函数的最长相关时间。

用非平衡分子动力学（non-equilibrium molecular dynamics，NEMD）模拟研究迁移现象和计算迁移系数时，采用的是与实验测量迁移系数相似的方法。首先，在模拟体系中引入相应的热流、物质流和动量流等扰动；然后，记录模拟体系对这些扰动的响应；最后，计算体系的热导率、扩散系数和黏度系数等。在进行 NEMD 模拟时，只要在体系中引入足够大的扰动，就可以提高模拟的信噪比，提高模拟计算的精度。如果继续加大扰动，还可以使体系进入远离平衡的非线性响应区域，克服线性响应理论的限制。同时，通过延长模拟时间，还可以大大提高时间相关函数的计算精度。因此，NEMD 模拟可以弥补 EMD 模拟的不足，更好地研究迁移现象，克服线性响应理论和时间相关函数的限制，更精确地计算迁移系数。

在 NEMD 模拟中，可通过阶跃法、脉冲法和周期法等不同方法对模拟体系进行扰动，研究模拟体系对各种扰动的响应。在阶跃法中，一般在某个时刻开始对体系进行扰动并保持扰动的持续作用，记录体系对扰动的响应。当体系达到稳定状态后，根据稳定状态的性质，计算迁移系数。在脉冲法中，只在一很短的时间间隔内对体系进行扰动后就撤销扰动，记录模拟体系对脉冲扰动的响应，计算迁移系数。在周期法中，将进行一系列的 NEMD 模拟，每次模拟都用不同频率的正弦或余弦信号扰动体系，记录体系对不同频率扰动信号的响应。在完成这些 NEMD 模拟后，对记录的响应函数作 Fourier 变换，并将结果外推至零频率处，得到体系对恒定扰动的响应函数，计算迁移系数。

实现 NEMD 模拟的关键是如何在模拟体系中引入适当的能量流、物质流和动量流等扰动或热力学流。目前，常用边界导入法和虚拟场法将热力学流引入模拟体系。在边界导入法中，通过设计适当的边界条件，使体系与热浴、粒子浴或动量浴等接触，将热力学流引入模拟体系。但边界导入法具有如下缺点：首先，热力学流被从体系的边界引入，一般只能影响体系的边界附近，不能影响远离体系边界的内部，因此，采用这种方法进行 NEMD 模拟时，为了保证模拟体系内部也存在热力学流，模拟体系的空间尺度受到限制，不能太大。其次，利用边界导入法进行 NEMD 模拟时，必须在模拟体系中引入与体系具有不同性质的边界或固体边界，这种边界与 EMD 模拟中常用的周期性边界条件不同，无法克服有限体系的边界效应。最后，边界导入法缺乏统计力学基础，与线性响应理论和时间相关函数不相容。在虚拟场法中，通过改变模拟体系的运动方程，在运动方程中添加与热力学流对应的额外项的方法，在模拟体系中引入热力学流。虚拟场法的优点是与周期性边界条件相容，可以将模拟体系作为具有相同性质的无限体系的一部分，不需要特殊设计的固体边界，可以很好地克服边界效应。虚拟场法的另一个优点是与线性响应理论和时间相关函数相容，并以非平衡统计力学为理论基础。

必须注意，不管用何种方法将热力学流引入体系，能量也同时被引入体系，破坏模拟体系的能量守恒。因此，进行 NEMD 模拟时，需要采取适当的方法调控体系的温度，以实现所需的统计系综[208]。

11.1.1　热力学流与热力学力

在非平衡热力学理论框架下，热力学流 $\mathbf{J}_a$ 是体系对热力学力 $\mathbf{X}_\beta$ 的响应[209,210]，

$$\langle \mathbf{J}_a \rangle = \sum_\beta \mathbf{L}_{a\beta} \mathbf{X}_\beta \qquad (11\text{-}1)$$

式中，$\mathbf{L}_{a\beta}$ 是热力学力 $\mathbf{X}_\beta$ 引起的热力学流 $\mathbf{J}_a$ 的唯象系数。同时，热力学流是体系的相函数（即粒子坐标 $\mathbf{r}_i$ 和动量 $\mathbf{p}_i$ 的函数）的系综平均，用尖括号表示。热力学力是引起热力学流的外界因素，不能求系综平均。非平衡热力学中最常见的热力学流有热流和扩散流，分别遵循 Fick 定律和 Fourier 定律。动量流是一种矢量流，与压强张量有关，遵循 Navier-Stokes 方程。

根据 Fourier 传热定律，热流与代表热力学力的温度梯度的唯象关系为[211]

$$\langle \mathbf{J}_Q \rangle = -\lambda \cdot \nabla T \tag{11-2}$$

式中，$\langle \mathbf{J}_Q \rangle$ 为热流矢量；λ 为热传导张量；T 为绝对温度。根据 Fick 扩散定律，两元系中物质流与化学势梯度的关系为[209]

$$\langle \mathbf{J}_1 \rangle = -\mathbf{L}_{11} \cdot \frac{(\nabla \mu_1)_{T,P}}{C_2 T} \tag{11-3}$$

$$C_2 = \frac{M_2 c_2}{M_1 c_1 + M_2 c_2} \tag{11-4}$$

式中，$\langle \mathbf{J}_1 \rangle$ 为组分 1 的物质流；μ_1 为组分 1 的化学势；c_1 和 c_2 分别为组分 1 和组分 2 的浓度（单位体积中的物质的量）；M_1 和 M_2 分别为组分 1 和组分 2 的摩尔质量；C_2 为以组分 2 的质量分数表示的浓度。如果将化学势的梯度转化为组分浓度的梯度（摩尔分数 X_1），对于各向同性介质，

$$(\nabla \mu_1)_{T,P} = \left(\frac{\partial \mu_1}{\partial X_1}\right)_{T,P} \nabla X_1 \tag{11-5}$$

相应地，式（11-3）可以写成

$$\langle \mathbf{J}_1 \rangle = -\mathbf{L}_{11} \cdot \frac{1}{C_2 T} \left(\frac{\partial \mu_1}{\partial X_1}\right)_{T,P} \nabla X_1 = -D \nabla X_1 \tag{11-6}$$

即为 Fick 第一扩散定律，D 为扩散系数，

$$D = \mathbf{L}_{11} \cdot \frac{1}{C_2 T} \left(\frac{\partial \mu_1}{\partial X_1}\right)_{T,P} \tag{11-7}$$

但是，与动量流有关的黏性流动比热传导和扩散复杂得多，有兴趣的读者可以参考有关文献[209-212]。

实现 NEMD 模拟的关键是在 EMD 模拟的基础上，对模拟体系施加各种虚拟外场，在模拟体系中引入适当的热力学流。在运动方程中，虚拟外场通过与粒子之间的直接耦合引入热力学流[210]，

$$\dot{\mathbf{r}}_i = \frac{\mathbf{p}_i}{m_i} + \mathbf{C}_i \cdot \mathbf{f}_{\text{ext}}(t) \tag{11-8}$$

$$\dot{\mathbf{p}}_i = \mathbf{f}_i + \mathbf{D}_i \cdot \mathbf{f}_{\text{ext}}(t) \tag{11-9}$$

式中，$\mathbf{r}_i$ 为粒子的位置矢量；$\mathbf{p}_i$ 为粒子相对于热力学流的本动动量；$\mathbf{f}_i$ 为所有粒子对粒子 i 的作用力之和；$\mathbf{f}_{\text{ext}}(t)$ 为与时间有关的虚拟场矢量，作用于体系中的所有粒子；$\mathbf{C}_i$ 和 $\mathbf{D}_i$ 为与粒子的位置和动量有关的相函数，表示粒子对虚拟外场的响应。$\mathbf{C}_i$ 和 $\mathbf{D}_i$ 不显含时间，不与时间直接相关，但通过与粒子的位置和动量的关系与时间间接相关。

虚拟外场的引入，引起体系能量的耗散，因此，哈密顿函数 H 不再守恒，

$$H = H_0 + H^{\text{ad}} \tag{11-10}$$

式中，H_0 为未受扰动体系的哈密顿函数，

$$H_0 = \sum_{i=1}^{N} \frac{\mathbf{p}_i^2}{2m_i} + u(\mathbf{r}_1, \mathbf{r}_2, \cdots, \mathbf{r}_N) \tag{11-11}$$

H^{ad} 为扰动引起的能量耗散，耗散速度为

$$\dot{H}^{\text{ad}} = \sum_{i=1}^{N} \left(\dot{\mathbf{p}}_i \cdot \frac{\mathbf{p}_i}{m_i} - \mathbf{f}_i \cdot \dot{\mathbf{r}}_i \right) = \sum_{i=1}^{N} \left(\frac{\mathbf{p}_i}{m_i} \cdot \mathbf{D}_i - \mathbf{f}_i \cdot \mathbf{C}_i \right) \cdot \mathbf{F}_{\text{ext}}(t) \equiv -V\mathbf{J} \cdot \mathbf{f}_{\text{ext}}(t) \tag{11-12}$$

式中

$$\mathbf{J} = -\frac{1}{V} \sum_{i=1}^{N} \left(\frac{\mathbf{p}_i}{m_i} \cdot \mathbf{D}_i - \mathbf{f}_i \cdot \mathbf{C}_i \right) \tag{11-13}$$

根据非 Hamilton 统计力学理论，运动方程中引入与虚拟场有关的额外项后，相空间的压缩率为

$$\kappa(\mathbf{r}, \mathbf{p}, t) = \nabla \cdot \dot{\mathbf{x}} = \sum_{i=1}^{N} \left(\frac{\partial \dot{\mathbf{r}}_i}{\partial \mathbf{r}_i} + \frac{\partial \dot{\mathbf{p}}_i}{\partial \mathbf{p}_i} \right) \tag{11-14}$$

如果相空间满足不可压缩条件，压缩率为 0，则

$$\frac{\partial \mathbf{C}_i}{\partial \mathbf{r}_i} = -\frac{\partial \mathbf{D}_i}{\partial \mathbf{p}_i} \tag{11-15}$$

在正则系综模拟中，为了保证体系温度的恒定，必须采取适当的方法从模拟体系中消除生成的能量，使体系的总动能守恒，

$$E_k = \sum_{i=1}^{N} \frac{\mathbf{p}_i^2}{2m_i} = \text{const} \tag{11-16}$$

当采用 Nosé 和 Hoover 的热浴方法调控体系的温度时，相应的运动方程将被进一步修正为[213,214]

$$\dot{\mathbf{r}}_i = \frac{\mathbf{p}_i}{m_i} + \mathbf{C}_i \cdot \mathbf{f}_{\text{ext}}(t)$$
$$\dot{\mathbf{p}}_i = \mathbf{f}_i + \mathbf{D}_i \cdot \mathbf{f}_{\text{ext}}(t) - \alpha \mathbf{p}_i \tag{11-17}$$

式中，α 为 Lagrange 乘子，

$$\alpha = \sum_{i=1}^{N} \frac{\mathbf{p}_i}{m_i} \cdot (\mathbf{f}_i + \mathbf{D}_i \cdot \mathbf{f}_{\text{ext}}(t)) \times \left(\sum_{i=1}^{N} \frac{\mathbf{p}_i^2}{2m_i} \right)^{-1} \tag{11-18}$$

11.1.2　切剪流

虽然可以通过适当的边界条件将动量流引入模拟体系，但在此只介绍利用虚拟场的方法引入动量流。根据 Hoover 的建议，利用 DOLLS 哈密顿函数，可以将动量流引入体系[215,216]，

$$H_{\text{DOLLS}}(\mathbf{r}_1, \cdots, \mathbf{r}_N; \mathbf{p}_1, \cdots, \mathbf{p}_N; t) = \sum_{i=1}^{N} \frac{\mathbf{p}_i^2}{2m_i} + u(\mathbf{r}_1, \cdots, \mathbf{r}_N) + \sum_{i=1}^{N} \mathbf{r}_i \cdot \nabla \mathbf{v} \cdot \mathbf{p}_i \theta(t)$$

(11-19)

式中，$\mathbf{v}$ 和 $\nabla \mathbf{v}$ 分别为流体的速度和速度梯度；$\theta(t)$ 为 Heaviside 阶跃函数，表示从 0 时刻开始对体系施加阶跃扰动；其他变量与通常意义相同。根据 DOLLS 哈密顿函数，可以得到 DOLLS 运动方程，

$$\dot{\mathbf{r}}_i = \frac{\mathbf{p}_i}{m_i} + \mathbf{r}_i \cdot \nabla \mathbf{v} \theta(t)$$

(11-20)

$$\dot{\mathbf{p}}_i = \mathbf{f}_i - \nabla \mathbf{v} \cdot \mathbf{p}_i \theta(t)$$

(11-21)

但是，Evans 和 Morris 等发现[217]，DOLLS 运动方程虽能在体系中引入流，但只限于体系的线性响应范围的下限。当虚拟场超出该范围时，将引起流的不稳定，其计算误差也随应变率的两次方增大。后来，Evans 和 Ladd 等将上述方程进行修正得到[218,219]

$$\dot{\mathbf{r}}_i = \frac{\mathbf{p}_i}{m_i} + \mathbf{r}_i \cdot \nabla \mathbf{v} \theta(t)$$

$$\dot{\mathbf{p}}_i = \mathbf{f}_i - \mathbf{p}_i \cdot \nabla \mathbf{v} \theta(t)$$

(11-22)

这些修正后的方程被称为 SLLOD 方程。虽然 SLLOD 方程与 DOLLS 只有略微区别，但理论推导和 NEMD 模拟结果表明，SLLOD 方程可以克服 DOLLS 方程的缺陷。SLLOD 方程的缺点是不能用适当的哈密顿函数得到 SLLOD 方程，缺乏坚实的理论基础[220]。

重要的是，利用 SLLOD 方程产生的流，不是通过模拟体系的边界导入，而是通过运动方程由粒子与虚拟场的耦合产生。当利用 SLLOD 方程进行 NEMD 模拟时，应考虑流与边界条件的相互配合，否则将引起粒子运动轨迹的不连续。不同的流，与之配合的边界条件也不相同。例如，在模拟 Couette 流时，必须与 Lees-Edwards 边界条件配合[221]。SLLOD 方程与 Lees-Edwards 边界条件配合，可以在低 Reynolds 数流动的体系中建立相应的速度梯度。如果需要引入平面拉伸流，应该采用 Kraynik-Reinelt 边界条件[222,223]。事实上，只要与适当的边界条件配合，利用 SLLOD 方程可以建立任何均匀、无散度的流。运动方程与边界条件的匹配，也可

保证边界条件不影响、不干扰模拟体系，不破坏线性响应理论的有效性。

事实上，利用 SLLOD 方程不仅可以取代边界导入法将流引入模拟体系，该方法还与线性响应理论和暂态时间相关函数（transient time correlation function，TTCF）相容，可以利用线性响应理论和 TTCF 计算迁移系数。因此，进行 NEMD 模拟时只要施加较小的流就可以得到较好的模拟结果，相反，由边界导入的流与线性响应理论不相容，不能利用该理论计算迁移系数。

11.1.3 切剪流的边界条件

当利用 SLLOD 方程引入流时，必须同与运动方程一致的边界条件相互配合。根据

$$\dot{\mathbf{r}}_i = \frac{\mathbf{p}_i}{m_i} + \mathbf{r}_i \cdot \nabla \mathbf{v} \theta(t)$$

可以知道，粒子的绝对速度等于粒子的本动速度与流的速度的叠加。但是，由于模拟体系元胞没有与之相对应的流动速度，因此，必须通过变换元胞基矢，使之与流的运动一致。假设元胞在笛卡儿直角坐标系中的三个基矢为

$$\begin{cases} \mathbf{L}_1(t) = (L_x(t) \quad 0 \quad 0) \\ \mathbf{L}_2(t) = (0 \quad L_y(t) \quad 0) \\ \mathbf{L}_3(t) = (0 \quad 0 \quad L_z(t)) \end{cases} \tag{11-23}$$

则基矢应满足

$$\dot{\mathbf{L}}_k(t) = \mathbf{L}_k(t) \cdot \nabla \mathbf{v} \tag{11-24}$$

如果在 $t=0$ 时元胞的三个基矢相互正交，且与坐标系重合，

$$\begin{cases} \mathbf{L}_1(0) = (L_{x,0} \quad 0 \quad 0) \\ \mathbf{L}_2(0) = (0 \quad L_{y,0} \quad 0) \\ \mathbf{L}_3(0) = (0 \quad 0 \quad L_{z,0}) \end{cases} \tag{11-25}$$

随着时间的推移，元胞基矢将随流不断演化。

对于切剪流来说，如果流动方向沿着 x 轴方向，但在 y 轴方向具有速度梯度 γ，则流体的速度梯度张量为

$$\nabla \mathbf{v} = \begin{pmatrix} \frac{\partial v_x}{\partial x} & \frac{\partial v_y}{\partial x} & \frac{\partial v_z}{\partial x} \\ \frac{\partial v_x}{\partial y} & \frac{\partial v_y}{\partial y} & \frac{\partial v_z}{\partial y} \\ \frac{\partial v_x}{\partial z} & \frac{\partial v_y}{\partial z} & \frac{\partial v_z}{\partial z} \end{pmatrix} = \begin{pmatrix} 0 & 0 & 0 \\ \gamma & 0 & 0 \\ 0 & 0 & 0 \end{pmatrix} \tag{11-26}$$

相应地，元胞的三个基矢随时间的变化为

$$
\begin{cases}
\dot{\mathbf{L}}_1(t) = (0 \quad 0 \quad 0) \\
\dot{\mathbf{L}}_2(t) = (\gamma L_y(t) \quad 0 \quad 0) \\
\dot{\mathbf{L}}_3(t) = (0 \quad 0 \quad 0)
\end{cases}
\tag{11-27}
$$

求解得到

$$
\begin{cases}
\mathbf{L}_1(t) = (L_{x,0} \quad 0 \quad 0) \\
\mathbf{L}_2(t) = (L_{y,0}\gamma t \quad L_{y,0} \quad 0) \\
\mathbf{L}_3(t) = (0 \quad 0 \quad L_{z,0})
\end{cases}
\tag{11-28}
$$

所以，随着时间的推移，元胞在 x 轴和 z 轴方向的基矢方向和长度不变，但沿着 y 轴方向的基矢长度和方向将不断变化。因此，在利用 SLLOD 方程进行 NEMD 模拟时，粒子如果从 x 轴或 z 轴方向离开元胞，必须在相反方向的相同位置返回元胞；相反，粒子如果从 y 轴方向离开元胞，必须在元胞的相反方向经位移 $\pm\gamma L_{y,0}\Delta t$ 后返回元胞。因此，即使 $\mathbf{L}_1$ 和 $\mathbf{L}_2$ 在 $t=0$ 时刻正交，随着时间的推移，在 t' 时刻它们之间将形成一个夹角，$\vartheta(t')=\tan^{-1}(1/\gamma t')$。当 t' 很大时，元胞将高度变形，严重影响模拟的顺利进行。为了克服这种情形，可以在每经过一段时间的模拟后，如 $\vartheta(t')=45°$ 时，重新定义元胞，使元胞回复到正交状态，甚至回复到 $\vartheta=-45°$ 状态，使元胞基矢 $\mathbf{L}_1$ 和 $\mathbf{L}_2$ 的夹角在 $-45°\sim45°$ 变化[221]。

在模拟平面拉伸流时，流体速度梯度张量为

$$
\nabla\mathbf{v} =
\begin{pmatrix}
\varepsilon & 0 & 0 \\
0 & -\varepsilon & 0 \\
0 & 0 & 0
\end{pmatrix}
\tag{11-29}
$$

相应地，元胞基矢随时间的变化为

$$
\begin{cases}
\dot{\mathbf{L}}_1(t) = (\varepsilon L_{kx}(t) \quad 0 \quad 0) \\
\dot{\mathbf{L}}_2(t) = (0 \quad -\varepsilon L_{ky}(t) \quad 0) \\
\dot{\mathbf{L}}_3(t) = (0 \quad 0 \quad 0)
\end{cases}
\tag{11-30}
$$

求解得到

$$
\begin{cases}
\mathbf{L}_1(t) = (L_{x,0}\exp(\varepsilon t) \quad 0 \quad 0) \\
\mathbf{L}_2(t) = (0 \quad L_{y,0}\exp(-\varepsilon t) \quad 0) \\
\mathbf{L}_3(t) = (0 \quad 0 \quad L_{z,0})
\end{cases}
\tag{11-31}
$$

因此，元胞将在 x 轴和 y 轴方向不断拉伸或收缩。对于这种情况，可以采用 Kraynik-Reinelt 边界条件[222,223]。

11.1.4 热流与热导率

与切剪流相似，在 NEMD 模拟中也可以通过边界引入热流或通过粒子与虚拟场的耦合引入热流。当通过虚拟场与粒子的耦合引入热流时，相应的运动方程可以取[79,210]

$$\dot{\mathbf{r}}_i = \frac{\mathbf{p}_i}{m_i} \tag{11-32}$$

$$\dot{\mathbf{p}}_i = \mathbf{f}_i + \left(\mathbf{S}_i - \frac{1}{N}\sum_{j=1}^{N}\mathbf{S}_j\right)\cdot\mathbf{f}_Q - \alpha\mathbf{p}_i \tag{11-33}$$

$$\mathbf{S}_i = \frac{1}{2}\left(\frac{\mathbf{p}_i^2}{2m_i} + \sum_{j=1}^{N}u_{ij}(r_{ij})\right)\mathbf{I} - \frac{1}{2}\sum_{j=1}^{N}\mathbf{f}_{ij}\mathbf{r}_{ij} \tag{11-34}$$

式中，$\mathbf{f}_Q$ 为产生热流 $\mathbf{J}_Q$ 的虚拟外场；$\mathbf{I}$ 为单位矩阵。可以证明，相空间不可压缩，压缩率为 0。体系的热导率，

$$\lambda = \lim_{\mathbf{f}_Q\to 0}\lim_{t\to 0}\frac{\langle\mathbf{J}_Q(t)\rangle\cdot\mathbf{f}_Q}{T\mid\mathbf{f}_Q\mid} \tag{11-35}$$

利用 Nosé 和 Hoover 热浴法调控温度时，取

$$\alpha = \sum_{i=1}^{N}\mathbf{p}_i\cdot(\mathbf{f}_i + \mathbf{S}_i\cdot\mathbf{f}_Q)\times\left(\sum_{i=1}^{N}\mathbf{p}_i^2\right)^{-1} \tag{11-36}$$

可以使体系的总动能守恒。

11.1.5 物质流与扩散系数

扩散是不均匀体系的均匀化过程，是自然界广泛存在的重要现象，在实验室和工业生产中具有重要应用。利用 NEMD 模拟计算扩散系数，可以利用以下哈密顿函数[79,214]，

$$H = \sum_{i=1}^{N}\frac{\mathbf{p}_i^2}{2m_i} + u(\mathbf{r}_1,\mathbf{r}_2,\cdots,\mathbf{r}_N) - \sum_{i=1}^{N}q_i x_i f_{\text{ext}}(t) \tag{11-37}$$

式中，q_i 为粒子 i 的色量；$f_{\text{ext}}(t)$ 为与体系耦合的虚拟外场；x_i 为 $\mathbf{r}_i$ 的 x 轴分量。根据哈密顿方程，可以得到如下运动方程，

$$\dot{\mathbf{r}}_i = \frac{\mathbf{p}_i}{m_i} \tag{11-38}$$

$$\dot{p}_{ix} = f_{ix} + q_i f_{\text{ext}}(t) \tag{11-39}$$

$$\dot{p}_{iy} = f_{iy} + \alpha_s p_{iy} \tag{11-40}$$

$$\dot{p}_{iz} = f_{iz} + \alpha_s p_{iz} \qquad (11\text{-}41)$$

式中，乘子 α_s 由热浴引入，以保证体系 y 轴和 z 轴方向的动能恒定。

11.2　Brown 动力学模拟

利用 MD 模拟研究合成高分子溶液、生物高分子溶液和胶体等分散体系时，碰到两大难题：一方面，这些体系中包含大量溶剂分子，模拟中大部分计算消耗在对溶剂分子的处理上。另一方面，体系中存在多种不同时间尺度、溶剂等小分子的运动、分子内键伸缩振动和键角弯曲振动，虽然具有较短的时间尺度，很高的运动频率，但对分散相的构型和形貌只有间接影响，作用较小。相反，高分子链节和胶体粒子的运动，虽然具有较长的时间尺度，较低的运动频率，但对分散相的构型和形貌有直接影响，作用巨大。上述两大难题，前者表明有必要把分子模拟重点放在对分散相构型和形貌有直接影响的高分子链节或胶体粒子的运动，而不应该把模拟重点放在只间接地影响分散相构型和形貌的溶剂分子的运动。只有这样，才能简化研究对象，缩短模拟时间，提高模拟效率。后者表明，应该从数学或物理上把快、慢两种运动分离，通过对快速运动的平均化处理简化体系，重点模拟处理慢速运动。

在经典力学框架内，目前已经发展起牛顿力学和随机力学（stochastic dynamics）两种质点力学形式。其中，前者是一种决定性力学，通过牛顿运动方程精确描述体系中全部质点的运动，是 MD 模拟的基础；后者是一种随机性力学，通过 Langevin 运动方程描述处在复杂背景中的少量质点的运动，不直接描述大量背景质点的运动。在用 Langevin 运动方程研究合成高分子溶液、生物高分子溶液、胶体等分散体系时，主要研究对象是实际感兴趣的分散相，运动状态由 Langevin 运动方程描述，次要研究对象是不直接感兴趣的连续相，不进行直接描述。次要研究对象对主要研究对象运动状态的影响，以摩擦力和随机力的形式出现在 Langevin 运动方程之中。这样，Langevin 运动方程只直接描述主要研究对象的运动，不直接描述溶剂等次要研究对象的运动，大大简化了体系的运动方程，降低了计算量。

11.2.1　Brown 运动方程

Brown 动力学是一种最简单的随机动力学，其基础是 Brown 运动方程。在 Brown 运动方程中，不直接研究溶剂等次要研究对象的运动状态，只直接研究高分子链节和胶体粒子等主要研究对象的运动状态。利用投影算符方法可以简化具有不同时间尺度的动力学系统的运动方程，这也是本节内容的理论基础。这里直接给出有关结果，有兴趣的读者可以参考 Allen 等的专著及其所引用的参考文献[79]。

Brown 运动方程为[224-226]

$$m_i \ddot{\mathbf{r}}_i = \mathbf{f}_i(\mathbf{r}_1, \cdots, \mathbf{r}_N) - \zeta_i m_i \dot{\mathbf{r}}_i + \mathbf{R}_i(t) \tag{11-42}$$

式中，m_i 和 $\mathbf{r}_i$ 分别为 Brown 粒子 i 的质量和位置矢量；$\mathbf{f}_i$ 为外场和其他 Brown 粒子对 Brown 粒子 i 的作用力，是保守力；ζ_i 为阻碍 Brown 粒子 i 运动的摩擦系数；$\mathbf{R}_i$ 为大量溶剂分子在较长时间内对 Brown 粒子 i 的平均作用力，具有随机性，是随机力。Brown 运动方程是 Langevin 运动方程的最简单形式，完全忽略了随机力的时间和空间相关性。

Brown 运动方程有三种不同类型的力，分别是保守力、摩擦力或耗散力、随机力。其中，保守力来源于外场及其与其他 Brown 粒子之间的相互作用，与普通 MD 模拟类似。耗散力来源于溶剂或介质分子对 Brown 粒子的摩擦阻力，其方向总是与 Brown 粒子的运动方向相反，起降低 Brown 粒子的运动速度，耗散 Brown 粒子动能的作用。随机力来源于溶剂或介质分子对 Brown 粒子的随机碰撞，引起 Brown 粒子的运动，是 Brown 粒子运动能量的来源。在长时间内，随机力对 Brown 粒子所做的功，即向体系注入的能量，总是抵消耗散力的全部能量消耗，保持体系的能量守恒。

11.2.2 Brown 运动方程的数值解

Brown 动力学（Brown dynamics，BD）模拟是一种通过对 Brown 运动方程数值求解，得到 Brown 粒子运动规律，研究体系行为和性质的计算机模拟方法[224,225]。但是，由于随机力的存在，不能通过直接数值求解 Brown 运动方程，计算 Brown 粒子运动状态的演化。为了利用 Brown 方程进行 BD 模拟，必须首先确定随机力的统计特征：假设随机力 $\mathbf{R}_i$ 独立于保守力 $\mathbf{f}_i$，与 Brown 粒子以前的运动状态无关，只影响 Brown 粒子以后的运动状态。同时假设不同粒子或同一粒子不同方向的随机力的统计分布相互独立。作用在各个 Brown 粒子的各个方向的随机力，是一 Markov 过程，遵循 Gauss 分布。数学上，只要已知 Gauss 分布的平均值和方差，分布就被完全确定。随机力 $\mathbf{R}_i$ 的平均值和均方值分别为

$$\langle \mathbf{R}_i(t) \rangle = 0 \tag{11-43}$$

$$\langle R_{i\alpha}(t) R_{i\beta}(t') \rangle = 2\zeta_i m_i k_B T \delta_{\alpha\beta} \delta_{ij} \delta(t - t') \tag{11-44}$$

式中，下标 α 和 β 分别表示笛卡儿坐标的 x 轴、y 轴或 z 轴方向；i 和 j 分别标记不同的 Brown 粒子。

根据 BD 模拟时间步长 Δt 和摩擦系数 ζ_i 的相对大小，可以分三种情况求解

Brown 运动方程。当 $\Delta t\zeta_i\ll 1$ 时，时间步长远小于 Brown 粒子的速度耗散时间，摩擦系数很小，摩擦力的作用不显著，Brown 运动方程只略微偏离牛顿运动方程[227-229]。当 $\Delta t\zeta_i\gg 1$ 时，Brown 粒子的速度衰减时间远小于时间步长，体系处在扩散区（diffusive regime），Brown 粒子的运动能量被介质分子迅速耗散[224,228,230]。当 $\Delta t\zeta_i\approx 1$ 时，BD 模拟时间步长 Δt 与 Brown 粒子的速度耗散时间相当，两种过程都不起决定作用[225,226]。不同条件下的 BD 算法，随保守力的时间涨落情况也不相同。Ermak 和 Buckholz 的算法要求保守力在时间步内基本不变，相反，Allen 或 van Gunsteren 等的算法，允许保守力线性变化。但是，Allen 或 van Gunsteren 等的算法在扩散区将导致错误的结果[226,228,231,232]。

如果 $\Delta t\ll\zeta_i^{-1}$，且保守力在模拟时间步内变化很小，则 Brown 运动方程的近似解为

$$\mathbf{v}_i(t+\Delta t)=\mathbf{v}_i(t)\mathrm{e}^{-\zeta_i\Delta}+\frac{\mathbf{f}_i(t)}{m_i\zeta_i}(1-\mathrm{e}^{-\zeta_i\Delta})+\mathbf{v}_i^R(\Delta t) \tag{11-45}$$

$$\mathbf{r}_i(t+\Delta t)=\mathbf{r}_i(t)+\frac{\mathbf{v}_i(t)}{\zeta_i}(1-\mathrm{e}^{-\zeta_i\Delta})+\frac{\mathbf{f}_i(t)}{m_i\zeta_i}\Big(\Delta t-\frac{1}{\zeta_i}(1-\mathrm{e}^{-\zeta_i\Delta})\Big)+\mathbf{r}_i^R(\Delta t) \tag{11-46}$$

式中

$$\mathbf{v}_i^R(\Delta t)=\frac{1}{m_i}\int_0^{\Delta t}\mathrm{e}^{-\zeta_i(\Delta t-t')}\mathbf{R}_i(t+t')\mathrm{d}t' \tag{11-47}$$

$$\mathbf{r}_i^R(\Delta t)=\frac{1}{m_i\zeta_i}\int_0^{\Delta t}(1-\mathrm{e}^{-\zeta_i(\Delta t-t')})\mathbf{R}_i(t+t')\mathrm{d}t' \tag{11-48}$$

是由随机力引起的 Brown 粒子速度和位置的变化，或称为速度和位移的随机项。

为了利用方程（11-45）和（11-46）计算 Brown 粒子的运动状态，必须计算方程（11-47）和（11-48）中的随机积分，确定速度和位移随机项的统计特征。如果在 t 时刻 Brown 粒子位于 $\mathbf{r}_i(t)$、速度为 $\mathbf{v}_i(t)$，在外力 $\mathbf{f}_i(t)$ 作用下 Δt 时间后移动到 $\mathbf{r}_i(t+\Delta t)$、速度为 $\mathbf{v}_i(t+\Delta t)$，则 Brown 粒子的位移和速度随机项满足双变量 Gauss 分布[225,233]，

$$w(\mathbf{r}_i^R(\Delta t),\mathbf{v}_i^R(\Delta t),\Delta t)$$

$$=(4\pi^2(EG-H^2))^{-3/2}\exp\Big(-\frac{G(\mathbf{r}_i^R(\Delta t))^2-2H\mathbf{r}_i^R(\Delta t)\cdot\mathbf{v}_i^R(\Delta t)+E(\mathbf{v}_i^R(\Delta t))^2}{2(EG-H^2)}\Big) \tag{11-49}$$

式中

$$H=(k_\mathrm{B}T/m_i\zeta_i)(1-\mathrm{e}^{-\zeta_i\Delta})^2 \tag{11-50}$$

$$G=(k_\mathrm{B}T/m_i)(1-\mathrm{e}^{-2\zeta_i\Delta}) \tag{11-51}$$

$$E = (k_{\mathrm{B}}T/m_i\zeta_i^2)(2\zeta_i\Delta t - 3 + 4\mathrm{e}^{-\zeta_i\Delta t} - \mathrm{e}^{-2\zeta_i\Delta t}) \tag{11-52}$$

由此可知，随机值 $\mathbf{r}_i^R(\Delta t)$ 和 $\mathbf{v}_i^R(\Delta t)$ 相互关联，它们的平均值和均方值分别为

$$\langle \mathbf{r}_i^R(\Delta t)\rangle = \langle \mathbf{v}_i^R(\Delta t)\rangle = 0 \tag{11-53}$$

$$\langle \mathbf{r}_i^R(\Delta t)\cdot \mathbf{v}_i^R(\Delta t)\rangle = 3H \tag{11-54}$$

$$\langle (\mathbf{v}_i^R(\Delta t))^2\rangle = 3G \tag{11-55}$$

$$\langle (\mathbf{r}_i^R(\Delta t))^2\rangle = 3E \tag{11-56}$$

因此，实施 BD 模拟的关键是选取满足上述随机分布的位移和速度随机项 $\mathbf{r}_i^R(\Delta t)$ 和 $\mathbf{v}_i^R(\Delta t)$。

然而，也可以根据独立的速度随机项的分布，首先选取速度随机项 $\mathbf{v}_i^R(\Delta t)$，

$$w_1(\mathbf{v}_i^R(\Delta t),\Delta t) = \int w(\mathbf{r}_i^R(\Delta t),\mathbf{v}_i^R(\Delta t),\Delta t)\mathrm{d}^3(\mathbf{r}_i^R(\Delta t)) \tag{11-57}$$

然后按下式计算速度的演化，

$$\mathbf{v}_i(t+\Delta t) = \mathbf{v}_i(t)\mathrm{e}^{-\zeta_i\Delta t} + \frac{\mathbf{f}_i(t)}{m_i\zeta_i}(1-\mathrm{e}^{-\zeta_i\Delta t}) + \mathbf{v}_i^R(\Delta t) \tag{11-58}$$

式中

$$\langle \mathbf{v}_i^R(\Delta t)\rangle = 0 \tag{11-59}$$

$$\langle (\mathbf{v}_i^R(\Delta t))^2\rangle = (3k_{\mathrm{B}}T/m_i)(1-\mathrm{e}^{-2\zeta_i\Delta t}) \tag{11-60}$$

最后，根据位移随机项的条件分布函数，

$$w_2(\mathbf{r}_i^R(\Delta t),\Delta t;\mathbf{v}_i^R(\Delta t)) = \frac{w(\mathbf{r}_i^R(\Delta t),\mathbf{v}_i^R(\Delta t),\Delta t)}{w_1(\mathbf{v}_i^R(\Delta t),\Delta t)} \tag{11-61}$$

选取位移的随机项，并计算粒子位置的演化，

$$\mathbf{r}_i(t+\Delta t) = \mathbf{r}_i(t) + \frac{1}{\zeta_i}\left(\mathbf{v}_i(t+\Delta t)+\mathbf{v}_i(t)-\frac{2\mathbf{f}_i(t)}{m_i\zeta_i}\right)\frac{1-\mathrm{e}^{-\zeta_i\Delta t}}{1+\mathrm{e}^{-\zeta_i\Delta t}} + \frac{\mathbf{f}_i(t)}{m_i\zeta_i}\Delta t + \mathbf{r}_i^R(\Delta t) \tag{11-62}$$

式中

$$\langle \mathbf{r}_i^R(\Delta t)\rangle = 0 \tag{11-63}$$

$$\langle (\mathbf{r}_i^R(\Delta t))^2\rangle = \frac{6k_{\mathrm{B}}T}{m_i\zeta_i^2}\left(\zeta_i\Delta t - 2\frac{1-\mathrm{e}^{-\zeta_i\Delta t}}{1+\mathrm{e}^{-\zeta_i\Delta t}}\right) \tag{11-64}$$

但这里位移和速度随机项相互独立，即 $\langle \mathbf{r}_i^R(\Delta t)\cdot \mathbf{v}_i^R(\Delta t)\rangle = 0$。

显然，也可以首先选取位移随机项，然后选取速度随机项，

$$\mathbf{r}_i(t+\Delta t) = \mathbf{r}_i(t) + \frac{\mathbf{v}_i(t)}{\zeta_i}(1-\mathrm{e}^{-\zeta_i\Delta t}) + \frac{\mathbf{f}_i(t)}{m_i\zeta_i}\left(\Delta t - \frac{1}{\zeta_i}(1-\mathrm{e}^{-\zeta_i\Delta t})\right) + \mathbf{r}_i^R(\Delta t) \tag{11-65}$$

$$\mathbf{v}_i(t+\Delta t) = C^{-1}\mathbf{v}_i(t)(2\zeta_i\Delta t e^{-\zeta_i\Delta} - 1 + e^{-2\zeta_i\Delta})$$
$$+ C^{-1}\zeta_i(\mathbf{r}_i(t+\Delta t) - \mathbf{r}_i(t))(1-e^{-\zeta_i\Delta})^2$$
$$+ C^{-1}\frac{\mathbf{f}_i(t)}{m_i\zeta_i}(\zeta_i\Delta t(1-e^{-2\zeta_i\Delta}) - 2(1-e^{-\zeta_i\Delta})^2) + \mathbf{v}_i^R(\Delta t)$$

$$(11\text{-}66)$$

这里，位移和速度随机项满足独立的 Gauss 分布，相互间没有关联，随机项的平均值和均方值分别为

$$\langle \mathbf{r}_i^R(\Delta t)\rangle = \langle \mathbf{v}_i^R(\Delta t)\rangle = \langle \mathbf{r}_i^R(\Delta t)\cdot\mathbf{v}_i^R(\Delta t)\rangle = 0 \qquad (11\text{-}67)$$

$$\langle (\mathbf{r}_i^R(\Delta t))^2\rangle = \frac{3k_{\mathrm{B}}T}{m_i\zeta_i^2}C \qquad (11\text{-}68)$$

$$\langle (\mathbf{v}_i^R(\Delta t))^2\rangle = C^{-1}\frac{6k_{\mathrm{B}}T}{m_i}(\zeta_i\Delta t(1-e^{-2\zeta_i\Delta}) - 2(1-e^{-\zeta_i\Delta})^2) \qquad (11\text{-}69)$$

$$C = 2\zeta_i\Delta t - 3 + 4e^{-\zeta_i\Delta} - e^{-2\zeta_i\Delta} \qquad (11\text{-}70)$$

可以证明，上述三种方案在统计学意义上相互等价，采样的速度和位移随机项满足双变量 Gauss 分布 $w(\mathbf{r}_i^R(\Delta t),\ \mathbf{v}_i^R(\Delta t),\ \Delta t)$。

与传统牛顿力学不同，Brown 粒子的状态 $\mathbf{r}_i(t)$ 和 $\mathbf{v}_i(t)$ 的演化与位移和速度随机项 $\mathbf{r}_i^R(\Delta t)$ 和 $\mathbf{v}_i^R(\Delta t)$ 有关，粒子的运动轨迹是随机的，不具有确定性。通过 BD 模拟得到的 Brown 粒子的运动轨迹只是随机生成的一具有代表性的轨迹，再次模拟时将不能重复相同的轨迹。Ermak 算法是数值求解 Brown 运动方程的重要尝试，较好地处理了保守力和随机力这两种不同性质的力。当摩擦系数较小时，保守力起决定作用，Brown 运动方程以牛顿运动方程为极限。但是，当摩擦系数趋近于 0 时，Ermak 算法退化为 Taylor 展开，不是比较精确的算法。更优的算法可以通过推广预测-校正算法或 Verlet 算法得到，并以 MD 模拟中的预测-校正算法或 Verlet 算法为极限[226]。当摩擦系数较大时，保守力对 Brown 粒子运动的影响降低，各种算法之间区别不大。

Ermak 算法的最大缺点是不允许较长的时间步长，模拟结果随时间步长的延长而偏移。特别是，当继续延长时间步长时，Ermak 算法可能失去稳定性，导致模拟失败[234]。同时，Ermak 算法只有一阶精度，计算误差较大，有必要开发两阶或更高阶 BD 模拟算法，提高计算精度。

11.2.3　利用 Trotter 定理设计 BD 模拟算法

文献报道的各种 BD 算法，发展思路和方法不同，侧重点不同，内容不同，适用范围不同，计算精度不同。如果没有统一的理论基础，很难对各种 BD 算法进行比较和取舍。例如，Wang 研究了多种 BD 模拟算法[235]，表明 Brünger-

Brooks-Karplus 算法只有一阶精度[229]而 Van Gunsteren-Berendsen 算法[226]则具有两阶精度。最近，Milstein 提出了一种具有三阶精度的 BD 模拟算法，据说具有优良的性能[236]。又如，White 等提出的完整约束 BD 模拟算法，具有 Runge-Kutta 差分格式，可以与 SHAKE 算法结合模拟具有内部约束的多原子分子在介质中的 Brown 运动[237]，另外，有的算法允许流动介质对所模拟的 Brown 粒子存在相互作用[238]，也有的算法允许摩擦力具有记忆效应[225,239]。此外，Vanden-Eijnden 和 Ciccotti 最近提出的 BD 算法，在处理完整约束体系时仍具有两阶精度[240]。不同的 BD 模拟算法，需要产生的随机数的数目不同。利用 Ermak 算法时，每个自由度在每个时间步中都需要生成两个随机数，而 Ricci 和 Ciccotti 算法，则每个自由度在每个时间步中只需要生成一个随机数[224,225,241]。

本节将在第 7 章所介绍的利用 Trotter 定理设计 MD 模拟算法的基础上，进一步介绍利用 Trotter 定理设计 BD 模拟算法的方法，建立 BD 模拟算法的理论基础[242]。

在第 7 章中，曾经定义动力学系统的 Liouville 算符，

$$\mathrm{i}\mathbf{L} \equiv \sum_{i=1}^{N} \left(\frac{\partial H}{\partial \mathbf{p}_i} \cdot \frac{\partial}{\partial \mathbf{r}_i} - \frac{\partial H}{\partial \mathbf{r}_i} \cdot \frac{\partial}{\partial \mathbf{p}_i} \right) \tag{11-71}$$

和演化算符，

$$\mathbf{U}(t) \equiv \exp(\mathrm{i}\mathbf{L}t) \tag{11-72}$$

对于遵循如下演化规律的任意状态函数，

$$\mathbf{x}(t) = \exp(\mathrm{i}\mathbf{L}t)\mathbf{x}(0) \tag{11-73}$$

可利用 Trotter 定理，

$$\exp(\mathrm{i}(\mathbf{L}_1+\mathbf{L}_2)t) = \lim_{M\to\infty} (\exp(\mathrm{i}\mathbf{L}_2 t/2M)\exp(\mathrm{i}\mathbf{L}_1 t/M)\exp(\mathrm{i}\mathbf{L}_2 t/2M))^M \tag{11-74}$$

或

$$\exp(\mathrm{i}(\mathbf{L}_1+\mathbf{L}_2)\Delta t) \approx \exp(\mathrm{i}\mathbf{L}_2 \Delta t/2)\exp(\mathrm{i}\mathbf{L}_1 \Delta t)\exp(\mathrm{i}\mathbf{L}_2 \Delta t/2) \tag{11-75}$$

得到相应的差分格式。

在随机力学中，Liouville 算符与时间相关，对应的演化算符被时序指数取代，

$$T\exp\left(-\int_{t_1}^{t_2} \mathrm{d}s\,\mathrm{i}\mathbf{L}(s)\right) = 1 - \int_{t_1}^{t_2} \mathrm{d}s\,\mathrm{i}\mathbf{L}(s) + \frac{1}{2}\int_{t_1}^{t_2} \mathrm{d}s_1 \int_{t_1}^{s_1} \mathrm{d}s_2\,\mathrm{i}\mathbf{L}(s_1)\,\mathrm{i}\mathbf{L}(s_2)\cdots$$

$$= \sum_{n=0}^{\infty} \frac{(-1)^n}{n!} T\left(\int_{t_1}^{t_2} \mathrm{d}s\,\mathrm{i}\mathbf{L}(s)\right)^n$$

$$\tag{11-76}$$

式中，符号 T 表示所有与时间相关的不可对易 Liouville 算符按时序由右向左排列。与 Trotter 定理对应，展开时序指数时可以利用 Magus 展开[243]，

$$
\begin{aligned}
&\exp\!\left(\int_t^{t+\Delta}\!\mathrm{ds}\,\mathrm{i}\mathbf{L}(s)\right) T\exp\!\left(-\int_t^{t+\Delta}\!\mathrm{ds}\,\mathrm{i}\mathbf{L}(s)\right) \\
&=\exp\!\left(-\frac{1}{2}\int_t^{t+\Delta}\!\mathrm{d}s\int_t^s\!\mathrm{d}u\,[\mathrm{i}\mathbf{L}(u),\mathrm{i}\mathbf{L}(s)]-\frac{1}{3}\int_t^{t+\Delta}\!\mathrm{d}s\int_t^s\!\mathrm{d}u\int_t^s\!\mathrm{d}v\,[\mathrm{i}\mathbf{L}(v),[\mathrm{i}\mathbf{L}(u),\mathrm{i}\mathbf{L}(s)]]\right)
\end{aligned}
\tag{11-77}
$$

由 Brown 运动方程和 Liouville 算符的定义式，可以得到

$$
\mathrm{i}\mathbf{L}=\sum_{i=1}^{N}\left(\frac{\mathbf{p}_i}{m_i}\cdot\frac{\partial}{\partial\mathbf{r}_i}+(\mathbf{f}_i-\zeta_i m_i\,\dot{\mathbf{r}}_i+\mathbf{R}_i(t))\cdot\frac{\partial}{\partial\mathbf{p}_i}\right)
\tag{11-78}
$$

对应的时序指数为

$$
T\exp\!\left(-\int_t^{t+\Delta}\!\mathrm{ds}\,\mathrm{i}\mathbf{L}(s)\right)=\exp\!\left(-\int_t^{t+\Delta}\!\mathrm{ds}\,\mathrm{i}\mathbf{L}(s)\right)\times\exp\!\left(\int_t^{t+\Delta}\!\mathrm{ds}\,\mathrm{i}\mathbf{L}(s)\right)T\exp\!\left(-\int_t^{t+\Delta}\!\mathrm{ds}\,\mathrm{i}\mathbf{L}(s)\right)
\tag{11-79}
$$

代入式（11-77），只保留到两阶项，

$$
\begin{aligned}
T\exp\!\left(-\int_t^{t+\Delta}\!\mathrm{ds}\,\mathrm{i}\mathbf{L}(s)\right)&=\exp\!\left(-\int_t^{t+\Delta}\!\mathrm{ds}\,\mathrm{i}\mathbf{L}(s)\right)\times\exp\!\left(-\frac{1}{2}\int_t^{t+\Delta}\!\mathrm{d}s\int_t^s\!\mathrm{d}u\,[\mathrm{i}\mathbf{L}(u),\mathrm{i}\mathbf{L}(s)]\right) \\
&=\exp(-A-B)\exp(C)
\end{aligned}
\tag{11-80}
$$

式中

$$
A=\int_t^{\Delta}\!\mathrm{d}s\sum_{i=1}^{N}\frac{\mathbf{p}_i}{m_i}\cdot\frac{\partial}{\partial\mathbf{r}_i}=\Delta t\sum_{i=1}^{N}\frac{\mathbf{p}_i}{m_i}\cdot\frac{\partial}{\partial\mathbf{r}_i}
\tag{11-81}
$$

$$
\begin{aligned}
B&=\int_t^{\Delta}\!\mathrm{d}s\sum_{i=1}^{N}(\mathbf{f}_i-\zeta_i m_i\,\dot{\mathbf{r}}_i+\mathbf{R}_i(s))\cdot\frac{\partial}{\partial\mathbf{p}_i} \\
&=\sum_{i=1}^{N}\left(\Delta t(\mathbf{f}_i-\zeta_i m_i\,\dot{\mathbf{r}}_i)+\int_t^{t+\Delta}\!\mathrm{d}u\mathbf{R}_i(u)\right)\cdot\frac{\partial}{\partial\mathbf{p}_i}
\end{aligned}
\tag{11-82}
$$

$$
C=[A,B]
\tag{11-83}
$$

利用 Barker-Campbell-Hausdorf（BCH）展开公式，

$$
\exp(-A-B)\exp(C)=\exp(-A/2)\exp(-B)\exp(-A/2)\exp(C)
\tag{11-84}
$$

或

$$
\exp(-A-B)\exp(C)=\exp(-B/2)\exp(-A)\exp(-B/2)\exp(C)
\tag{11-85}
$$

如果，忽略交换项 C，与 Ricci-Ciccotti 的建议一致。交换项为

$$
\begin{aligned}
C =& \frac{1}{2}\int_t^{t+\Delta t}\mathrm{d}s\int_t^s \mathrm{d}u[\,\mathrm{i}\mathbf{L}(s),\mathrm{i}\mathbf{L}(u)\,]\\
=& \sum_{i=1}^N \left(\frac{\Delta t}{2}\int_t^{t+\Delta t}\mathrm{d}u\mathbf{R}_i(u)-\int_t^{t+\Delta t}\mathrm{d}s\int_t^s \mathrm{d}u\mathbf{R}_i(u)\right)\cdot\left(\frac{1}{m_i}\frac{\partial}{\partial \mathbf{r}_i}-\zeta_i\frac{\partial}{\partial \mathbf{p}_i}\right)
\end{aligned}
$$

$$(11\text{-}86)$$

$$
\begin{aligned}
\mathbf{p}_i(t+\Delta t) =& \mathbf{p}_i(t)\left(1-\zeta_i\Delta t+\frac{(\zeta_i\Delta t)^2}{2}\right)+\mathbf{f}_i(\mathbf{r}_i(t))\left(\mathbf{r}_i(t)+\mathbf{p}_i(t)\frac{\Delta t}{2m_i}\right)\left(1-\zeta_i\frac{\Delta t}{2}\right)\Delta t\\
&+\int_t^{t+\Delta t}\mathrm{d}u\mathbf{R}_i(u)-\zeta_i\int_t^{t+\Delta t}\mathrm{d}s\int_t^s \mathrm{d}u\mathbf{R}_i(u)
\end{aligned}
$$

$$(11\text{-}87)$$

$$
\mathbf{r}_i(t+\Delta t)=\mathbf{r}_i(t)+\Delta t\frac{\mathbf{p}_i(t)}{m_i}\left(1-\zeta_i\frac{\Delta t}{2}\right)+\mathbf{f}_i(\mathbf{r}_i(t))\frac{\Delta t^2}{2m_i}+\frac{1}{m_i}\int_t^{t+\Delta t}\mathrm{d}s\int_t^s \mathrm{d}u\mathbf{R}_i(u)
$$

$$(11\text{-}88)$$

或者

$$
\begin{aligned}
\mathbf{p}_i(t+\Delta t)=&\mathbf{p}_i(t)\left(1-\zeta_i\Delta t+\frac{(\zeta_i\Delta t)^2}{2}\right)+\frac{\Delta t}{2}(\mathbf{f}_i(\mathbf{r}_i(t))+\mathbf{f}_i(\mathbf{r}_i(t+\Delta t)))\\
&-\zeta_i\frac{\Delta t^2}{2}\mathbf{f}_i(\mathbf{r}_i(t))+\int_t^{t+\Delta t}\mathrm{d}u\mathbf{R}_i(u)-\zeta_i\int_t^{t+\Delta t}\mathrm{d}s\int_t^s \mathrm{d}u\mathbf{R}_i(u)\quad (11\text{-}89)
\end{aligned}
$$

$$
\mathbf{r}_i(t+\Delta t)=\mathbf{r}_i(t)+\Delta t\frac{\mathbf{p}_i(t)}{m_i}\left(1-\zeta_i\frac{\Delta t}{2}\right)+\mathbf{f}_i(\mathbf{r}_i(t))\frac{\Delta t^2}{2m_i}+\frac{1}{m_i}\int_t^{t+\Delta t}\mathrm{d}s\int_t^s \mathrm{d}u\mathbf{R}_i(u)
$$

$$(11\text{-}90)$$

目前，Trotter 定理已经成为设计 BD 模拟算法的重要理论基础，有兴趣的读者可以参考有关文献[241,242,244-247]。

11.2.4 耗散力与记忆函数

在 11.2.2 节的讨论中，假设 Brown 粒子所受摩擦阻力只与粒子的当前运动状态有关，但与粒子运动状态的历史无关。在本节，将对此进行推广，假设 Brown 粒子所受的摩擦阻力与粒子运动状态的历史有关，正比于粒子以往速度的加权平均，其权重系数称为记忆函数。这样

$$
m_i\ddot{\mathbf{r}}_i=\mathbf{f}_i(\mathbf{r}_1,\cdots,\mathbf{r}_N)-m_i\int_{-\infty}^t M(t-t')\mathbf{v}_i(t')\mathrm{d}t'+\mathbf{R}_i(t),\quad t>-\infty
$$

$$(11\text{-}91)$$

式中，$M(t)$ 为记忆函数，并假设设各个 Brown 粒子具有相同的记忆函数。记忆函

数的积分对应摩擦系数，

$$\int_0^\infty M(t)\mathrm{d}t = \zeta \tag{11-92}$$

随机力的自相关函数通过涨落-耗散关系与记忆函数相互关联，

$$\langle \mathbf{R}_i(t) \cdot \mathbf{R}_i(0) \rangle = 3m_i k_{\mathrm{B}} T M(t) \tag{11-93}$$

可以利用 Fourier-Laplace 变换求解方程 (11-91)，得到 Brown 粒子的速度和位置的演化。这里只列出有关结果，

$$\mathbf{v}_i(t) = \frac{1}{m_i}\int_{-\infty}^t \mathrm{d}t'\psi(t-t')(\mathbf{f}_i(t') + \mathbf{R}_i(t')) \tag{11-94}$$

$$\mathbf{r}_i(t) = \mathbf{r}_i(-\infty) + \frac{1}{m_i}\int_{-\infty}^t \mathrm{d}t'\phi(t-t')(\mathbf{f}_i(t') + \mathbf{R}_i(t')) \tag{11-95}$$

式中，$\psi(t) = L^{-1}\big[(s+M\{s\})^{-1}\big], M\{s\} = L[M(t)], \phi(t) = \int_0^t \psi(|t'|)\mathrm{d}t', \chi(t) = \int_0^t \phi(t')\mathrm{d}t'$，$L$ 为 Laplace 变换算符，

$$L[M_i(t)] = \int_0^\infty \mathrm{d}t\mathrm{e}^{-st}M_i(t) \tag{11-96}$$

L^{-1} 为其逆变换算符。

引入记忆效应后，摩擦力不但与 Brown 粒子的当前速度有关，也与以前的速度有关。为了计算粒子所受的摩擦力，模拟过程中必须存储 Brown 粒子在各个时间步的速度。继续用 i 标记 Brown 粒子，但用 l 和 n 标记时间步，粒子 i 在第 n 时间步的位置和速度分别为 $\mathbf{r}_i(n)=\mathbf{r}_i(n\Delta t)$ 和 $\mathbf{v}_i(n)=\mathbf{v}_i(n\Delta t)$。利用方程 (11-94) 和方程 (11-95)，可以得到 BD 模拟算法，

$$\mathbf{v}_i(n) = \frac{\Delta t}{m_i}\sum_{l=1}^\infty \psi(l)\mathbf{f}_i(n-l) + \mathbf{v}_i^R(n) \tag{11-97}$$

$$\mathbf{r}_i(n) = \mathbf{r}_i(n-1) + \frac{\Delta t}{m_i}\Big(\phi(1)\mathbf{f}_i(n-1) + \sum_{l=2}^\infty (\phi(l) - \phi(l-1))\mathbf{f}_i(n-l)\Big) + \mathbf{r}_i^R(n) \tag{11-98}$$

式中，$\psi(n) = \psi(n\Delta t); \phi(n) = \phi(n\Delta t)$；$\mathbf{r}_i^R(n)$ 和 $\mathbf{v}_i^R(n)$ 为 Brown 粒子的位移和速度随机项。位移和速度随机项的平均值和均方或平均协方值为

$$\langle \mathbf{r}_i^R(n) \rangle = \langle \mathbf{v}_i^R(n) \rangle = 0 \tag{11-99}$$

$$\langle \mathbf{v}_i^R(n) \cdot \mathbf{v}_i^R(n) \rangle = (3k_{\mathrm{B}}T/m_i)\psi(i-j) \tag{11-100}$$

$$\langle \mathbf{r}_i^R(n) \cdot \mathbf{v}_i^R(n) \rangle = (3k_{\mathrm{B}}T/m_i)(\phi(i-j) - \phi(i-j-1)) \tag{11-101}$$

$$\langle \mathbf{r}_i^R(n) \cdot \mathbf{r}_i^R(n) \rangle = (3k_{\mathrm{B}}T/m_i)(\chi(i-j+1) - 2\chi(i-j) + \chi(i-j-1)) \tag{11-102}$$

由于位移和速度随机项相互关联，可以转化为两个相互独立的 Gauss 随机项，分别随机选取[225]。

　　与没有记忆效应的情况不同，引入记忆效应后，必须存储各个 Brown 粒子的历史速度数据，需要更大的内存空间。但是，如果系统的记忆函数可以近似为指数衰减的函数，则算法大大简化[225]，

$$M(t) = \alpha\zeta e^{-at} \tag{11-103}$$

这时，随机力可以表示为

$$\mathbf{R}_i(t) = \alpha\zeta m_i \int_{-\infty}^{t} dt' \exp(-\alpha(t-t')\mathbf{Y}_i(t)) \tag{11-104}$$

式中，$\mathbf{Y}_i(t)$ 是 Gauss 随机函数，其自相关函数为

$$\langle \mathbf{Y}_i(t') \cdot \mathbf{Y}_i(t'') \rangle = \frac{6k_{\mathrm{B}}T}{m_i\zeta}\delta(t'-t'') \tag{11-105}$$

同时，引入加速度作为另一个随机量，可以得到如下方程，

$$\begin{aligned}
\dot{\mathbf{a}}_i(t+\Delta t) = {} & \dot{\mathbf{a}}_i(t)e^{-\alpha\Delta t} + (1/m_i)(\mathbf{f}_i(t+\Delta t) - \mathbf{f}_i(t)e^{-\alpha\Delta t}) \\
& -\alpha\zeta \int_0^{\Delta t} dt' e^{-\alpha(\Delta t - t')}(\mathbf{v}_i(t+t') - \mathbf{Y}_i(t+t'))
\end{aligned} \tag{11-106}$$

替代方程（11-91），消除了其中无穷积分下限，积分被限制在前一时间步内。

11.2.5　高分子体系的 BD 模拟

　　BD 模拟的最大应用领域是高分子熔体或溶液的模拟。高分子具有不同于小分子的许多特点：首先，高分子具有复杂的内部结构和内部自由度，不能近似为质点或刚体。其次，连接高分子链节的化学键虽然具有很高的振动频率，但键长的变化范围很小，对高分子整体构型和性质的影响并不显著。因此，在许多 BD 模拟中都利用约束方法，限制键长的振动或变化，达到简化高分子模型，提高模拟效率的目的。最后，在流动的高分子熔体或溶液中，高分子的不同部位受到不同的切剪力。切剪力对高分子构型的影响远大于对小分子的影响。因此，用 BD 方法模拟高分子时，应采取不同于小分子或没有内部自由度的胶体粒子的措施和方法。

　　处于流动体系中的高分子，其 Brown 运动方程比普通 Brown 运动方程（11-42）多了一切剪力项，

$$m_i\ddot{\mathbf{r}}_i = \mathbf{f}_i(\mathbf{r}_1, \cdots, \mathbf{r}_N) - \zeta m_i\dot{\mathbf{r}}_i + \zeta m_i\kappa(\mathbf{r}_i) + \mathbf{R}_i(t) \tag{11-107}$$

式中，$\zeta m_i\kappa(\mathbf{r}_i)$ 为作用于原子 i 的切剪力；$\kappa(\mathbf{r}_i)$ 为原子所处位置的流体的速度梯度。引入切剪力后，高分子在流动场中将被拉伸、变形，而高分子对流动场

的响应是引起各种流变现象或效应的物理基础[248-252]。

珠棍链模型是一种常用高分子模型。在 BD 模拟过程中为了使两个相邻珠子之间的距离等固定，一般利用 SHAKE 算法对高分子内部自由度进行约束。用 SHAKE 算法进行约束体系的 BD 模拟，与约束体系的 MD 模拟相似。在每一时间步的模拟中，首先忽略体系的约束力，按照无约束模拟方法，让体系演化到新的状态。然后，增加一 SHAKE 约束步，调整体系的状态，使其满足约束条件。约束体系的 BD 模拟，具体可以参照有关文献[6,16,228,237,240]。

高分子体系的另一种常用模型是珠簧链模型[248]。与珠棍链模型不同，在珠簧链模型中，珠子被可以伸缩的弹簧串联起来，因此，相邻珠子之间的距离允许变化。模拟这样的模型体系，与一般 BD 模拟类似，不需要额外的约束步。

11.3　耗散粒子动力学

11.3.1　分子力学模型与流体连续介质模型

虽然 MD 模拟方法在研究分子体系的现象与性质方面取得了巨大的成功，但是，将 MD 方法用于研究流体的宏观现象与性质时却遇到了严重的困难。一方面，流体的宏观性质只能在由大量原子、分子组成的宏观流体之中，经过很长时间才能表现出来，其典型空间和时间尺度下限在 1mm 和 1ms 左右。因此，必须在 MD 模拟中增大模拟体系的空间尺度、延长体系的实际演化时间，才能体现体系的宏观现象与性质。但是，这将不可避免地增加模拟的计算量，消耗更多的计算资源，花费更多的计算成本。另一方面，流体中观察到的涡流等宏观现象，是大量组成分子的集体行为，难以用一般的 MD 模拟实现。事实上，随着计算技术的发展和计算系统成本的降低，MD 方法可以模拟的体系越来越大，处理的分子越来越多，模拟的演化时间越来越长；但是，通过 MD 模拟往往只能研究单个分子的行为和性质，或大量分子的平均行为和性质，难以研究涡流等大量分子的集体行为和性质。因此，即使利用粗粒度模型，也难以模拟流体的许多宏观性质[66,253]。

连续介质模型是研究流体的宏观行为和性质的基础，结合连续介质模型和经典力学理论，可以得到流体力学基本方程，即 Navier-Stokes 方程。利用流体力学基本方程和有限元方法（finite element），不但可以研究流体在空间或管道中的流动，还可以研究飞机、火车、汽车、船舶、潜艇等交通工具表面附近流体的宏观流动，解决大量实际问题。但是，随着微纳机电系统（microelectromechan-ical and nanoelectromechanical systems，MEMS and NEMS）和生物芯片等微纳技术的发展，微纳尺度的流动现象受到越来越多的关注。在微纳尺度领域，流体的表面力相对于体相中的各种力的比例越来越大，开始影响甚至决定流体的行为和性质，引起不同于宏观尺度下流体的行为和性质。事实上，基于连续介质模型的 Navier-Stokes 方程，是否继续适用于微纳尺度下流体的运动也被怀疑。

仔细对比、分析分子力学模型和流体连续介质模型可以发现，这两种模型之间存在本质的区别。分子力学模型的最显著特征是分子的不可分割性或粒子性，任何分子均有一个不可穿透的内核、具有一定的体积。相反，流体连续介质模型的最显著特征是其可分割性和可穿透性，通过无限分割和相互混合，任何一个液滴可以分散到任意体积的流体之中。因此，通过简单增大 MD 模拟元胞的尺度，增加包含的原子与分子数目，并不能自动过渡到流体的宏观现象和性质。同样，通过减小有限元的尺度，也不能自动过渡到分子力学模型，得到原子和分子的粒子性质。为了在基于分子力场模型的 MD 模拟与基于连续介质模型的 Navier-Stokes 方程之间建立联系和桥梁，必须引入既具有上述两种模型的共性，又不同于这两种模型的新的流体模型（图 11-1）。

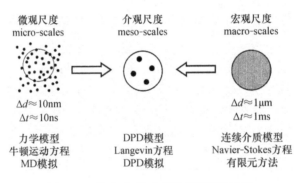

图 11-1   微观-介观-宏观体系的研究方法

常用的介于分子力学模型与连续介质模型之间的模型，包括格子自动气（lattice gas automata，LGA）模型，格子 Boltzmann 模型（lattice Boltzmann model），耗散粒子模型（dissipative particle model）等。这些模型既保留了分子力学模型的某些特点，可以利用 MD 模拟方法研究，又可以较好地过渡到流体的连续介质模型。

11.3.2   耗散粒子模型与耗散粒子运动方程

作为一种介于分子与连续介质之间的力学模型，耗散粒子（dissipative particle）遵循经典力学理论，服从牛顿第二定律[254]，

$$\frac{\mathrm{d}\mathbf{r}_i}{\mathrm{d}t} = \mathbf{v}_i \tag{11-108}$$

$$\frac{\mathrm{d}\mathbf{p}_i}{\mathrm{d}t} = \sum_{j=1, j\neq i}^{N} \mathbf{f}_{ij} \tag{11-109}$$

式中，t 为时间；$\mathbf{r}_i$、$\mathbf{v}_i$ 和 $\mathbf{p}_i$ 分别为第 i 个耗散粒子的位置、速度和动量矢量；$\mathbf{f}_{ij}$ 为由 j 粒子作用于 i 耗散粒子上的力，求和遍及除耗散粒子本身以外的所有其他耗散粒子。上述运动方程与 MD 模拟中原子、分子的运动方程在形式上完全相同，没有任何区别。耗散粒子与原子、分子的所有区别均由耗散粒子之间特殊的相互作用引起。

耗散粒子之间的相互作用力包括保守力（conservative force）、耗散力（dissipative force or frictional force）和随机力（random force or stochastic force）三个部分，

$$\mathbf{f}_{ij} = \mathbf{f}_{ij}^C + \mathbf{f}_{ij}^D + \mathbf{f}_{ij}^R \tag{11-110}$$

式中，$\mathbf{f}_{ij}^C$、$\mathbf{f}_{ij}^D$ 和 $\mathbf{f}_{ij}^R$ 分别为保守力、耗散力和随机力，均为两体力，沿两个耗散粒子的质心连线方向，保证了体系线动量和角动量的守恒，可以正确地描述流体的力学行为。

与一般分子力学模型不同，保守力 $\mathbf{f}_{ij}^C$ 是一种纯排斥力，

$$\mathbf{f}_{ij}^C = \begin{cases} a_{ij}(1 - r_{ij}/r_c)\hat{\mathbf{r}}_{ij}, & r_{ij} < r_c \\ 0, & r_{ij} \geqslant r_c \end{cases} \tag{11-111}$$

式中，a_{ij} 为耗散粒子 i 和 j 之间的保守相互作用参数，表示两个耗散粒子之间的最大排斥力；r_c 为排斥力的最大作用距离或截断半径（图 11-2）。与 Lennard-Jones 等分子间相互作用力具有一个不可穿透的硬核不同，保守力 $\mathbf{f}_{ij}^C$ 的最大排斥力有限，不存在不可以穿透的硬核，耗散粒子之间存在一定的相互穿透的可能。同时，保守力 $\mathbf{f}_{ij}^C$ 的排斥作用随耗散粒子之间的距离增加而单调降低，但没有相互吸引作用。保守力 $\mathbf{f}_{ij}^C$ 的可穿透性与分子力学

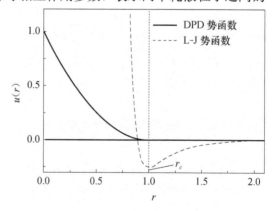

图 11-2　DPD 势和 L-J 势函数的对比

模型具有本质区别，但与流体连续模型具有相容性。保守力 $\mathbf{f}_{ij}^C$ 的简单截断形式和不包含任何相互吸引作用这两个特征，对提高计算效率具有重要的价值。

耗散力 $\mathbf{f}_{ij}^D$ 和随机力 $\mathbf{f}_{ij}^R$ 分别为

$$\mathbf{f}_{ij}^D = -\gamma w^D(r_{ij})(\mathbf{v}_{ij} \cdot \hat{\mathbf{r}}_{ij})\hat{\mathbf{r}}_{ij} \tag{11-112}$$

$$\mathbf{f}_{ij}^R = \sigma w^R(r_{ij})\theta_{ij}\hat{\mathbf{r}}_{ij} \tag{11-113}$$

式中，$\mathbf{v}_{ij} = \mathbf{v}_i - \mathbf{v}_j$，为 i 和 j 耗散粒子之间的相对速度；γ 和 σ 分别为耗散因子和随机力的振幅，表示耗散力和随机力的相对大小。由于耗散力 $\mathbf{f}_{ij}^D$ 的方向与耗散粒子之间的相对速度方向相反，当耗散粒子之间的相对速度不为 0 时，耗散力 $\mathbf{f}_{ij}^D$ 将减小两个耗散粒子之间的相对速度差，消耗能量。随机力 $\mathbf{f}_{ij}^R$ 中的 θ_{ij} 因子是 Gauss 白噪声函数，且 $\theta_{ij} = \theta_{ji}$，保证体系的线动量和角动量守恒。$\theta_{ij}$ 因子满足

$$\langle \theta_{ij}(t) \rangle = 0 \tag{11-114}$$

$$\langle \theta_{ij}(t)\theta_{kl}(t') \rangle = (\delta_{ik}\delta_{jl} - \delta_{il}\delta_{jk})\delta(t - t') \tag{11-115}$$

$w_{ij}^R(r_{ij})$ 是与耗散粒子间距离有关的函数，表示随机力随耗散粒子之间距离增加时的衰减情况。与耗散力 $\mathbf{f}_{ij}^D$ 不同，随机力 $\mathbf{f}_{ij}^R$ 的存在总是不断地为体系补充能量。因此，耗散力 $\mathbf{f}_{ij}^D$ 和随机力 $\mathbf{f}_{ij}^R$ 的共同作用，起到体系热浴的作用。通过调整耗散因子 γ 和随机力的振幅 σ 的数值，可以调整耗散力 $\mathbf{f}_{ij}^D$ 和随机力 $\mathbf{f}_{ij}^R$ 的相对大小，可以保证模拟体系的能量守恒。Español 和 Warran 研究发现[255]，当耗散力 $\mathbf{f}_{ij}^D$ 和随机力 $\mathbf{f}_{ij}^R$ 满足下列关系时，体系可以达到 Gibbsian 平衡，

$$w^D(r_{ij}) = (w^R(r_{ij}))^2 \tag{11-116}$$

$$\sigma = 2\gamma k_B T/m \tag{11-117}$$

作为调节耗散粒子之间耗散力 $\mathbf{f}_{ij}^D$ 随耗散粒子之间距离变化的形状函数 $w_{ij}^R(r_{ij})$，一般取如下形式，

$$w_{ij}^D(r_{ij}) = \begin{cases} (1 - r_{ij}/r_c)^s, & r_{ij} < r_c \\ 0, & r_{ij} \geqslant r_c \end{cases} \tag{11-118}$$

式中，s 的数值与流体的黏度系数相关，在最初提出的 DPD 算法中 s 的取值为 1。

11.3.3　DPD 运动方程的数值解

DPD 运动方程与 MD 运动方程相同，数值解方法类似，可以在现有的 MD 模拟程序中实现 DPD 模拟。基于计算效率和精度的综合考虑，DPD 模拟最常用算法是修正的速度 Verlet 算法，

$$\mathbf{r}_i(t + \Delta t) = \mathbf{r}_i(t) + \mathbf{v}_i(t)\Delta t + \frac{1}{2}(\Delta t)^2 \mathbf{f}_i(t) \tag{11-119}$$

$$\tilde{\mathbf{v}}_i(t + \Delta t) = \mathbf{v}_i(t) + \lambda(\Delta t)\mathbf{f}_i(t) \tag{11-120}$$

$$\mathbf{f}_i(t + \Delta t) = \mathbf{f}_i(\mathbf{r}_i(t + \Delta t), \tilde{\mathbf{v}}_i(t + \Delta t)) \tag{11-121}$$

$$\mathbf{v}_i(t+\Delta t) = \mathbf{v}_i(t) + \frac{1}{2}(\Delta t)(\mathbf{f}_i(t) + \mathbf{f}_i(t+\Delta t)) \qquad (11\text{-}122)$$

当修正系数 λ 取 0.5 时，与未修正的速度 Verlet 算法完全相同。

利用修正速度 Verlet 算法进行模拟时，需要首先确定体系的初始构型和初始速度。在每个时间步的模拟中，首先根据前一时间步得到的耗散粒子位置、速度和受力，计算耗散粒子的新位置 $\mathbf{r}_i(t+\Delta t)$；然后预测耗散粒子的新速度 $\tilde{\mathbf{v}}_i(t+\Delta t)$；再利用耗散粒子的新位置 $\mathbf{r}_i(t+\Delta t)$ 和预测速度 $\tilde{\mathbf{v}}_i(t+\Delta t)$ 计算耗散粒子的新作用力 $\mathbf{f}_i(t+\Delta t)$；最后，通过耗散粒子的旧速度 $\mathbf{v}_i(t)$，旧作用力 $\mathbf{f}_i(t)$ 和新作用力 $\mathbf{f}_i(t+\Delta t)$ 计算新速度 $\mathbf{v}_i(t+\Delta t)$。

DPD 模拟算法发展方向是利用 Trotter 定理设计自洽 DPD 算法[256,257]，发展不同系综下的 DPD 模拟算法[258]，发展满足微观可逆性条件的算法[259]。与 MD 模拟相比，DPD 方法可以模拟研究介观体系的流动，具有重要应用价值[260,261]。

11.3.4　DPD 模拟的边界条件

与 MD 模拟相似，在进行 DPD 模拟时也可根据模拟体系的特征，采用周期性边界条件或固体壁边界条件。当利用周期性边界条件进行 DPD 模拟时，需要遵守最小像约定原理，模拟体系的元胞尺度必须大于截断半径 r_c 的两倍，以保证耗散粒子不与其像粒子发生相互作用。

由于耗散粒子之间只存在软排斥作用，因此，耗散粒子可能穿透固体壁，需要特殊处理。

1. Lees-Edwards 边界条件

Lees-Edwards 边界条件是对周期性边界条件的修正（图 11-3）。根据周期性边界条件，当粒子 P 从下面边界离开模拟元胞时，其像粒子应该在 P' 处从上边界进入元胞，并保持各速度分量的不变。但是，由于流体中存在切剪流动，下边界向左移动，上边界向右移动，P'' 应出现在 P' 的右边，坐标位置为 $x_{P''} = x_P + f(\mathbf{v}_d)\cdot\Delta t$。像粒子进入元胞后，$x$ 方向的速度分量调整为 $\mathbf{v}''_x = \mathbf{v}_x + \mathbf{v}_d$，其他方向的速度分量保持不变。

2. Revenga 冻结粒子壁

在流体和固体壁之间增加一层与流体完全相同但位置固定的耗散粒子，形成

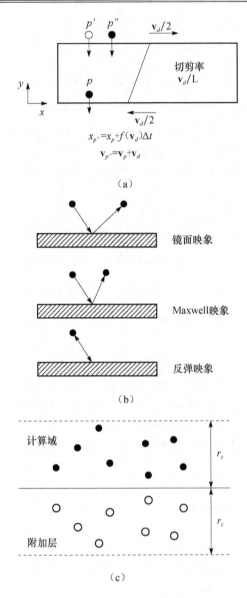

$$x_{p''}=x_p+f(\mathbf{v}_d)\Delta t$$
$$\mathbf{v}_{p''}=\mathbf{v}_p+\mathbf{v}_d$$

（a）

（b）

（c）

图 11-3　DPD 模拟中的边界条件

（a）Lees-Edwards 边界条件；（b）穿透冻结粒子壁的粒子返回模拟元胞；（c）附加层边界条件

冻结壁。由于这样的冻结粒子壁不能阻止耗散粒子的穿透，当耗散粒子穿透冻结壁时，需利用镜面反射、Maxwell 反射、反弹等方法将耗散粒子重新引入模拟元胞。耗散粒子经镜面反射后，与壁面平行方向的速度不变，与壁面垂直方向的速度分量反向。耗散粒子经 Maxwell 反射后，重新进入元胞的耗散粒子的速度满足以壁面速度为中心的 Maxwell 分布。耗散粒子经反弹后，耗散粒子平行于壁面的速度分量和垂直于壁面的速度分量均反向。

3. Willemsen 附加层

所有与壁面距离小于截断半径 r_c 的粒子，都被按镜像的方法附加于元胞壁之外，形成一厚度为 r_c 的附加层。如果令附加层中的耗散粒子速度 $\mathbf{v}_e$ 与对应的元胞中的耗散粒子速度 $\mathbf{v}_o$ 的绝对值相同、方向相反，$\mathbf{v}_e = -\mathbf{v}_o$，则得到无滑移边界条件。如果固体壁以速度 $\mathbf{v}$ 运动，令 $\mathbf{v}_e = 2\mathbf{v} - \mathbf{v}_o$，则也得到无滑移边界条件。

11.3.5　DPD 模拟的应用

DPD 模拟是研究流体在介观尺度行为和性质的重要手段，被广泛用于复杂流体的研究。目前，DPD 已经被用于研究表面活性剂稳定的微乳溶液、高分子熔体和溶液、胶体和生物大分子溶液的行为与性质，也被广泛应用于研究微乳溶液的相分离、聚合物熔体和溶液的流动与相分离[254,262,263]。

11.4　Monte Carlo 模拟

11.4.1　Monte Carlo 数值积分方法

众所周知，许多科学和工程问题，最后多可以转化为计算特定函数的定积分问题，

$$I = \int_a^b f(x)\mathrm{d}x \tag{11-123}$$

但是，如果函数 $f(x)$ 的原函数不能以解析式表示、或因解析式太复杂而难以表达和计算，就只能利用数值积分的方法估算定积分的近似值。数值积分的方法虽然很多，但通常的方法是先在积分区间 $[a, b]$ 中设置 n 个均匀或不均匀分布的采样点 $[a \leqslant x_1, \cdots, x_n \leqslant b]$，然后用下列公式估算定积分的近似值 [图 11-4（a）]，

$$I_0 \approx \frac{b-a}{n}\sum_{i=1}^n c_i f(x_i) \tag{11-124}$$

式中，系数 c_i 的取值与定积分算法和样本点分布有关。

虽然，各种经典数值积分方法在估算一维或低维空间中的积分时，具有很高

的效率和精确度；但是，当空间维数提高时，这些数值积分方法将因计算量的指数增加而逐渐失去实际利用价值。例如，如果在每个积分变量的积分区间中布置 n 个采样点，则 m 维空间中的积分将需要计算 n^m 个采样点的函数值，计算量随空间维数的增大呈指数增加。

　　Monte Carlo 数值积分方法也是一种通过计算被积函数在若干采样点的数值估算定积分的方法，计算公式与式（11-124）相同。但是，与其他数值积分算法不同，在利用 Monte Carlo 数值积分算法时，在区间 $[a, b]$ 中设置的样本点的位置 $[a \leqslant x_1, \cdots, x_n \leqslant b]$ 不是固定的，而是通过随机采样方法确定的 [图 11-4（b）]。Monte Carlo 数值积分算法既不是一种精确度很高的数值积分算法，甚至也不是一种计算效率很高的数值积分算法。但是，Monte Carlo 数值积分算法的最大特点是可以高效计算高维空间的积分，计算量随空间维数的增大没有其他方法显著。

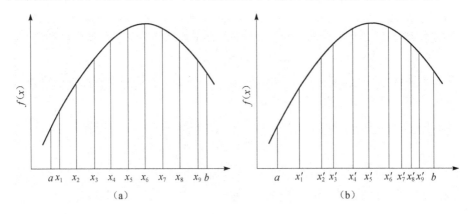

图 11-4　经典数值积分方法（a）与 Monte Carlo 数值积分方法（b）的采样点分布对比

　　从上述介绍可以知道，不管是经典的数值积分方法，还是 Monte Carlo 数值积分方法，最后均转化为计算被积函数在采样点的数值的问题。为了提高计算精度，一方面需要改进采样方法、提高样本点的代表性，另一方面还需要增加样本点的数量，提高样本点在积分区域的分布密度。这两类数值积分方法的最大不同是样本点的位置：在经典数值积分方法中，样本点的位置由积分算法固定，不能随意改变；相反，在 Monte Carlo 数值积分方法中，样本点位置不预先固定，而是通过随机采样的方法临时确定。

11. 4. 2　重要性采样方法

　　上述 Monte Carlo 数值积分方法样本点在积分区域内的分布虽是随机的，但也是均匀的，完全不考虑被积函数的特点。如果被积函数在整个积分区域内比较平坦，函数值的变化不大，则数值积分的收敛速度较快、误差较小。相反，如果被积函数的值在整个积分区域内的变化巨大，甚至只有在很小的区域内才不显著为 0，对积分有显著贡献，而在其他大部分区域内接近于 0，对积分没有显著贡献。那么，如果继续采用均匀随机采样的方法，将使大多数样本点分布在对积分几乎没有贡献的区域，只有少量甚至没有样本点分布在对积分有显著贡献的区域，使得计算的收敛速度缓慢，甚至造成计算失败。

为了克服均匀随机采样法的缺点，可以引入重要性采样方法（importance sampling）。重要性采样是一种考虑被积函数特点的采样方法，样本点的分布概率与被积函数对积分的贡献相关，在对积分贡献大的区域样本点分布密度高，而在对积分贡献小的区域样本点分布密度低。在利用重要性采样技术估算积分时，首先确定样本点在区间 $[a, b]$ 内的概率分布 $w(x)$，$w(x)$ 的值越大，样本点的分布越密，$w(x)$ 的值越小，样本点的分布越疏。其次，估算定积分的数值时也必须考虑样本点的分布情况，对估算定积分的公式进行改造，

$$I_1 \approx \frac{b-a}{n} \sum_{i=1}^{n} \frac{f(x_i)}{w(x_i)} \tag{11-125}$$

重要性采样技术是 Monte Carlo 数值积分方法最常用的算法之一，有利于提高计算的稳定性和收敛速度。但是，利用重要性采样技术必须预先确定采样的概率分布函数 $w(x)$，特别是概率分布 $w(x_i)$ 接近或等于 0 的样本点，$\dfrac{f(x_i)}{w(x_i)}$ 的值将趋于无穷大，引起算法的不稳定，导致计算失败。重要性采样不是一种均匀采样方法，而是一种偏倚采样（biased sampling）方法，在重要性高的区域样本点的分布概率高，在重要性低的区域样本点的分布概率低。

11.4.3　力学量系综平均的计算

根据第 7 章的介绍，统计力学的根本任务是计算力学量 A 的系综平均，

$$\langle A \rangle = \frac{\int A(\mathbf{r},\mathbf{p}) f(\mathbf{r},\mathbf{p}) \mathrm{d}\mathbf{r}\mathrm{d}\mathbf{p}}{\int f(\mathbf{r},\mathbf{p}) \mathrm{d}\mathbf{r}\mathrm{d}\mathbf{p}} \tag{11-126}$$

这是典型的高维空间定积分问题。在正则系综中，上式更可简化为

$$\langle A \rangle = Z^{-1} \int A(\mathbf{r},\mathbf{p}) \exp(-H(\mathbf{r},\mathbf{p})/k_B T) \mathrm{d}\mathbf{r}\mathrm{d}\mathbf{p} \tag{11-127}$$

式中，配分函数

$$Z = \int \exp(-H(\mathbf{r},\mathbf{p})/k_B T) \mathrm{d}\mathbf{r}\mathrm{d}\mathbf{p} \tag{11-128}$$

由于

$$H(\mathbf{r},\mathbf{p}) = \sum_{i=1}^{N} \frac{\mathbf{p}_i^2}{2m_i} + u(\mathbf{r},\mathbf{p}) \tag{11-129}$$

可以得到

$$Z = (2\pi k_{\mathrm{B}} T)^{3N/2} \prod_{i=1}^{N} m_i^{3/2} \int \exp(-u(\mathbf{r})/k_{\mathrm{B}} T) \mathrm{d}\mathbf{r} \tag{11-130}$$

位形积分为

$$Q = \int \exp(-u(\mathbf{r})/k_{\mathrm{B}} T) \mathrm{d}\mathbf{r} \tag{11-131}$$

利用

$$A(\mathbf{r},\mathbf{p}) = A_{\mathbf{r}}(\mathbf{r}) + \mathrm{A}_{\mathbf{p}}(\mathbf{p}) \tag{11-132}$$

则

$$\langle A \rangle = Q^{-1} \int A_{\mathbf{r}}(\mathbf{r}) \exp(-u(\mathbf{r})/k_{\mathrm{B}} T) \mathrm{d}\mathbf{r}$$

$$+ (2\pi k_{\mathrm{B}} T)^{3N/2} \prod_{i=1}^{N} m_i^{3/2} \int A_{\mathbf{p}}(\mathbf{p}) \exp\left(-\sum_{i=1}^{N} \frac{\mathbf{p}_i^2}{2m_i}/k_{\mathrm{B}} T\right) \mathrm{d}\mathbf{p} \tag{11-133}$$

一般地，由于 $A_{\mathbf{p}}(\mathbf{p})$ 中不同粒子的动量之间不相互关联，可以采用变量分离法简化并计算式（11-133）右边第二项。相反，由于分子间相互作用的存在，不同粒子的坐标在势函数 $u(\mathbf{r})$ 中相互关联，指数函数 $\exp(-u(\mathbf{r})/k_{\mathrm{B}} T)$ 不能因子化，不能利用变量分离法简化式（11-133）右边第一项。因此，虽然从理论上说，只要建立起体系的分子力场，就可以计算分子间相互作用势能 $u(\mathbf{r})$，得到体系的位形配分函数和任意力学量 A 的系综平均。但是，只有没有分子间相互作用的理想气体，$u(\mathbf{r})=0$，式（11-133）右边第一项才能被简化为简单积分。或只有近程相互作用的体系或稀薄气体，式（11-133）右边第一项才能被展开为迅速收敛的级数。对于具有复杂分子间相互作用的体系，难以利用解析法简化式（11-133）右边第一项，也难以利用常用的经典数值积分方法计算高维空间中的该项积分。

当利用 Monte Carlo 数值积分算法估算上述积分时，通过采样可以得到位形空间中的一系列代表点 $\mathbf{r}^{(1)}$，$\mathbf{r}^{(2)}$，…，$\mathbf{r}^{(i)}$，…，$\mathbf{r}^{(n)}$，然后计算在位形空间各个点的总势能 $u(\mathbf{r}^{(i)})$，得到 Boltzmann 因子 $\exp(-u(\mathbf{r}^{(i)})/k_{\mathrm{B}} T)$，最后计算位形配分函数 Q。但是，Boltzmann 因子随势能变化急剧，只有具有足够低位能的代表点，才对位形配分函数有显著的贡献。当采用随机采样方法时，得到具有足够低势能位形点的概率很低，大多数甚至全部位形点，没有足够低的势能，对位形配分函数没有显著贡献，无法计算配分函数和力学量 A 的平均值。

当利用重要性采样方法计算式（11-133）积分时，不在位形空间均匀采样，而是根据下列分布函数进行偏倚采样，

$$\pi(\mathbf{r}) = w(\mathbf{r}) \cdot \exp(-u(\mathbf{r})/k_{\mathrm{B}}T) \tag{11-134}$$

这时，正则系综平均可以写为

$$\langle A_{\mathbf{r}}(r) \rangle = \frac{\displaystyle\int (A_{\mathbf{r}}(\mathbf{r})/w(\mathbf{r})) \cdot w(\mathbf{r}) \cdot \exp(-u(\mathbf{r})/k_{\mathrm{B}}T) \mathrm{d}\mathbf{r}}{\displaystyle\int (1/w(\mathbf{r})) \cdot w(\mathbf{r}) \cdot \exp(-u(\mathbf{r})/k_{\mathrm{B}}T) \mathrm{d}\mathbf{r}}$$

$$\times \frac{\displaystyle\int w(\mathbf{r}) \cdot \exp(-u(\mathbf{r})/k_{\mathrm{B}}T) \mathrm{d}\mathbf{r}}{\displaystyle\int w(\mathbf{r}) \cdot \exp(-u(\mathbf{r})/k_{\mathrm{B}}T) \mathrm{d}\mathbf{r}} = \frac{\langle A_{\mathbf{r}}(\mathbf{r})/w \rangle_w}{\langle 1/w \rangle_w} \tag{11-135}$$

式中，$\langle\ \rangle_w$ 表示对采样位形取平均，而不是系综平均。由于采样概率服从 Boltzmann 分布，因此，对采样位形取平均，与系综平均一致。

11.4.4　Metropolis 采样方法

利用重要性采样方法，使采样符合 Boltzmann 分布，解决了计算系综平均的困难。剩下的问题是如何实现符合 Boltzmann 分布的采样。在 Metropolis 采样方法中，采用非独立采样法，使各采样点之间相互联系，在位形空间中形成一个 Markov 链，并使得 Markov 链以 Boltzmann 分布为唯一极限分布。Metropolis 采样方法的基本步骤如下。

（1）建立分子体系的初始构型 $\{\mathbf{r}_i^{(\alpha)}\} = (\mathbf{r}_1^{(1)}, \mathbf{r}_2^{(1)}, \cdots, \mathbf{r}_N^{(1)})$，其中，下标 i 对应粒子的编号，上标 α 对应已经接受新构型的序号。计算体系总势能 $u^{(1)} = u(\mathbf{r}_1^{(1)}, \mathbf{r}_2^{(1)}, \cdots, \mathbf{r}_N^{(1)})$ 和力学量 $A^{(1)} = A(\mathbf{r}_1^{(1)}, \mathbf{r}_2^{(1)}, \cdots, \mathbf{r}_N^{(1)})$。

（2）随机抽取一个粒子 i，试探性地将该粒子移动到试探位置 $\mathbf{r}_i^{(t)} = \mathbf{r}_i^{(\alpha)} + \Delta\mathbf{r}$。

（3）计算试探移动后体系总势能 $u^{(t)} = u(\mathbf{r}_1^{(\alpha)}, \mathbf{r}_2^{(\alpha)}, \cdots, \mathbf{r}_i^{(t)}, \cdots, \mathbf{r}_N^{(\alpha)})$。

（4）比较试探移动前后体系总势能的相对大小，如果 $\Delta u = u^{(t)} - u^{(\alpha)} < 0$，表示试探移动后体系势能降低，接受该试探移动；如果 $\Delta u = u^{(t)} - u^{(\alpha)} > 0$，计算 Boltzmann 因子 $s = \exp(-\Delta u/k_{\mathrm{B}}T)$，将此 Boltzmann 因子 s 与 $0\sim1$ 的随机数 r 比较，如果 $s > r$，则依然接受该试探移动，如果 $s < r$，则拒绝该试探移动，将粒子 i 重新移回试探移动前的位置，返回到计算步骤（2）。

（5）将上述试探移动接受为实际移动，得到体系的新构型 $\{\mathbf{r}_i^{(\alpha+1)}\} = (\mathbf{r}_1^{(\alpha)}, \mathbf{r}_2^{(\alpha)}, \cdots, \mathbf{r}_i^{(t)}, \cdots, \mathbf{r}_N^{(\alpha)}) = (\mathbf{r}_1^{(\alpha+1)}, \mathbf{r}_2^{(\alpha+1)}, \cdots, \mathbf{r}_i^{(\alpha+1)}, \cdots, \mathbf{r}_N^{(\alpha+1)})$，计算新构型下体系的力学量 $A^{(\alpha+1)} = A(\mathbf{r}_1^{(\alpha+1)}, \mathbf{r}_2^{(\alpha+1)}, \cdots, \mathbf{r}_N^{(\alpha+1)})$。在试探移动粒子时，应该调节 $\Delta\mathbf{r}$ 的绝对值的大小，使得有 $1/3\sim1/2$ 的试探移动被接受为实际移动。如

果接受的试探移动比例太高，表明试探移动的步幅太小，体系构型变化速度太慢，模拟效率不高。相反，表明试探移动的步幅太大，体系构型变化波动太大，难以落实新的位形点。

（6）重复计算步骤（2）～（5），直到接受的实际移动总步数达到预先设定的实际移动步数 M，计算得到力学量的平均值 $\langle A \rangle = \dfrac{1}{M}\sum\limits_{\alpha=1}^{M} A^{(\alpha)}$，完成 Monte Carlo 模拟（MC 模拟）过程。

由于相空间的大部分区域被积函数接近于 0，利用均匀采样法计算力学量的平均值，无法得到稳定的结果，必须利用重要性采样方法。Metropolis 采样方法在位形空间生成一个遵循 Boltzmann 分布的 Markov 序列，$\{\mathbf{r}^{(1)}, \mathbf{r}^{(2)}, \cdots, \mathbf{r}^{(\alpha)}, \cdots, \mathbf{r}^{(M)}\}$。本方法的不足之处是，不直接计算每个位形的 Boltzmann 因子 $\exp(-u^{(\alpha)}/k_{\mathrm{B}}T)$，而是计算两个连续位形的 Boltzmann 因子之比 $\dfrac{\exp(-u^{(\alpha+1)}/k_{\mathrm{B}}T)}{\exp(-u^{(\alpha)}/k_{\mathrm{B}}T)} = \exp(-(u^{(\alpha+1)}-u^{(\alpha)})/k_{\mathrm{B}}T)$，无法得到位形配分函数 Q。

11.4.5 移动分子

在 MD 模拟时，原子、分子的移动位置是通过差分求解经典力学运动方程确定的，结果得到相空间中一系列代表点，构成体系的近似相轨迹。在 MC 模拟中，每一步的试探移动都是随机的，根据移动后状态的概率确定是否接受该试探移动；因此，MC 模拟中形成的位形点序列，并不是体系在位形空间的实际轨迹。如果 MD 模拟的核心任务是以最小的计算量，得到尽可能长的精确相轨迹，则 MC 模拟的核心任务是以最小的计算量，采样最具有代表性的位形空间区域。在实际 MC 模拟中，将根据被模拟分子的结构特点，采取不同的方式移动分子，达到有效地采样位形空间的目的。

在模拟刚性分子时，由于刚性分子不存在内部自由度，只能采取平动和转动两种移动模式。实际开展 MC 模拟时，可以每次移动一个或多个，甚至全部分子，可以采取平动和转动两种移动模式。

在模拟具有内部自由度的柔性分子时，既可以采取刚性分子的移动模式，也可采取改变键长、键角、二面角等的移动模式。由于改变分子的键长和键角，引起的能量变化很大，在模拟中被接受的概率不高。只有绕单键的转动，即改变二面角的移动，引起的能量变化较小，与分子间非键相互作用处在同一数量级，在模拟中被接受的概率较高。在旋转化学键时，旋转位于分子两端的化学键，引起分子形貌的变化较小，被接受的概率较高。相反，旋转位于分子中间的化学键，引起分子形貌的变化很大，被接受的概率较低。因此，一般只移动与化学键直接键连的原子，而不移动间接键连的原子。

11.4.6 高分子的 MC 模拟

高分子是由化学键连接的大量重复单元或链节组成的大分子。与小分子相比，高分子不但具有巨大的相对分子质量，也具有显著不同的结构特征。一般合成高分子只由一种或少数几种不同重复单元组成，而生物高分子则由更多种不同重复单元组成。例如，聚苯乙烯只由一种重复单元组成，DNA 分子则由 4 种不同碱基组成，蛋白质则由多达 20 种不同的氨基酸残基组成。根据高分子的结构特征，又可将高分子分为线形高分子、交联高分子、网状高分子等。高分子的这些结构特征，不但影响高分子的物理、化学性质，也显著影响高分子的内部运动模式。

虽然，可以像模拟小分子一样，利用全原子模型或联合原子模型模拟高分子。但是，高分子的结构复杂，利用全原子模型或联合原子模型模拟高分子，受到很大的限制。因此，利用 MD 或 MC 等方法模拟高分子时，常常根据高分子的结构特征，建立比全原子模型或联合原子模型更简单、抽象度更高的力学模型。

常用的高分子力学模型包括格子模型（lattice models）和珠链模型（beads chain models）两大类型。其中，格子模型是一种高度抽象、高度简化的模型，高分子链节被严格限定在格点之上，不能占据非格点位置。虽然格子模型的许多特征不符合实际高分子，但格子模型考虑了高分子结构单元的运动受邻近单元的严格限制这种本质属性，可以模拟高分子的多种行为和性质。珠链模型是推广了的格子模型，高分子链节的位置限制被取消，可以离开格点、在整个空间运动。

1. 格子模型

格子模型是一种简单的高分子模型，由组成高分子的链节、放置链节的格子、链节之间的相互作用势能等三种要素组成。首先，高分子被近似为一连串的链节，每个链节代表高分子的一个重复单元，链节的顺序关系不能改变。格子模型中的链节不能被看成是组成高分子的实际重复单元，两者之间不存在一一对应关系；但是，可以将链节看成是实际高分子的有效重复单元。其次，格子模型是平面（2D）或空间（3D）几何网格，用于放置高分子链节。常用的网格包括 2D 正方形格子，3D 正方体格子，3D 四面体格子等，取决于高分子链节的近邻数或配位数（图 11-5）。组成高分子的链节，只能被放置在 2D 或 3D 格子的顶点，不能放置在其他位置。最后，高分子的相邻链节之间存在相互作用，相互作用能的大小只与链节的种类有关。

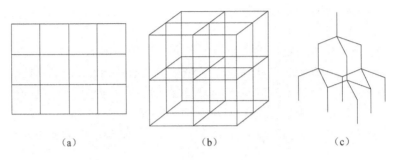

(a)　　　　　　　　(b)　　　　　　　　(c)

图 11-5　高分子的格子模型

(a) 正方形格子；(b) 立方体格子；(c) 四面体格子

格子模型抓住了高分子由相对简单的重复单元经聚合反应生成，相邻单元之间由化学键连接，化学键不能断开等最本质的特征。高分子的重复单元可以被近似为一系列链节，相互之间存在非键相互作用。非键相互作用是近程相互作用，只有相邻的链节之间才存在较强的相互作用，不相邻链节之间的非键相互作用可以忽略不计。对于由单一链节 A 组成的高分子，只存在 A—A 这样一种链节间相互作用，对应一种相互作用势能。对于由两种链节 A 和 B 组成的高分子，存在 A—A、B—B 和 A—B 三种链节间相互作用，对应三种相互作用势能。

在进行 MC 模拟时，首先应根据实际高分子的结构特征及其链节的近邻数确定格子的种类及链节之间的相互作用能；其次，利用在格子上的自避无规行走算法（self-avoiding walk algorithm）生成高分子链节；最后，随机选取高分子链节，在不破坏高分子连续性的条件下，移动所选链节，改变高分子链的构型。

一般地，一次只能移动少量链节，移动整条高分子链被接受的概率很小，被拒绝的概率很高。常用的链节移动模式(图 11-6)包括摆尾运动（end rotation）、L-翻转（kink jump）、曲柄摆动（crankshaft）、蛇行移动（slithering）等[264]。其中，蛇行移动是一种移动整条高分子链的移动模式。

在利用格子模型模拟高分子溶液时，溶剂分子也被近似为单个链节，代表溶剂的链节可以与高分子链节具有相同的相互作用能（理想溶剂），

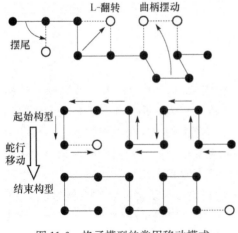

图 11-6　格子模型的常用移动模式

也可以有不同的相互作用能（非理想溶剂）。高分子链节与溶剂之间的相互作用能差越小，溶剂的溶解性能越好；相反，高分子链节与溶剂之间的相互作用能差越大，溶剂的溶解性能越差。利用这样的 MC 模拟，可以研究高分子在不同溶剂中的溶解性能、高分子之间的相分离、高分子链的均方末端距（mean square end to end distance）、均方旋转半径（mean square radius of gyration）等性质。

2. 珠链模型

在格子模型中，代表高分子的链节被安置在格子的顶点上，限制了链节的运动范围及其可能实现的构型，与实际情况具有较大的偏差。较格子模型更进一步的高分子模型是珠链模型（图 11-7）。在珠链模型中，高分子被近似成一串珠子，每个珠子代表一个链节，珠子之间具有非键相互作用，势函数形式常取 Lennard-Jones 势函数形式。与格子模型类似，珠链模型的珠子与高分子的实际重复单元不存在一一对应的等价关系，只能将珠子看成实际高分子的一个有效重复单元。

（a）　　　　　　　　　　（b）

图 11-7　高分子珠链模型

（a）珠棍链模型；（b）珠簧链模型

根据高分子链的柔韧程度，珠子之间可以采取不同的连接方式。最柔韧的高分子链，三个相邻珠子之间形成的夹角或键角可以连续变化，没有任何阻力，称为理想链模型或自由铰接链模型（freely jointed chain model）。但是，即使最柔韧的实际高分子链也不能不受任何限制地完全自由弯曲。在自由旋转链模型（freely rotating chain model）中，键角固定，不能改变；但由相邻四个珠子形成的二面角可自由旋转，没有任何阻力。

两个相邻珠子之间的连接方式也是珠链模型的一个重要参数。如果两个相邻珠子之间的距离或键长固定，等价于用短棍连接两个相邻珠子，不允许键长的任何变化，构成珠棍链模型（bead-rod chain model）。相反，如果两个相邻珠子之间用弹簧连接，键长变化引起的能量变化满足谐振子模型，构成珠簧链模型（bead-spring chain model）。

11.4.7　Widom 插入法计算化学势

化学势是最重要的热力学性质，是研究模拟体系相变现象的基础。在 MC 模拟中，可以采取两种不同方法计算化学势：通过计算体系的配分函数计算化学势，或通过 Widom 插入法计算化学势[265]。其中，前一种方法已经有所介绍，本小节将简单介绍 Widom 插入法计算化学势。

巨正则系综的一个重要性质是各组分的化学势相等。Widom 插入法就是利用巨正则系综的这种特性，计算分子的化学势。利用 Widom 插入法计算化学势时，先构建一个 $N-1$ 个粒子组成的模拟体系，计算体系的总势能；然后随机插入第 N 个分子，再计算体系的总势能[266]。插入第 N 个分子后引起的体系总势能的变化为

$$\Delta u(\mathbf{r}^{\text{test}}) = u(\mathbf{r}^N) - u(\mathbf{r}^{N-1}) \tag{11-136}$$

这样，N 个粒子的位形配分函数为

$$Q_N = \int d\mathbf{r}^N e^{-u(\mathbf{r}^N)/k_B T} = \int d\mathbf{r}^N e^{-u(\mathbf{r}^{N-1})/k_B T} e^{-\Delta u(\mathbf{r}^{\text{test}})/k_B T} \tag{11-137}$$

可以得到

$$Q_N = Q_{N-1} V \langle \exp(-\Delta u(\mathbf{r}^{\text{test}})/k_B T) \rangle \tag{11-138}$$

得到体系的化学势，

$$\mu = -k_B T \ln \langle \exp(-\Delta u(\mathbf{r}^{\text{test}})/k_B T) \rangle \tag{11-139}$$

参 考 文 献

[1]　Alder B J, Wainwright T E. J Chem Phys, 1957, 27: 1208-1209.

[2]　Alder B J, Wainwright T E. J Chem Phys, 1959, 31: 459-466.

[3]　Rahman A. Phys Rev, 1964, 136: A405-A411.

[4]　Rahman A, Stillinger F H. J Chem Phys, 1971, 55: 3336-3359.

[5]　Stillinger F H, Rahman A. J Chem Phys, 1972, 57: 1281-1292.

[6]　Ryckaert J P, Ciccotti G, Berendsen H J C. J Comput Phys, 1977, 23: 327-341.

[7]　Verlet L. Phys Rev, 1968, 165: 201-214.

[8]　Verlet L. Phys Rev, 1967, 159: 98-103.

[9]　Hockney R W. Methods Comput Phys, 1970, 9: 136-211.

[10]　Swope W C, Andersen H C, Berens P H, et al. J Chem Phys, 1982, 76: 637-649.

[11]　Evans D J. Mol Phys, 1977, 34: 317-325.

[12]　Evans D J, Murad S. Mol Phys, 1977, 34: 327-331.

[13]　Andersen H C. J Comput Phys, 1983, 52: 24-34.

[14]　Gonnet P, Walther J H, Koumoutsakos P. Comput Phys Comm, 2009, 180: 360-364.

[15]　Weinbach Y, Elber R. J Comput Phys, 2005, 209: 193-206.

[16]　Marry V, Ciccotti G. J Comput Phys, 2007, 222: 428-440.

[17]　Woodcock L V. Chem Phys Lett, 1971, 10: 257-261.

[18]　Berendsen H J C, Postma J P M, van Gunsteren W F, et al. J Chem Phys, 1984, 81: 3684-3690.

[19]　Andersen H C. J Chem Phys, 1980, 72: 2384-2393.

[20]　Nosé S. Mol Phys, 1984, 52: 255-268.

[21]　Nosé S. J Chem Phys, 1984, 81: 511-519.

[22]　Hoover W G. Phys Rev A, 1985, 31: 1695-1697.

[23]　陈敏伯. 计算化学——从理论化学到分子模拟. 北京: 科学出版社, 2009.

[24]　冯康, 秦孟兆. 哈密尔顿系统的辛几何算法. 杭州: 浙江科学技术出版社, 2003.

[25]　Martyna G J, Tuckerman M E, Tobias D J, et al. Mol Phys, 1996, 87: 1117-1157.

[26]　Tuckerman M, Berne B J, Martyna G J. J Chem Phys, 1992, 97: 1990-2001.

[27]　Martyna G J, Tuckerman M E, Klein M L. J Chem Phys, 1992, 97: 2635.

[28]　Jorgensen W L, Chandrasekhar J, Madura J D, et al. J Chem Phys, 1983, 79: 926-935.

[29]　Guillot B. J Mol Liquids, 2002, 101: 219-260.

[30]　Allinger N L, Tribble M T, Miller M A, et al. J Am Chem Soc, 1971, 93: 1637-

1648.

[31]　Fitzwater S, Bartell L S. J Am Chem Soc, 1976, 98: 5107-5115.

[32]　Allinger N L. J Am Chem Soc, 1977, 99: 8127-8134.

[33]　Cornell W D, Cieplak P, Bayly C I, et al. J Am Chem Soc, 1995, 117: 5179-5197.

[34]　Brooks B R, Bruccoleri R E, Olafson B D, et al. J Comput Chem, 1983, 4: 187-217.

[35]　Jorgensen W L, Maxwell D S, Tirado-Rives J. J Am Chem Soc, 1996, 118: 11225-11236.

[36]　Tosi M P, Fumi F G. J Phys Chem Solids, 1964, 25: 45-52.

[37]　Fumi F G, Tosi M P. J Phys Chem Solids, 1964, 25: 31-43.

[38]　Sangster M J L, Dixon M. Adv Phys, 1976, 25: 247-342.

[39]　Daw M S, Baskes M I. Phys Rev B, 1984, 29: 6443-6453.

[40]　Sutton A P, Chen J. Philos Mag Lett, 1990, 61: 139-146.

[41]　Finnis M W, Sinclair J E. Philos Mag A, 1984, 50: 45-55.

[42]　Carlsson A E, Henry E, David T. Solid State Phys, 1990, 43: 1-91.

[43]　Stillinger F H, Weber T A. Phys Rev B, 1985, 31: 5262-5271.

[44]　Tersoff J. Phys Rev B, 1988, 38: 9902-9905.

[45]　Garofalini S H. J Chem Phys, 1982, 76: 3189-3192.

[46]　Valle R G D, Andersen H C. J Chem Phys, 1992, 97: 2682-2689.

[47]　Tsuneyuki S, Tsukada M, Aoki H. Phys Rev Lett, 1988, 61: 869-872.

[48]　van Beest B W H, Kramer G J, van Santen R A. Phys Rev Lett, 1990, 64: 1955-1958.

[49]　Vashishta P, Kalia R K, Rino J P. Phys Rev B, 1990, 41: 12197-12209.

[50]　Wang X, Balbuena P B. J Phys Chem B, 2004, 108: 4376-4384.

[51]　Münch W, Kreuer K D, Silvestri W, et al. Solid State Ionics, 2001, 145: 437-443.

[52]　Car R, Parrinello M. Phys Rev Lett, 1985, 55: 2471-2474.

[53]　Hutter J. WIREs: Comput Mol Sci, 2012, 2: 604-612.

[54]　Dopieralski P, Perrin C L, Latajka Z. J Chem Theory Comput, 2011, 7: 3505-3513.

[55]　Dongarra J, Gannon D, Fox G, et al. CTWatch Quarterly, 2007, 3: 1.

[56]　Nomura K, Seymour R, Wang W, et al. A metascalable computing framework for large spatiotemporal-scale atomistic simulations // Proceedings of the 2009 International Parallel and Distributed Processing Symposium. Washington D C, 2009.

[57]　Götz A W, Williamson M J, Xu D, et al. J Chem Theory Comput, 2012, 8: 1542-1555.

[58]　多相复杂系统国家重点实验室多尺度离散模拟项目组. 基于 GPU 的多尺度离散模拟并行计算. 北京: 科学出版社, 2009.

[59]　Pierce L C T, Salomon-Ferrer R, Augusto F, et al. J Chem Theory Comput, 2012, 8: 2997-3002.

[60] Kunaseth M, Kalia R K, Nakano A, et al. Performance modeling, analysis, and optimization of cell-list based molecular dynamics // Proceeding of the 2010 International Conference on Scientific Computing. Las Vegas: CSREA Press, 2010.

[61] Hess B, Kutzner C, van der Spoel D, et al. J Chem Theory Comput, 2008, 4: 435-447.

[62] Oden J T, Belytschko T, Fish J, et al. Revolutionizing engineering science through simulation // Blue Ribbon Panel on Simulation-Based Engineering Science, National Science Foundation (NSF), 2006.

[63] Chen Y, Zimmerman J, Krivtsov A, et al. Int J Eng Sci, 2011, 49: 1337-1349.

[64] Korayem M H, Sadeghzadeh S, Rahneshin V. Comput Mater Sci, 2012, 63: 1-11.

[65] Kamerlin S C L, Vicatos S, Dryga A, et al. Ann Rev Phys Chem, 2011, 62: 41-64.

[66] Karimi-Varzaneh H, Müller-Plathe F, Kirchner B, et al. Top Curr Chem, 2012, 307: 295-321.

[67] Marrink S J, Risselada H J, Yefimov S, et al. J Phys Chem B, 2007, 111: 7812-7824.

[68] Curtin W A, Miller R E. Modelling Simul. Mater Sci Eng, 2003, 11: R33-R68.

[69] Rudd R E, Broughton J Q. Phys Stat Sol (B), 2000, 217: 251-291.

[70] Kobayashi R, Nakamura T, Ogata S. Mater Trans, 2011, 52: 1603-1610.

[71] Kirchner B, di Dio P, Hutter J, et al. Top Curr Chem, 2012, 307: 109-153.

[72] van Duin A C T, Dasgupta S, Lorant F, et al. J Phys Chem A, 2001, 105: 9396-9409.

[73] Warshel A, Weiss R M. J Am Chem Soc, 1980, 102: 6218-6226.

[74] Knight C, Gregory A V. Acc Chem Res, 2012, 45: 101-109.

[75] Schmitt U W, Voth G A. J Phys Chem B, 1998, 102: 5547-5551.

[76] Ji X, Yan L, Lu W. J Chem Phys, 2008, 128: 4101-4109.

[77] Rensburg E J J v. J Phys A: Math Gen, 1993, 26: 4805-4818.

[78] Clisby N, McCoy B M. J Stat Phys, 2006, 122: 15-57.

[79] Allen M P, Tildesley D J. Computer Simulation of Liquids. Oxford: Oxford University Press, 1990.

[80] Jackson J D. Classical Electrodynamics. New York: John Wiley & Sons, 1998.

[81] Foiles S M, Baskes M I, Daw M S. Phys Rev B, 1986, 33: 7983-7991.

[82] Mahoney M W, Jorgensen W L. J Chem Phys, 2000, 112: 8910-8922.

[83] Horn H W, Swope W C, Pitera J W, et al. J Chem Phys, 2004, 120: 9665.

[84] Abascal J L F, Vega C. J Chem Phys, 2005, 123: 234505.

[85] Bernal J D, Fowler R H. J Chem Phys, 1933, 1: 515-548.

[86] Rowlinson J S. Trans Farad Soc, 1951, 47: 120-129.

[87] Rowlinson J S. Trans Farad Soc, 1949, 45: 974-984.

[88] Barker J A, Watts R O. Chem Phys Lett, 1969, 3: 144-145.

[89]　Metropolis N, Metropolis A W, Rosenbluth M N, et al. J Chem Phys, 1953, 21: 1087-1092.

[90]　Matsuoka O, Clementi E, Yoshimine M. J Chem Phys, 1976, 64: 1351.

[91]　Berendsen H J C, Postma J P M, van Gunsteren W F, et al. Interaction Models for Water in Relation to Protein Hydration// Edited by Pullman B. Intermolecular Forces. Dordrecht: Reidel Publishing Company, 1981.

[92]　Laasonen K, Sprik M, Parrinello M, et al. J Chem Phys, 1993, 99: 9080-9089.

[93]　Robinson G W. Water in biology, chemistry, and physics: experimental overviews and computational methodologies. Singapore: World Scientific Publishing Co Pte Ltd, 1996.

[94]　Finney J L. J Mol Liq, 2001, 90: 303-312.

[95]　Rick S W, Stuart S J, Berne B J. J Chem Phys, 1994, 101: 6141-6156.

[96]　Toukan K, Rahman A. Phys Rev B, 1985, 31: 2643.

[97]　Barnes P, Finney J L, Nicholas J D, et al. Nature, 1979, 282: 459-464.

[98]　Saint-Martin H, Medina-Llanos C, Ortega-Blake I. J Chem Phys, 1990, 93: 6448.

[99]　Niesar U, Corongiu G, Clementi E, et al. J Phys Chem, 1990, 94: 7949-7956.

[100]　Lie G C, Clementi E, Yoshimine M. J Chem Phys, 1976, 64: 2314-2324.

[101]　Impey R W, Klein M L, McDonald I R. J Chem Phys, 1981, 74: 647.

[102]　Mezei M, Swaminathan S, Beveridge D L. J Chem Phys, 1979, 71: 3366.

[103]　McBride C, Vega C, Noya E G, et al. J Chem Phys, 2009, 131: 024506.

[104]　Berendsen H J C, Grigera J R, Straatsma T P. J Chem Phys, 1987, 91: 6269-6271.

[105]　Jorgensen W L, Madura J D. Mol Phys 1985, 56: 1381-1392.

[106]　Jorgensen W L. J Am Chem Soc, 1981, 103: 335-340.

[107]　Jorgensen W L. J Chem Phys, 1982, 77: 4156.

[108]　Stillinger F H, Rahman A. J Chem Phys, 1974, 60: 1545-1557.

[109]　Ben-Naim A, Stillinger F H. Aspects of the Statistical-Mechanical Theory of Water// Horne R A. Structure and Transport Processes in Water and Aqueous Solutions. New York: Wiley-Interscience, 1972.

[110]　Brenner D W. Phys Rev B, 1990, 42: 9458-9471.

[111]　Tersoff J. Phys Rev B, 1988, 37: 6991-7000.

[112]　Allinger N L, Yuh Y H, Lii J H. J Am Chem Soc, 1989, 111: 8551-8566.

[113]　Nevins N, Chen K, Allinger N L. J Comp Chem, 1996, 17: 669-694.

[114]　Bartell L S. J Am Chem Soc, 1977, 99: 3279.

[115]　Burkert U, Allinger N L. Molecular Mechanics. Washington: ACS, 1982.

[116]　Lii J H, Allinger N L. J Am Chem Soc, 1989, 111: 8566-8575.

[117]　Jorgensen W L, Tirado-Rives J. J Am Chem Soc, 1988, 110: 1657-1666.

[118]　Martin M G, Siepmann J I. J Phys Chem B, 1998, 102: 2569-2577.

[119] Weiner S J, Kollman P A, Case D A, et al. J Am Chem Soc, 1984, 106: 765-784.

[120] Weiner S J, Kollman P A, Nguyen D T, et al. J Comp Chem, 1986, 7: 230-252.

[121] Jorgensen W L, Pranata J. J Am Chem Soc, 1990, 112: 2008-2010.

[122] MacKerell A D J, Bashford D, Bellott M, et al. J Phys Chem B, 1998, 102: 3586-3616.

[123] MacKerell A D, Wiorkiewicz-Kuczera J, Karplus M. J Am Chem Soc, 1995, 117: 11946-11975.

[124] Cheatham T E, Cieplak P, Kollman P A. J Biomol Struct Dyn, 1999, 16: 845-862.

[125] Foloppe N, Mackerell A D. J Comput Chem, 2000, 21: 86.

[126] Klauda J B, Pastor R W, Brooks B R. J Phys Chem B, 2005, 109: 15684-15686.

[127] Klauda J B, Brooks B R, MacKerell A D, et al. J Phys Chem B, 2005, 109: 5300-5311.

[128] Klauda J B, Venable R M, Freites J A, et al. J Phys Chem B, 2010, 114: 7830-7843.

[129] Christen M, Hünenberger P H, Bakowies D, et al. J Comp Chem, 2005, 26: 1719-1751.

[130] Hermans J, Berendsen H J C, van Gunsteren W F, et al. Biopolymers, 1984, 23: 1513-1518.

[131] van Gunsteren W F, Berendsen H J C. Groningen Molecular Simulation (GROMOS) Library Manual. Groningen: Biomos, 1987.

[132] Smith L J, Mark A E, Dobson C M, et al. Bio Chem, 1995, 34: 10918-10931.

[133] Daura X, Mark A E, van Gunsteren W F. J Comput Chem, 1998, 19: 535-547.

[134] van Gunsteren W F, Billeter S R, Eising A A, et al. Biomolecular Simulation: The GROMOS96 Manual and User Guide. Zurich: Verlag der Fachvereine Hochschulverlag AG an der ETH Zurich, 1996.

[135] Schuler L D, Daura X, van Gunsteren W F. J Comput Chem, 2001, 22: 1205-1218.

[136] Oostenbrink C, Villa A, Mark A E, et al. J Comput Chem, 2004, 25: 1656-1676.

[137] Oostenbrink C, Soares T A, van der Vegt N F A, et al. Eur Biophys J, 2005, 34: 273-284.

[138] Waldman M, Hagler A. J Comput Chem, 1993, 14: 1077-1084.

[139] Sun H. J Phys Chem B, 1998, 102: 7338-7364.

[140] Halgren T A. J Comput Chem, 1996, 17: 490-519.

[141] Mayo S L, Olafson B D, Goddard III W A. J Phys Chem, 1990, 94: 8897-8909.

[142] Potter D. Computational Physics. New York: Wiley, 1972.

[143] Leach A R. Molecular Modeling-Principles and Applications. England: Pearson Education Limited, 2001.

[144] Parrinello M, Rahman A. Phys Rev Lett, 1980, 45: 1196-1199.

[145] Tuckerman M E, Mundy C J, Martyna G J. Europhys Lett, 1999, 45: 149.

[146] Tuckerman M E, Liu Y, Ciccotti G, et al. J Chem Phys, 2001, 115: 1678-1702.

[147] Martyna G J, Tobias D J, Klein M L. J Chem Phys, 1994, 101: 4177-4189.

[148] Trotter H F. Proc Am Math Soc, 1959, 10: 545-551.

[149] Tuckerman M E, Marx D, Klein M L, et al. J Chem Phys, 1996, 104: 5579-5588.

[150] Hamann D R, Schlüter M, Chiang C. Phys Rev Lett, 1979, 43: 1494-1497.

[151] Kleinman L, Bylander D M. Phys Rev Lett, 1982, 48: 1425-1428.

[152] Vanderbilt D. Phys Rev B, 1990, 41: 7892-7895.

[153] Kerker G P. J Phys C: Solid State Phys, 1980, 13: L189.

[154] Troullier N, Martins J L. Phys Rev B, 1991, 43: 1993-2006.

[155] Hayes R L, Paddison S J, Tuckerman M E. J Phys Chem A, 2011, 115: 6112-6124.

[156] Tuckerman M E, Martyna G J. J Phys Chem B, 2000, 104: 159-178.

[157] Martyna G J, Hughes A, Tuckerman M E. J Chem Phys, 1999, 110: 3275-3290.

[158] Tuckerman M E, Berne B J, Martyna G J, et al. J Chem Phys, 1993, 99: 2796-2808.

[159] Hall R W, Berne B J. J Chem Phys, 1984, 81: 3641-3643.

[160] Morrone J A, Tuckerman M E. J Chem Phys, 2002, 117: 4403-4413.

[161] Morrone J A, Haslinger K E, Tuckerman M E. J Phys Chem B, 2006, 110: 3712-3720.

[162] Urata S, Irisawa J, Takada A, et al. J Phys Chem B, 2005, 109: 4269-4278.

[163] Smith W, Leslie M, Forester T R. Computer code DL _ POLY _ 2.14. Daresbury: CCLRC, Daresbury Laboratory, 2003.

[164] IBM Corporation, Max Planck Institute. CPMD 程序. 3.15 版.

[165] Becke A D. Phys Rev A, 1988, 38: 3098-3100.

[166] Lee C, Yang W, Par R G. Phys Rev B, 1988, 37: 785-789.

[167] Humphrey W, Dalke A, Schulten K. J Molec Graphics, 1996, 14: 33-38.

[168] Zhu S, Yan L, Ji X, et al. J Mol Str (Theochem), 2010, 951: 60-68.

[169] Zhu S, Yan L, Zhang D, et al. Polymer, 2011, 52: 881-892.

[170] Shao C, Yan L, Ji X, et al. J Chem Phys, 2009, 131: 4901-4908.

[171] Berne B J, Harp G D. On the Calculation of Time Correlation Functions//Prigogine I, Rice S A. Advances in Chemical Physics. Volume 17. Hoboken: John Wiley & Sons, Inc, 2007.

[172] Kubo R. J Phys Soc Jpn, 1957, 12: 570-586.

[173] Green M S. J Chem Phys, 1954, 22: 398-413.

[174] Green M S. J Chem Phys, 1952, 20: 1281-1295.

[175] Yan L, Shao C, Ji X. J Comput Chem, 2009, 30: 1361-1370.

[176] Krestinin A V. Symposium (International) on Combustion, 1998, 27: 1557-1563.

[177] Keifer J H, Sidhu S S, Keren R D, et al. Combustion Sci & Technol 1992, 82: 101-130.

[178] Ehrenfreund P, Charnley S B. Annu Rev Astron Astrophys, 2000, 38: 427-483.

[179] Bénilan Y, Bruston P, Raulin F, et al. Planet Space Sci, 1995, 43: 83-89.

[180] Hirsch A. Nat Mater, 2010, 9: 868-871.

[181] Seminario J M, Yan L. Int J Quant Chem, 2007, 107: 754-761.

[182] Börrnert F, Börrnert C, Gorantla S, et al. Phys Rev B, 2010, 81: 085439.

[183] Eisler S, Slepkov A D, Elliott E, et al. J Am Chem Soc, 2005, 127: 2666-2676.

[184] Longuet-Higgins H C, Burkitt F H. Trans Faraday Soc, 1952, 48: 1077-1084.

[185] Hoffmann R. Tetrahedron, 1966, 22: 521-538.

[186] Wang Y, Lin Z Z, Zhang W, et al. J Phys Rev B, 2009, 80: 233403.

[187] Moras G, Pastewka L, Walter M, et al. J Phys Chem C, 2011, 115: 24653-24661.

[188] Milani A, Lucotti A, Russo V, et al. J Phys Chem C, 2011, 115: 12836-12843.

[189] Haque M M, Yin L, Nugraha A R T, et al. Carbon, 2011, 49: 3340-3345.

[190] Inoue K, Matsutani R, Sanada T, et al. Carbon, 2010, 48: 4209-4211.

[191] Matsutani R, Ozaki F, Yamamoto R, et al. Carbon, 2009, 47: 1659-1663.

[192] Cataldo F. Carbon, 2004, 42: 129-142.

[193] Pino T, Ding H B, Guthe F, et al. J Chem Phys, 2001, 114: 2208-2212.

[194] Grutter M, Wyss M, Fulara J, et al. J Phys Chem A, 1998, 102: 9785-9790.

[195] Xie L, Yan L, Sun C, et al. Comput Theor Chem, 2012, 997: 14-18.

[196] Scemama A, Chaquin P, Gazeau M C, et al. J Phys Chem A, 2002, 106: 3828-3837.

[197] Song J W, Tokura S, Sato T, et al. J Chem Phys, 2007, 127: 4109-4114.

[198] Huntley D R, Markopoulos G, Donovan P M, et al. Angew Chem Int Ed, 2005, 44: 7549-7553.

[199] Goldstein E, Ma B, Lii J H, et al. J Phys Org Chem, 1996, 9: 191-202.

[200] Delhommelle J, Millie P. Mol Phys, 2001, 99: 619-625.

[201] Xu K. Chem Rev, 2004, 104: 4303-4418.

[202] Frisch M J, Trucks G W, Schlegel H B, et al. Gaussian 03, Revision C.2. Wallingford: Gaussian Inc, 2003.

[203] Becke A D. J Chem Phys, 1992, 97: 9173-9177.

[204] Breneman C M, Wiberg K B. J Comput Chem, 1990, 11: 361-373.

[205] Borodin O, Smith G D. J Phys Chem B, 2006, 110: 6293-6299.

[206] Borodin O, Smith G D. J Phys Chem B, 2006, 110: 6279-6292.

[207] Borodin O, Smith G D, Jaffe R L. J Comput Chem, 2001, 22: 641-654.

[208] Hoover W G. Mol Sim, 2007, 33: 13-19.

[209] 李如生. 非平衡态热力学和耗散结构. 北京: 清华大学出版社, 1986.

[210] Sarman S S, Evans D J, Cummings P T. Phys Rep, 1998, 305: 1-92.

[211] 德格鲁脱，梅休尔. 非平衡态热力学. 陆全康，译. 上海：上海科学技术出版社，1981.

[212] Todd B D, Daivis P J. Mol Sim, 2007, 33: 189-229.

[213] Evans D J, Hoover W G, Failor B H, et al. Phys Rev A, 1983, 28: 1016-1021.

[214] Cummings P T, Evans D J. Ind Eng Chem Res, 1992, 31: 1237-1252.

[215] Hoover W G, Evans D J, Hickman R B, et al. Phys Rev A, 1980, 22: 1690-1697.

[216] Hunt T A, Bernardi S, Todd B D. J Chem Phys, 2010, 133: 154116-154117.

[217] Evans D J, Morriss O P. Comput Phys Rep, 1984, 1: 297-343.

[218] Evans D J, Morriss G P. Phys Rev A, 1984, 30: 1528-1530.

[219] Ladd A J C. Mol Phys, 1984, 53: 459-463.

[220] Daivis P J, Todd B D. J Chem Phys, 2006, 124: 194103-194109.

[221] Lees A W, Edwards S F. J Phys C: Solid State Phys, 1972, 5: 1921.

[222] Todd B D, Daivis P J. Phys Rev Lett, 1998, 81: 1118-1121.

[223] Kraynik A M, Reinelt D A. Int J Multiphase Flow, 1992, 18: 1045-1059.

[224] Ermak D L. J Chem Phys, 1975, 62: 4189-4196.

[225] Ermak D L, Buckholz H. J Comput Phys, 1980, 35: 169-182.

[226] van Gunsteren W F, Berendsen H J C. Mol Phys, 1982, 45: 637-647.

[227] Weiner J H, Forman R E. Phys Rev B, 1974, 10: 315-324.

[228] van Gunsteren W F, Berendsen H J C, Rullmann J A C. Mol Phys, 1981, 44: 69-95.

[229] Brünger A, Brooks Iii C L, Karplus M. Chem Phys Lett, 1984, 105: 495-500.

[230] Ermak D L. J Chem Phys, 1975, 62: 4197-4203.

[231] Allen M P. Mol Phys, 1982, 47: 599-601.

[232] Allen M P. Mol Phys, 1980, 40: 1073-1087.

[233] Chandrasekhar S. Rev Mod Phys, 1943, 15: 1-89.

[234] Brańka A C, Heyes D M. Phys Rev E, 1998, 58: 2611-2615.

[235] Wang W E I, Skeel R D. Mol Phys, 2003, 101: 2149-2156.

[236] Milstein G N, Tretyakov M V. IMA J Numer Anal, 2003, 23: 593-626.

[237] White T O, Ciccotti G, Hansen J P. Mol Phys, 2001, 99: 2023-2036.

[238] Ermak D L, McCammon J A. J Chem Phys, 1978, 69: 1352-1360.

[239] Turq P, Lantelme F, Friedman H L. J Chem Phys, 1977, 66: 3039-3044.

[240] Vanden-Eijnden E, Ciccotti G. Chem Phys Lett, 2006, 429: 310-316.

[241] Ricci A, Ciccotti G. Mol Phys, 2003, 101: 1927-1931.

[242] Thalmann F, Farago J. J Chem Phys, 2007, 127: 124109-124120.

[243] Burrage K, Burrage P M. Phys D: Nonlinear Phenom, 1999, 133: 34-48.

[244] Bussi G, Parrinello M. Comput Phys Commun, 2008, 179: 26-29.

[245] Bussi G, Parrinello M. Phys Rev E, 2007, 75: 056707.

[246] Melchionna S. J Chem Phys, 2007, 127: 044108-044110.

[247] Forbert H A, Chin S A. Phys Rev E, 2000, 63: 016703.

[248] Cruz C, Chinesta F, Régnier G. Arch Comput Methods Eng, 2012, 19: 227-259.

[249] Petera D, Muthukumar M. J Chem Phys, 1999, 111: 7614-7623.

[250] Marreiro D, Tang Y, Aboud S, et al. J Comput Electronics, 2007, 6: 377-380.

[251] Chen J C, Kim A S. Adv Colloid Interface Sci, 2004, 112: 159-173.

[252] Neelov I M, Adolf D B, Lyulin A V, et al. J Chem Phys, 2002, 117: 4030-4041.

[253] Rudd R E, Broughton J Q. Phys Rev B, 1998, 58: R5893-R5896.

[254] Moeendarbary E, Ng T Y, Zangeneh M. Int J Appl Mechanics, 2009, 01: 737-763.

[255] Español P, Warren P. Europhys Lett, 1995, 30: 191.

[256] de Fabritiis G, Serrano M, Espaöol P, et al. Physica A, 2006, 361: 429-440.

[257] Serrano M, de Fabritiis G, Espaöol P, et al. Math Comput Sim, 2006, 72: 190-194.

[258] Jakobsen A F. J Chem Phys, 2005, 122: 124901.

[259] Pagonabarraga I, Hagen M H J, Frenkel D. Europhys Lett, 1998, 42: 377.

[260] Ripoll M, Ernst M H, Español P. J Chem Phys, 2001, 115: 7271-7284.

[261] Hoogerbrugge P J, Koelman J M V A. Europhys Lett, 1992, 19: 155.

[262] Ortiz V, Nielsen S O, Discher D E, et al. J Phys Chem B, 2005, 109: 17708-17714.

[263] Roy S, Markova D, Kumar A, et al. Macromolecules, 2009, 42: 841-848.

[264] Verdier P H, Stockmayer W H. J Chem Phys, 1962, 36: 227-235.

[265] Binder K. Rep Prog Phys, 1997, 60: 487.

[266] Widom B. J Chem Phys, 1963, 39: 2802-2812.

附 录 术 语 约 定

原子、分子（atom and molecule）：物理和化学意义上的原子和分子。由于原子是分子的组成部分，在讨论分子时，既包括单原子分子又包括多原子分子。如果讨论原子，则不包括多原子分子。

质点、力点、位点（mass-point, force-point, position point）：质点是指物质质量所在的点，在全原子模型中与各原子核重合，在联合原子模型中与质心重合。力点是指受力作用的点，可以与质点一致，也可以与质点不一致。例如，在水的 TIP3P 模型中，质点与力点一致，但在 TIP4P 模型中，质点与力点不一致。位点是质点和力点的总称。

电荷点、van der Waals 力点：电荷点是指点电荷、电偶极矩或电多极矩作用的力点。van der Waals 力点是 van der Waals 作用的力点。

粒子（particle）：理想的没有体积的微粒，它的运动符合牛顿定律，与经典力学中的质点一致。

全原子力场模型（all-atom force field model）：全原子力场模型是常用的分子经典力学模型的一种，该模型把分子中包括氢原子在内的所有原子均作为一个位点处理，存在原子与位点之间的一一对应关系。

联合原子与联合原子力场模型（united-atom and united-atom force field model）：联合原子力场模型是比全原子力场模型近似度更高的分子经典力学模型，该模型把碳原子及其与之成键的氢原子结合在一起组成一个位点（如甲基、亚甲基等），称为联合原子（united-atom）。联合原子与原子之间不存在一一对应关系，但存在一对多的关系。

粗粒度原子与粗粒度力场模型（coarse-grained atom and coarse-grained force field model）：粗粒度力场模型是比联合原子力场模型更粗略的分子经典力学模型，该模型不仅把与碳原子成键的氢原子组合在一起，还把若干相邻的基团组合在一起，甚至把若干个水分子也组合在一起，组成一个力点，即粗粒度原子。粗粒度力场模型常被用于模拟蛋白质、类脂膜等大尺度体系在长时间内的演化。粗粒度力场模型是对原子、分子在更大的空间尺度上的抽象，是 MD 模拟研究的前沿领域，但有关粗粒度力场模型的理论基础仍有待建立。

赝势、伪波函数、伪原子（pseudopotential, pseudo-wavefunction, pseudo-atom）：原子的性质主要由价电子决定，而内层电子对原子性质的影响主要通过对原子核电荷的屏蔽作用实现。赝势是用 Schrödinger 方程或密度泛函理论计算原子、分子和晶体时的一种抽象和近似，用于近似原子内层电子对原子核电荷的屏蔽效应。在原子结合成分子的过程中，价电子的运动状态发生了很大的变化，内层电子则不然。因此，在利用 Schrödinger 方程或密度泛函理论计算分子的性质时，如将内层电子与原子核的效应结合在一起，只求解价电子的波函数，将大大简化求解过程，而又没有失去主要的信息。

虽然价电子波函数在离子实之间的区域变化平缓，但在离子实的内部区域，价电子波函数与内层电子波函数的正交要求，使价电子波函数变化剧烈，存在很多节点。相反，赝势近似了离子实的吸引作用，抵消了价电子波函数与内层电子波函数的正交要求，使价电子波函数在离子实的内部区域也变得平坦，是对实际价电子波函数的近似，称为伪波函数。引入赝势后，研究的原子是对实际原子的近似，称为伪原子。

非 Hamilton 统计力学（non-Hamilton statistics）：在经典力学中，Hamilton 运动方程与牛顿运动方程等价。经典统计力学，以 Hamilton 函数及其运动方程为基础，称为 Hamilton 统计力学。但是，在扩展系统 MD 模拟中，通过在经典 Hamilton 函数基础上添加外加项的方法，实现各种统计系综。这种扩展 Hamilton 系统的统计力学理论与传统统计力学不同，属于非 Hamilton 统计力学。

索　引